高等院校"十二五"规划教材

现代工程制图学

（上 册）

主 编 蔡 群

副主编 何 船 陈晓玲 聂 龙

南京大学出版社

内容提要

本教材适用于60～160学时的本科机械类、近机械类及相关工程技术类专业,适用于高、中职机械类专业,也可作为相关工程技术人员的参考书。

本教材全部采用最新颁布的"技术制图"与"机械制图"国家标准,注重培养学生的空间想象能力、创新设计能力,内容由浅入深、图文并茂。

本教材精选的例题和习题严格采用新的国家标准规范,题型、题量、题目难度、知识点覆盖面有机结合、互为补充,完全按照教学大纲要求进行组合,并突出了应用知识和计算机绘图知识。

图书在版编目(CIP)数据

现代工程制图学.上册 / 蔡群主编. —3版.—南京:南京大学出版社,2014.8(2024.7重印)

高等院校"十二五"规划教材

ISBN 978 - 7 - 305 - 13882 - 9

Ⅰ.①现⋯　Ⅱ.①蔡⋯　Ⅲ.①工程制图—高等学校—教材　Ⅳ.①TB23

中国版本图书馆 CIP 数据核字(2014)第 192080 号

出版发行　南京大学出版社
社　　址　南京市汉口路 22 号　　　邮　编　210093
丛 书 名　高等院校"十二五"规划教材
书　　名　现代工程制图学(上册)
　　　　　XIANDAI GONGCHENG ZHITU XUE(SHANG CE)
主　　编　蔡　群
责任编辑　吴　华　　　　　　编辑热线　025-83596997
照　　排　南京开卷文化传媒有限公司
印　　刷　广东虎彩云印刷有限公司
开　　本　787 mm×1092 mm　1/16　印张 18.5　字数 450 千
版　　次　2014 年 8 月第 3 版　　2024 年 7 月第 10 次印刷
ISBN　978 - 7 - 305 - 13882 - 9
定　　价　48.00 元(上、下册合计定价 98.00 元)

网　　址:http://www.njupco.com
官方微博:http://weibo.com/njupco
官方微信号:njupress
销售咨询热线:(025)83594756

前　言

　　《工程制图》是工科院校学生必须掌握的一门技术基础课。本教材是根据教育部工程图学教学指导委员会 2004 年通过的《普通高等院校工程图学课程教学基本要求》的精神,为适应 21 世纪高等工科院校教学内容和课程体系改革的需要而编写的。

　　本教材适用于 60—145 学时的本科机械类、近机械类及相关工程技术类专业,可作为普通高等学校本科机械类和化工、电工、冶金、矿业、制药、资源与环境工程等专业的工程制图教材,也可作为相关工程技术人员的参考书。

　　本教材全部采用最新颁布的《技术制图》与《机械制图》国家标准,注重培养学生的空间想象能力、看图画图的能力,内容由浅入深,图文并茂。

　　本教材精选的例题和习题严格采用新的国家标准规范,题型、题量、题目难度、知识点覆盖面有机结合、互为补充,完全按照教学大纲要求进行组合,并突出了应用知识和计算机绘图知识。

　　为了使学生能适应现代工程图样绘制的要求,我们编写了 AutoCAD 章节,并以 AutoCAD 2006 为主,详细介绍了 AutoCAD 的工作界面、环境设置、绘图功能、编辑功能、尺寸标注等,着重培养学生的应用能力。

　　为了最大程度上地有利于教与学,本教材对所有的习题都作出了正确解答,详细地给出了解题原理和解题步骤,对复杂的题型还附有参考立体图,并对多解题也作出多种参考解答。

　　本教材分上、下册,习题附于各册理论知识之后,并附有参考答案。

　　本教材编写组由贵州理工学院机械工程学院基础教研室和贵州大学机械工程学院制图教研室的部分教师组成。

　　上册由蔡群主编,何船、陈晓玲、聂龙担任副主编,参加编写的有蔡群(第一章、第二章、第三章、第四章),陈晓玲(第五章),何船、聂龙参与了全书的修订和绘图工作,研究生任荣喜、张昊、吕俊参与了绘图和做习题答案的部分工作。

　　下册由李荣隆主编,阳明庆、潘克强、纪斌担任副主编,参加编写的有:姚丽华(第六章),李荣隆(第七章、第八章、附录及模拟试题),阳明庆(第九章、第十章、第十一章),陈晓玲(第十二章),潘克强、纪斌参与了全书的修订和绘图工作。

　　本教材编写过程中,参阅了大量的文献专著,在此向这些编著者表示感谢!

　　由于水平有限,书中的缺点和错误在所难免,诚请读者和同行批评指正。

《现代工程制图学》编写组

2014 年 7 月

目　录

第二部分 实践性习题

第三部分 参考答案

第一部分　理论知识

工程制图的主要任务是使用投影的方法用二维平面图形表达空间形体,因此,本部分的编写以体为核心和主线,通过形体将投影分析和空间想象结合起来,通过形体介绍常用二维图形表达方法的特点和应用。

上册知识点包含:制图的基本知识与技能;投影法的基本知识和投影原理;立体上的点、线、面的投影特性及作图方法和步骤;立体的投影特性及绘图方法和步骤;组合体的形体分析法、线面分析法和绘制、阅读方法及步骤;轴测投影图的绘制方法和步骤。

绪　论

图形和文字、声音等一样,是承载信息进行交流的重要媒体。以图形为主的工程设计图样是工程设计、制造和施工过程中用来表达设计思想的主要工具,被称为"工程界的语言"。从一张工程设计图样上,可以反映出一个工程技术人员的聪明才智、创新能力、科学作风和工作风格。毫无疑问,能否用图形来全面表达自己的设计思想,反映了一个工程技术人员的基本素质。

我国在工程图学方面有着悠久的历史,据出土文物考证,早在一万多年前的新石器时代,我国人民就能够绘制一些简单的几何图形。西安半坡出土的仰韶期彩盆上有人面形和鱼形图案;甘肃省出土的彩陶罐的表面画有剖视表示的捕获野兽的陷阱图等。三千多年前,我国劳动人民就创造了"规、矩、绳、墨、悬、水"等绘图工具。宋代刊印的《营造法式》是我国较早的建筑典籍之一,书中印有大量的建筑图样,这些图样与近代工程制图表示方法基本相似。"图"在人类社会推动现代科学技术的发展中起了重要作用。因此,"工程图学"作为一个学科,历来是人类重要的学习内容和研究内容之一,而"工程制图"是其中重要的组成部分。

一、本课程的研究对象

1. 在平面上表示空间对象的图示法

将物体进行投影,并把形状、大小表达在纸面上的方法称为图示法。图示法是绘制和阅读机械工程样图的理论基础。

2. 空间几何问题的图解法

在图示的基础上,按投影规律通过几何作图解决空间的定位、度量、轨迹等几何问题的方法称为图解法。不同于单纯的计算,图解法为空间几何问题提供了形象的解决方法。图解法与解析法结合起来,可以成为解决空间几何问题的有力工具。

3. 绘制和阅读机械图样的方法

在工程技术上,用图样来表示物体的投影及技术规定等内容。图样是工程界的语言,设计人员通过图样表达自己的设计思想,制造人员根据图样进行加工制造,使用人员利用图样进行合理使用。图样既是设计、制造、使用过程中的主要技术资料,也是技术交流的重要媒介。本课程介绍机械图样的绘制和阅读方法。

4. 计算机绘图技术

随着计算机技术的不断发展,计算机绘图以其无比的优势,已经成为工程界主要的绘图形式。本课程介绍最新的计算机绘图技术。

二、本课程的学习目的

本课程是一门研究用投影法绘制工程图样和解决空间几何问题的工程基础课。它的主要

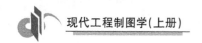

目标是培养学习者运用投影理论和各种绘图技术来构思、分析和表达工程问题的能力,而这种能力正是一个工程技术人员所必须具备的基本素质和技能,概括起来主要有以下几点:

(1) 培养以图形为基础的形象思维能力。

(2) 培养和发展空间构思能力、分析能力和表达能力。

(3) 培养空间几何问题的图解能力和将科学技术问题初步抽象为几何问题的能力。

(4) 培养阅读和绘制机械设计图样的基本能力。

(5) 掌握计算机绘图的基本技能,能够用 AutoCAD 绘图软件绘制一般的机械图。

三、本课程的学习方法

本课程的学习方法有以下五个要点:

1. 空间想象和空间思维与投影分析和绘图过程紧密结合

本课程的核心内容是用投影法在二维平面上表达空间几何元素以及在二维平面上图解几何问题。因此,在学习过程中必须随时进行空间想象和空间思维,并与投影分析和绘图过程紧密结合,扎实掌握基本理论,经常注意空间形体与其投影之间的相互联系,"从空间到平面,再从平面到空间",进行反复研究与思索,逐步提高空间逻辑思维能力和形象思维能力。

2. 理论联系实际,掌握正确的方法和技能

本课程实践性极强,在掌握基本概念和理论的基础上,不能仅满足于对理论、原则的理解,还必须通过作图实践,多做习题,更多地注意如何在具体解题时运用这些理论和原则,要多看、多画;认真学习,及时学习,独立完成作业,要掌握正确的绘图方法,不断提高绘制和阅读工程图样的能力;养成正确使用尺规绘图工具或计算机,按照正确方法、步骤绘图的习惯。

3. 加强标准化意识和对国家标准的学习

为了确保图样传递信息的正确与规范,对图形形成的方法和图样的具体绘制、标注方法都有严格、统一的规定,这一规定以"国家标准"的形式给出。每个学习者都必须从开始学习本课程时就加强标准化意识,认真学习并坚决遵守国家标准的各项规定。

4. 与工程实际相结合

本课程最终要服务于工程实际。因此,在学习中必须注意学习和积累相关工程实际知识,如机械设计知识、机械零件结构知识和机械制造工艺知识等。这些知识的积累,对加强读图和绘图能力可以起到重要的作用。

5. 注重培养能力

注重培养学生的自学能力,分析问题和解决问题的能力以及创造性思维;培养认真负责的工作态度和严谨细致的工作作风。

由于工程图样在生产实际中起着很重要的作用,其中任何一点差错都会给生产带来不应有的损失。因此,作图时要认真细致,严格要求,树立对生产负责的思想,遵守工程制图的国家标准,培养良好的工作作风。

第1章

制图的基本知识和基本技能

1.1 "技术制图"和"机械制图"国家标准的一般规定

图样作为工程界的共同语言,是用来进行信息交流的,因此,规范性要求很高。为此,对于图纸、图线、字体、作图比例以及尺寸标注等,均由国家标准做出了严格规定,每个制图者都必须遵守贯彻。国家标准简称"国标",其代号为"GB"。例如,GB/T 14691—1993,其中"T"为推荐性标准,"14691"是标准顺序号,"1993"是标准颁布的年代号。

1.1.1 图纸幅面和格式(GB/T 14689—1993)

1. 图纸幅面

图纸幅面简称图幅,指由图纸的宽度和长度组成的图面,即图纸的有效范围,通常用细实线绘出,称为图纸边界或裁纸线,基本幅面的尺寸及边框尺寸见表1-1。

表1-1 图纸幅面及图框格式尺寸

幅面代号	A0	A1	A2	A3	A4
$B \times L$	841×1 189	594×841	420×594	297×420	210×297
a	25				
c	10			5	
e	20		10		

绘制技术图样时应优先采用表1-1所规定的基本幅面。必要时,也允许以基本幅面短边的整数倍加长幅面,加长时,基本幅面的长边尺寸不变,沿短边延长线增加基本幅面的短边尺寸整数倍,如图1-1所示。图中粗实线为基本幅面,细实线和虚线所示均为加长幅面。

2. 图框格式

图框指图纸上限定绘图区域的线框,即绘图的有效范围。

无论图样是否装订,图框线都必须用粗实线画出。图纸可横放(X型)或竖放(Y型),其格式分为不留装订边和留有装订边两种,如图1-2和图1-3所示,其尺寸均按表1-1中的规定。但要注意,同一产品的图样只能采用同一种格式。

为了使图样复制和缩微摄像时定位方便,应在图纸各边的中点处分别画出对中符号。对中符号用粗实线绘制,线宽不小于0.5 mm,长度从纸边界线开始伸入图框内约5 mm,如图1-2(b)所示。

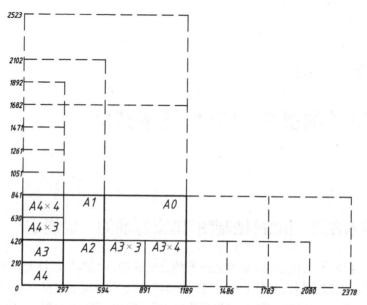

图 1-1　图纸的基本幅面和加长幅面

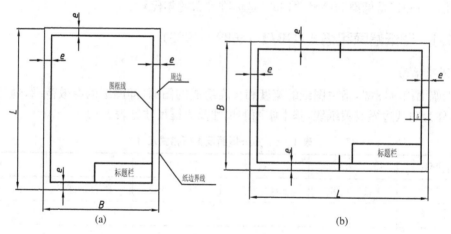

图 1-2　无装订边的图纸格式

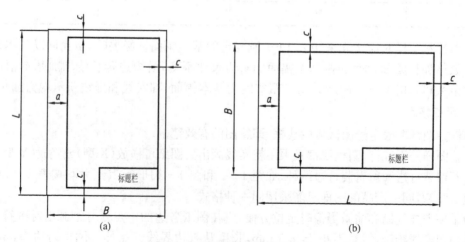

图 1-3　有装订边的图纸格式

3. 标题栏及明细表

每张图样上都必须有标题栏,标题栏用来填写图样上的综合信息,是图样的组成部分。标题栏的基本要求、内容、尺寸和格式在国家标准 GB/T 10609.1—1989"技术制图"的"标题栏"中有详细规定,标题栏一般印制在图纸上,不必自己绘制,各设计单位根据各自需求格式亦可有变化,这里不作介绍。

明细栏是装配图中才有的,需自己绘制。国家标准 GB/T 10609.2—1989"技术制图"的"明细栏"中规定了明细表的样式,这里不作介绍。

GB/T 14689—1993 规定标题栏的位置应在图纸的右下角,标题栏的长边置于水平方向,其右边和底边图框线重合,此时看图的方向应与标题栏方向一致,如图1-2和图1-3所示。

标题栏内一般图名用 10 号字书写,图号、校名用 7 号字书写,其余都用 5 号字书写。

在学校的制图作业中,建议采用如图1-4所示的零件图简化标题栏和装配图简化明细栏。

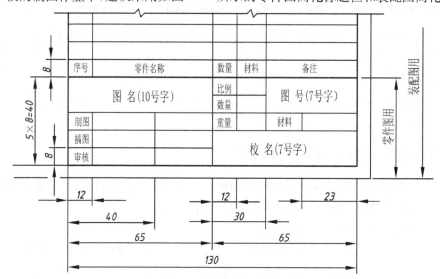

图 1-4 零件图简化标题栏、装配图简化明细栏

1.1.2 比例(GB/T 14690—1993)

图样比例指的是图中图形要素与实际机件相应要素的线性尺寸之比。

不管绘制机件时所采用的比例是多少,在标注尺寸时,仍应按机件的实际尺寸标注,与绘图的比例无关,如图1-5所示。

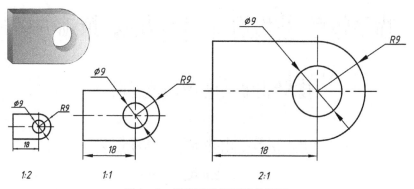

图 1-5 用不同比例画出的图形

绘图时,首先应由表1-2规定的系列中选取适当的比例,优先选用不带括号的比例。

表1-2　图纸的比例

原值比例	1:1							
缩小比例	(1:1.5)	1:2	(1:2.5)	(1:3)	(1:4)	(1:5)	(1:6)	1:10
	$(1:1.5×10^{n})$	$1:2×10^{n}$	$(1:2.5×10^{n})$	$(1:3×10^{n})$	$(1:4×10^{n})$	$1:5×10^{n}$	$(1:6×10^{n})$	$1:1×10^{n}$
放大比例	2:1		(2.5:1)		(4:1)		5:1	
	$1×10^{n}:1$	$2×10^{n}:1$	$(2.5×10^{n}:1)$		$(4×10^{n}:1)$		$5×10^{n}:1$	

注:n为正整数

绘制同一机件的各个视图时,应尽可能采用相同的比例,并在标题栏的比例栏中填写。当某一个视图必须采用不同比例时,可在该视图的上方另行标注,如$2:1$,$\dfrac{1}{2:1}$,$\dfrac{1}{1:1\,000}$,$\dfrac{B-B}{2.5:1}$,平面图$1:100$等。

为了方便看图,建议尽可能按工程形体的实际大小$1:1$画图。如形体太大或太小,则采用缩小或放大比例。

1.1.3　字体(GB/T 14691—1993)

图样上除了反映工程形体形状、结构的图形外,还需要用文字、符号、数字对工程形体的大小、技术要求加以说明,工程图中的文字必须遵循国标规定。

国家标准 GB/T 14691—1993 规定:

① 图样中书写的汉字、数字、字母都必须做到:字体端正、笔画清楚、排列整齐、间隔均匀。

② 字体的号数,即字体的高度(单位为mm),分为 20、14、10、7、5、3.5、2.5、1.8 八种。

1. 汉字

图样上应写成长仿宋体字,并采用国家正式公布推行的简化字。汉字的高度h不应小于$3.5\,mm$,其字宽一般为$h/\sqrt{2}$(约$0.7h$),汉字示例见图1-6。

字体工整　笔画清楚　间隔均匀　排列整齐

横平竖直　结构均匀　注意起落　填满方格

技术制图机械电子汽车航空船舶

土木建筑矿山井坑港口纺织服装

图1-6　长仿宋汉字示例

汉字书写的要点在于横平竖直,注意起落,结构均匀,填满方格。

2. **字母及数字**

字母和数字分为 A 型和 B 型。A 型字体的笔画宽度(d)为字高(h)的 1/14,B 型字体笔画宽度为字高的 1/10。在同一图样上只允许选用一种形式的字体,字母和数字可写成斜体或直体,但全图要统一。斜体字字头向右倾斜,与水平基准线成 75°。

用作指数、分数、极限偏差、注脚等的数字及字母,一般采用小一号字体。

3. **综合示例**

如图 1-7 所示,即为 B 型斜体字母、数字和字体在图纸上的应用示例。

ABCDEFGHIJKLMNOPQRSTUVWXYZ

abcdefghijklmnopqrstuvwxyz

1234567890

R3 2×45° M24-6H Ø60H7 Ø30g6

$Ø20_0^{+0.021}$ $Ø25_{-0.020}^{-0.007}$ Q235   HT200

图 1-7 斜体字母、数字及字体示例

1.1.4 图线(GB/T 17450—1998)

1. **基本线型**

在机械制图中常用的线型有实线、虚线、点画线、双点画线、波浪线、双折线等(见表 1-3)。

表 1-3 基本线型及应用

图线名称	图线型式	线宽	一般应用
粗实线		d	可见轮廓线 可见过渡线
虚线	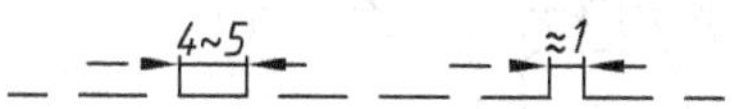 4~5 ≈1		不可见轮廓线 不可见过渡线
细实线		$d/2$	尺寸线及尺寸界线 剖面线 重合剖面的轮廓线 螺纹的牙底线及齿轮的齿根线引出线 局部放大部位的范围线
波浪线			断裂处的边界线 视图和剖视的分界线

图线名称	图线型式	线宽	一般应用
细点画线	_15~20_ ≈3		轴线 对称中心线 轨迹线
双点画线	_15~20_ ≈5	$d/2$	相邻辅助零件的轮廓线 运动机件在极限位置轮廓线
双折线			断裂处的边界线
粗点画线		d	有特殊要求的线或表面的表示线

2. 图线的宽度

图线的宽度 d 应根据图形的大小和复杂程度，在下列系数中选择：0.13,0.18,0.25, 0.35,0.5,0.7,1.4,2 mm。

在机械图样上，图线一般只有两种宽度，分别称为粗线和细线，其宽度之比为 2∶1。在通常情况下，粗线的宽度采用 0.7 mm，细线的宽度采用 0.35 mm。

在同一图样中，同类图线的宽度应一致。

3. 图线的应用

上述几种图线的应用举例如图 1-8 所示。在图示零件的视图上，粗实线表示该零件的可见轮廓线；虚线表示不可见轮廓线；细实线表示尺寸线、尺寸界线及剖面线；波浪线表示断裂处的边界线及视图和剖视的分界线；细点画线表示对称中心线及轴线；双点画线表示相邻辅助零件的轮廓线及极限位置轮廓线。

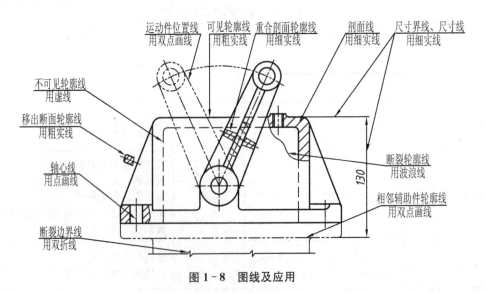

图 1-8　图线及应用

4. 图线的画法(如图1-9)

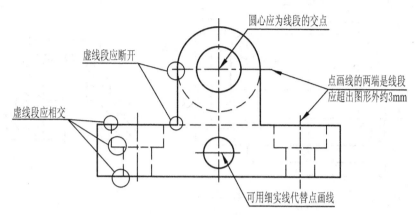

圆心应为线段的交点

虚线段应断开

点画线的两端是线段
应超出图形外约3mm

虚线段应相交

可用细实线代替点画线

图1-9 点画线与虚线的画法

① 同一图样中同类图线的宽度应基本一致。虚线、点画线及双点画线线段长度和间隔应各自大致相等。

② 绘制圆的对称中心线时,圆心应为线段的交点。点画线和双点画线的首末两端应是线段而不是点,且应超出图形外约 2 mm~5 mm。

③ 在较小的图形上绘制点画线或双点画线有困难时,可用细实线代替。

④ 虚线、[ST]点画线、双点画线相交时,应该是线段相交。当虚线是粗实线的延长线时,在连接处应断开。

⑤ 当各种线型重合时,应按粗实线、虚线、点画线的优先顺序画出。

1.1.5 尺寸注法(GB/T 4458.4—1984、GB/T 16675.2—1996)

1. 基本规则

① 机件的真实大小应以图样上所注的尺寸数值为依据,与图形的大小及绘图的准确度无关。

② 图样中(包括技术要求和其他说明)的尺寸以毫米为单位,不需标注计量单位的代号或名称,如采用其他单位时,则必须注明,如(°)(度)、cm(厘米)、m(米)等。

③ 图样中所标注的尺寸,一般只标注一次,并应标注在反映该结构最清晰的图形上。

2. 尺寸标注的组成

一个完整的尺寸,由尺寸数字、尺寸线、尺寸界线和尺寸的终端(箭头和斜线)组成,如图1-10所示。

(1) 尺寸界线 尺寸界线表明尺寸标注的范围,用细实线绘制。尺寸界线应由图形的轮廓线、轴线或对称中心线处引出,也可利用轮廓线、轴线或对称中心线作尺寸界线。尺寸界线一般应与尺寸线垂直,必要时允许倾斜,如图1-10(b)所示。

(2) 尺寸线 尺寸线表明尺寸度量的方向,必须单独用细实线绘制,不能用其他图线代替,也不得与其他图线重合或画在其延长线上。标注线性尺寸时,尺寸线必须与所标注的线段平行。同一图样中,尺寸线与轮廓线以及尺寸线与尺寸线之间的距离应大致相当,一般以不小于 5 mm 为宜,如图1-10(a)所示。

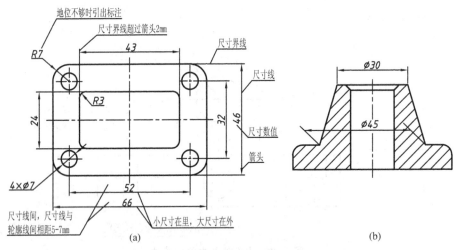

图 1-10 尺寸的组成

（3）尺寸线的终端 尺寸线的终端可以用两种形式表示，如图 1-11 所示。机械图一般用箭头，其尖端应与尺寸界线接触，箭头长度约为粗实线宽度的 4 倍。土建图一般用 45°斜线，斜线的高度应与尺寸数字的高度相等。

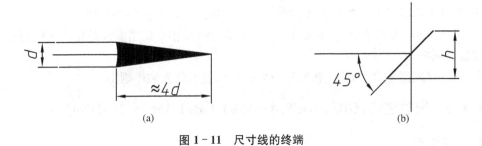

图 1-11 尺寸线的终端

（4）尺寸数字 尺寸数字表明尺寸的数值，应按国家标准对字体的规定形式书写，且不能被任何图线通过，否则必须将图线断开。同一张图上的字高要一致，一般为 3.5 号字。国标还规定了一些注写在尺寸数字周围的标注尺寸的符号，可参阅表 1-4。

表 1-4 尺寸标注常用符号及缩写词

名词	直径	半径	球直径	球半径	厚度	正方形	45°倒角	深度	沉孔或锪平	埋头孔	均布
符号或缩写词	∅	R	S∅	SR	t	□	C	↓	⊔	∨	EQS

3. 基本注法

（1）线性尺寸的注法 线性尺寸的数字一般应注写在尺寸线的上方，也允许注写在尺寸线的中断处，如图 1-12（a）所示。线性尺寸数字的方向，一般应按图 1-12（a）所示的方向注写，并尽可能避免在图示 30°范围内标注尺寸。当无法避免时，可按图 1-12（b）的形式标注。

（2）直径和半径尺寸的注法 标注圆的直径时（通常对于大于半圆的圆弧），尺寸线应通过圆心，尺寸线的两个终端应画成箭头，并在数字前加注符号"∅"。如图 1-13（a）所示。当图形中的圆只画出一半或略大于一半时，尺寸线应略超过圆心，此时仅在尺寸线一端画出箭头，如图1-13(b)所示。

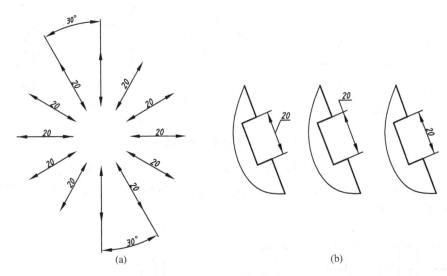

图1-12 尺寸数字的方向

标注圆弧的半径时,尺寸线一端一般应画到圆心,另一端画成箭头,并在尺寸数字前加注符号"R",如图1-13(a)所示。

大圆弧的半径过大,或在图纸范围内无法标出其圆心位置时,可将尺寸线折断,如图1-13(b)所示。

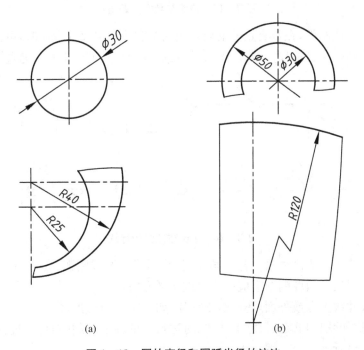

图1-13 圆的直径和圆弧半径的注法

标注球面的直径和半径时,应在符号"ϕ"和"R"前加辅助符号"S",如图1-14(a)所示。但对于有些轴及手柄的端部等,在不致引起误解情况下,可省略符号"S",如图1-14(b)所示。

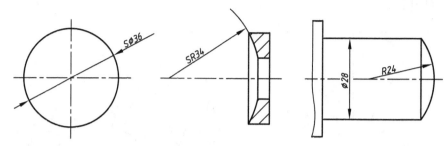

图1-14　球面直径和半径的标注

（3）小结构尺寸的注法　对于较小的尺寸,在没有足够的位置画箭头或注写数字时,也可将箭头或数字放在尺寸界线的外面。当遇到连续几个较小的尺寸时,允许用圆点或细斜线代替箭头,如图1-15所示。

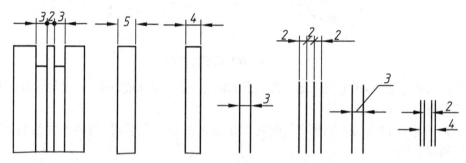

图1-15　箭头与数字的调整

直径较小的圆或圆弧,在没有足够的位置画箭头和注写出尺寸数字时,可按图1-16的形式标注。标注小圆弧半径的尺寸线,不论其是否画到圆心,其方向都必须通过圆心。

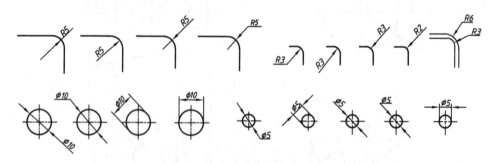

图1-16　小圆或圆弧的标注

（4）角度及其他尺寸的注法　标注角度时,尺寸线应画成圆弧,其圆心是该角的顶点,尺寸界线应沿径向引出。角度的数字应一律写成水平方向,一般注写在尺寸线的中断处,必要时也可以注写在尺寸线上方或外面,还可引出标注,如图1-17(a)所示。

其他尺寸,比如弦长和弧长尺寸的注法、对称尺寸的注法、板状机件厚度的注法分别如图1-17(b)、(c)、(d)所示。

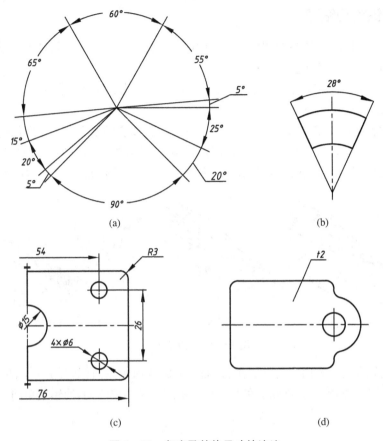

图 1-17 角度及其他尺寸的注法

（5）正方形结构 如图 1-18 所示，标注机件的剖面为正方形结构的尺寸时，可在边长尺寸数值前加注符号"□"，或用 14×14 代替"□14"。图中相交的两条细实线是平面符号（当图形不能充分表达平面时，可用这个符号标示平面）。

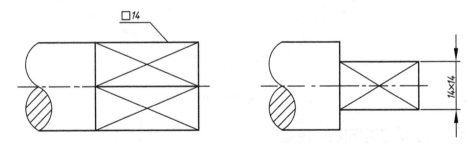

图 1-18 正方形结构的表示法

1.2 制图工具及其使用方法

制图工具的正确使用对提高制图速度和图面质量起着重要的作用，熟练掌握制图工具的使用方法是一个工程技术人员必备的基本素质。常用的制图工具有：图板、丁字尺、三角板、圆规、分规、比例尺、曲线板、擦图片、绘图铅笔、绘图橡皮、胶带纸、削笔刀，等等。

1.2.1 铅笔和铅芯

在绘制工程图样时要选择专用的"绘图铅笔"，一般需要准备以下几种型号的绘图铅笔：

① B 或 HB——用来画粗实线；

② HB——用来画细实线、[ST]点画线、双[ST]点画线、虚线和写字；

③ H 或 2H——用来画底稿。

H 前的数字越大，铅芯越硬，画出来的图线就越淡，B 前的数字越大，铅芯越软，画出来的图线就越黑。由于圆规画圆时不便用力，因此圆规上使用的铅芯一般要比绘图铅笔软一级。用于画粗实线的铅笔铅芯应磨成矩形断面，其余的磨成圆锥形，如图 1-19 所示。

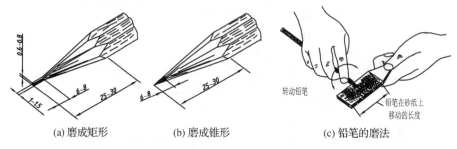

| (a) 磨成矩形 | (b) 磨成锥形 | (c) 铅笔的磨法 |

图 1-19 铅笔的削法

画线时，铅笔在前后方向应与纸面垂直，而且向画线前进方向倾斜约 30°，如图 1-20 所示。当画粗实线时，因用力较大，倾斜角度可小一些。画线时用力要均匀，使铅笔单向匀速前进。

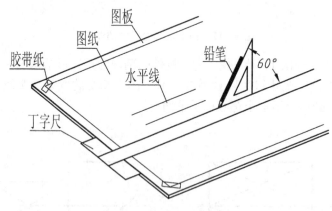

图 1-20 用丁字尺画水平线

1.2.2 图板、丁字尺和三角板

如图 1-21 所示，图板根据大小有多种型号，图板的短边为导边；丁字尺是用来画水平线的，丁字尺的上面那条边为工作边。

如采用预先印好图框及标题栏的图纸进行绘图，则应使图纸的水平图框线对准丁字尺的工作边后，再将其固定在图板上，以保证图上的所有水平线与图框线平行。如采用较大的图板，为了便于画图，图纸应尽量固定在图板的左下方，但须保证图纸与图板底边有稍大于丁字尺宽度的距离，以保证绘制图纸上最下面的水平线时的准确性。

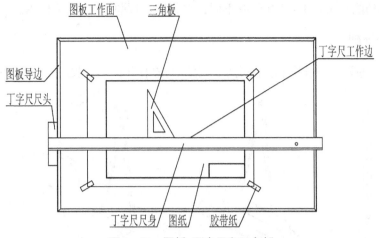

图 1-21　图板、丁字尺和三角板

　　用丁字尺画水平线时,用左手握住尺头,使其紧靠图板的左侧导边作上下移动,右手执笔,沿丁字尺工作边自左向右画线。如画较长的水平线时,左手应按住丁字尺尺身,画线时,笔杆应稍向外倾斜,尽量使笔尖贴靠尺边,如图 1-20 所示。画垂直线时,让三角板和丁字尺垂直相交,自下往上画线。

　　三角板有 45°和 30°/60°两块。三角板与丁字尺配合使用可画垂直线及 15°倍角的斜线,如图 1-22(a)所示;或用两块三角板配合画任意角度的平行线,如图 1-22(b)所示。

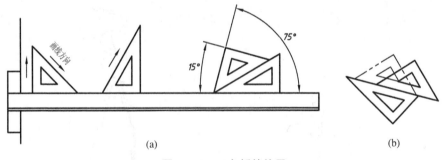

(a)　　　　　　　　　　　　　　　　　(b)

图 1-22　三角板的使用

1.2.3　比例尺

　　比例尺有三棱式和板式两种,如图 1-23(a)所示,尺面上有各种不同比例的刻度。在用不同比例绘制图样时,只要在比例尺上的相应比例刻度上直接量取,省去了麻烦的计算,加快了绘图速度,如图 1-23(b)所示。

(a)　　　　　　　　　　　　　(b)

图 1-23　比例尺及其使用方法

在有些多功能三角板上，往往配有不同比例刻度，可同时作比例尺使用。

1.2.4　分规

分规是用来量取线段长度和分割线段的工具，分规使用时两针尖应平齐，如图1-24所示。

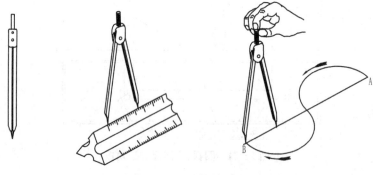

图1-24　分规的用法

1.2.5　圆规

圆规用来画圆。圆规针脚上的针应将带支承面的小针尖向下，以避免针尖插入图板过深，针尖的支承面应与铅芯对齐，如图1-25(a)所示。当画大直径的圆或加深时，圆规的针脚和铅笔脚均应保持与纸面垂直，如图1-25(b)所示。

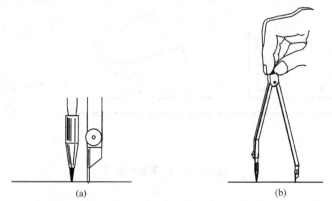

(a)　　　　　　　　　　　(b)

图1-25　圆规的用法

当画大圆时，可用加长杆来扩大所画圆的半径，其用法如图1-26(a)所示。

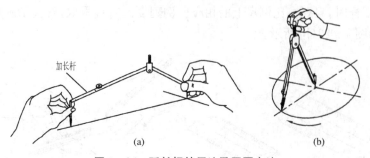

加长杆

(a)　　　　　　　　　　　(b)

图1-26　延长杆的用法及画圆方法

画图时，应当匀速前进，并注意用力均匀。圆规所在的平面应稍向前进方向倾斜，如图

1-26(b)所示。

1.2.6 曲线板

曲线板是用来绘制非圆曲线的常用工具。画线时,应先徒手用铅笔轻轻地把已求出的各点勾描出来,然后选择曲线板上曲率相当的部分与徒手连接的曲线贴合,分数段将曲线描深,注意每段至少有四个吻合点,并与已画出的相邻线段有一部分重合,这样才能使所画的曲线连接光滑,如图1-27(a)、(b)所示。

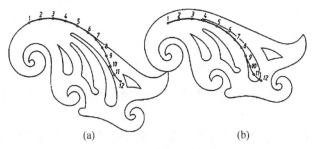

(a)   (b)

图1-27 曲线板的用法

1.2.7 其他绘图用品

绘图模板是一种快速绘图工具,上面有多种镂空的常用图形、符号或字体等,能方便绘制针对不同专业的图案,如图1-28(a)所示。使用时铅笔尖应紧靠模板,使画出的图形整齐、光滑。

量角器用来测量角度,如图1-28(b)所示。简易的擦图片是用来防止擦去多余线条时把有用的线条也擦去的一种工具,如图1-28(c)所示。

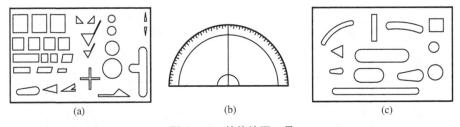

(a)   (b)   (c)

图1-28 其他绘图工具

另外,在绘图时,还需要准备削铅笔刀、橡皮、固定图纸用的塑料透明胶纸、磨铅笔用的砂纸以及清除图面上橡皮屑的小刷等。

1.3 基本几何作图

在制图过程中,常会遇到等分线段、等分圆周、作正多边形、画斜度和锥度、圆弧连接及绘制非圆曲线等的几何作图问题。

1.3.1 等分已知线段

已知线段AB,现将其五等分,作图过程如图1-29所示。

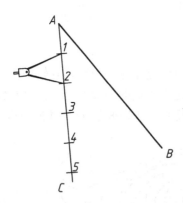
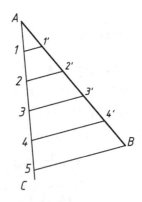

图 1-29 等分线段

① 过 AB 线段的一个端点 A 作一与其成一定角度的直线段 AC，然后在此线段上用分规截取五等分。

② 将最后的等分点 5 与原线段的另一端点 B 连接，然后过等分点作此线段 5B 的平行线，此平行线与原线段的交点即为所需的等分点。

1.3.2 作正多边形

1. 正六边形

方法一：已知外接圆直径，使用分规直接等分，如图 1-30(a)所示，以 A、B 两点为圆心，外接圆半径为半径，画弧交于 1、2、3、4，即得圆周的六等分点，连接各点即得正六边形。

方法二：已知外接圆直径，使用 30°/60°三角板与丁字尺配合作图，如图 1-30(b)所示，过 A、B 两点用 60°三角板直接画出六边形的四条边，再用丁字尺连接 1、2 和 3、4，即得正六边形。

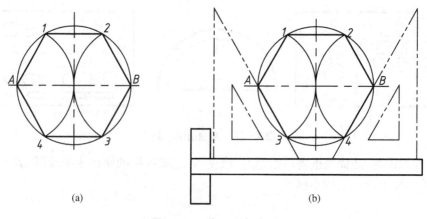

(a)   (b)

图 1-30 作正六多边形

2. 正五边形

已知外接圆直径求作正五边形，如图 1-31 所示。

① 取外接圆半径 OA 的中点 D。

② 以 D 为圆心，DE 为半径画弧交水平直径于 F 点，EF 即为正五边形的边长。

③ 以 E 为圆心，以 EF 为半径画弧，在圆周上对称地截取其余四个分点，连接各分点即得正五边形。

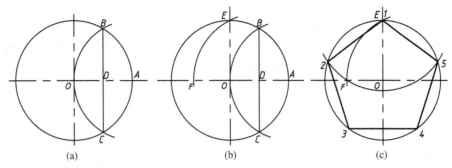

图1-31 正五边形的作法

3. 作任意边数的正多边形

任意边数的正多边形的近似做法如图1-32所示(以画正七边形为例)

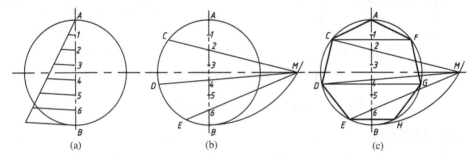

图1-32 正多边形的作法

① 根据已知条件作出正多边形的外接圆,七等分铅垂直径 AB。

② 以 A 为圆心, AB 为半径画弧交水平直径延长线于 M;延长 $M2$、$M4$、$M6$ 与外接圆分别交于 C、D、E 点。

③ 分别过 C、D、E 点作水平线与外接圆分别交于 F、G、H 点;顺序连接 A、C、D、E、H、G、F 各点即可。

1.3.3 斜度与锥度

1. 斜度

斜度用斜面间夹角的正切来表示,在图样中一般将斜度值化为 $1:n$ 的形式进行标注,斜度定义见图1-33(a)。有关斜度的符号、画法及标注如图1-33(b)所示。

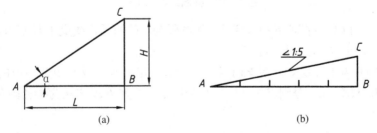

图1-33 斜度的定义及表示方法

AC 线段斜度 $= \tan\alpha = H/L = 1:n$。

2. 锥度

锥度是正圆锥体的底圆直径与其高度之比，或者是圆锥台的两底圆直径之差与其高度（两底中心点间的距离）之比，在图样中一般将锥度化为 $1:n$ 的形式进行标注。有关锥度的符号、画法及标注如图 1-34 所示。

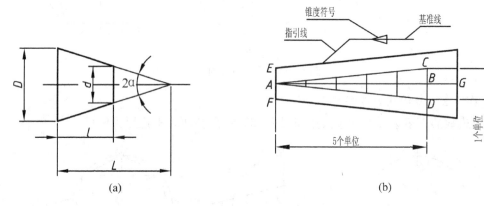

图 1-34　锥度的定义及表示方法

$$锥度 = 2\tan\alpha = D/L = (D-d)/l = 1:n。$$

1.3.4　椭圆画法

椭圆是工程上比较常用的非圆平面曲线，其画法较多，其中较常用的方法是四心圆法，即用四段圆弧来近似表示椭圆，下面介绍其画法。

已知椭圆长轴 AB、短轴 CD，用四心圆法作椭圆，其作图方法如图 1-35 所示。

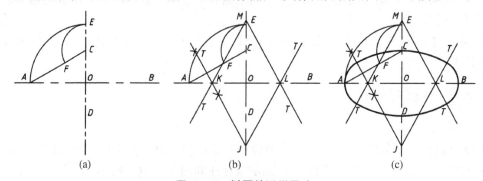

图 1-35　椭圆的近似画法

① 连接 A、C，以 O 为圆心，OA 为半径，作圆弧与 OC 的延长线交于 E 点，再以 C 为圆心，CE 为半径作圆弧与 AC 交于 F 点。

② 作 AF 的垂直平分线交长、短轴于 K、J 两点，并定出 K、J 两点对圆心 O 的对称点 L、M。

③ 连接 JL、MK、ML，分别以 J、M、K、L 为圆心，JC 和 KA 之长为半径画圆弧至连心线，即得椭圆。

1.3.5　圆弧连接

工程图样中的大多数图形是由直线与圆弧，圆弧与圆弧连接而成的。圆弧连接实际上就是用已知半径的圆弧去光滑地连接两已知线段（直线或圆弧），其中起连接作用的圆弧称为连接弧。

这里讲的光滑连接,指圆弧与直线或圆弧和圆弧的连接处是相切的。因此,在作图时,必须根据连接弧的几何性质,准确求出连接弧的圆心和切点的位置。

1. 圆弧连接的基本原理

当一圆弧(半径 R)与一已知直线相切时,其圆心轨迹是一条与已知直线平行且相距 R 的直线。自连接弧的圆心向已知直线作垂线,其垂足即切点,如图 1-36(a)所示。

当圆弧(半径 R)与一已知圆弧相切时,其圆心轨迹是已知圆弧的同心圆。该圆的半径 R_0 要根据相切的情形而定:当两圆弧外切时 $R_0 = R_1 + R$,如图 1-36(b)所示;当两圆弧内切时 $R_0 = |R_1 - R|$,如图 1-36(c)所示,其切点必在两圆弧连心线或其延长线上。

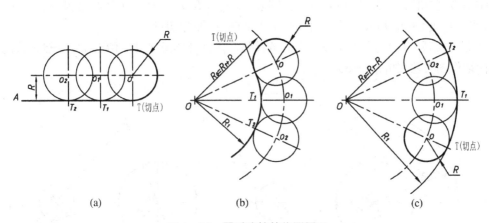

图 1-36 圆弧连接的作图原理

2. 圆弧连接的作图方法

(1)用半径为 R 的圆弧连接两已知直线(如图 1-37)

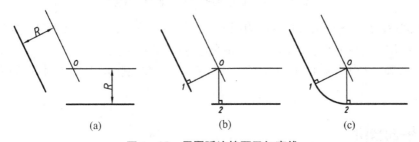

图 1-37 用圆弧连接两已知直线

作图方法:

① 求圆心:分别作两直线且相距为 R 的平行线,得交点 O 即为连接弧的圆心。

② 求切点:过 O 点向两已知直线作垂线的垂足 1、2 两点,即为切点。

③ 画连接弧:以 O 为圆心,R 为半径作圆弧,与两已知直线切于 1、2 两点,即完成圆弧的连接。

(2)用半径为 R 的圆弧连接两已知圆弧

外切作图方法(如图 1-38):

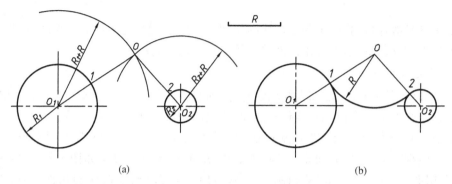

图 1-38　用圆弧连接两已知圆弧（外切）

① 求圆心和切点：分别以 O_1、O_2 为圆心，以 R_1+R、R_2+R 为半径画弧得交点 O，以 O 为圆心，作连心线 O_1O、O_2O，与已知圆弧交于 1、2 两点，即为切点。

② 画连接弧：以 O 为圆心，R 为半径作连接弧，与已知圆弧切于 1、2 两点，即完成圆弧的连接。

内切作图方法（如图 1-39）：

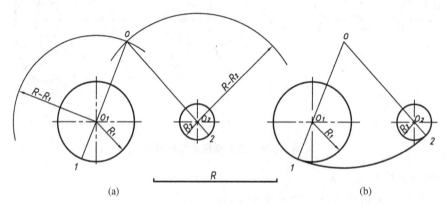

图 1-39　用圆弧连接两已知圆弧（内切）

① 求圆心和切点：分别以 O_1、O_2 为圆心，以 $R-R_1$、$R-R_2$ 为半径画弧，得交点 O 为圆心，作连心线 O_1O、O_2O 并延长与已知圆弧相交，交点 1、2 即为切点。

② 画连接弧：以 O 为圆心，R 为半径作连接弧，与已知圆弧切于 1、2 两点，即完成圆弧的连接。

1.4　平面图形

平面图形由许多线段组成，画平面图形时应从哪里着手？线段怎么画？尺寸如何标注？这就需要分析图形的组成及其线段的性质，从而确定作图的步骤。

1.4.1　平面图形的尺寸分析

尺寸按其在平面图形中所起的作用，可分为定形尺寸和定位尺寸两类。现以图 1-40 所示的手柄为例进行分析。

1. 定形尺寸

确定平面图形上几何元素大小的尺寸称为定形尺寸,如直线的长短、圆弧的直径或半径以及角度的大小等,如图1-40中的ø20,15和R10,R50,R15等。

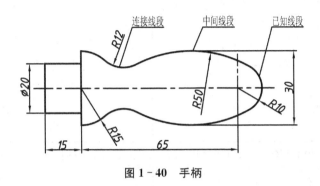

图1-40 手柄

2. 定位尺寸

确定平面图形上几何元素间相对位置的尺寸称为定位尺寸,如图1-40中的65。

3. 尺寸基准

基准就是标注尺寸的起点。对平面图形来说,常用的基准是对称图形的对称线、圆的中心线或较长的直径等,如图1-40中的中心线。

1.4.2 平面图形的线段分析

平面图形中的线段(直线或圆弧)按所标尺寸的不同,可分为三类:

1. 已知线段

有足够的定形尺寸和定位尺寸,能直接画出的线段,如图1-40中的直线段15,R10圆弧等。

2. 中间线段

有定形尺寸,但缺少一个定位尺寸,必须依靠其与一端相邻线段的连接关系才能画出的线段,如图1-40中的线段R50。

3. 连接线段

只有定形尺寸,而无定位尺寸(或不标任何尺寸,如公切线)的线段,也必须依靠其与两端线段的连接关系才能确定画出,如图1-40中的线段R12。

1.4.3 平面图形的作图步骤

在对其进行线段分析的基础上,应先画出已知线段,再画出中间线段,最后画出连接线段,具体作图步骤见表1-5。

表 1-5　手柄的作图步骤

(1) 定出图形的基准线,画已知线段。	(2) 画中间线段 R50,分别与相距 30 的两根平行线相切,与 R10 圆弧相内切。
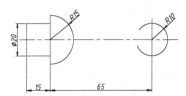	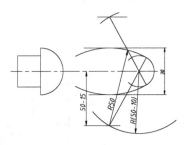
(3) 画连接线段 R12,分别与 R15 和 R50 圆弧相外切。	(4) 擦去多余的作图线,按线型要求加深图线,完成全图。
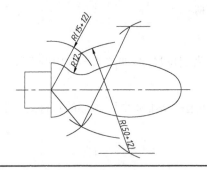	

1.4.4　平面图形的尺寸标注示例(如图 1-41)

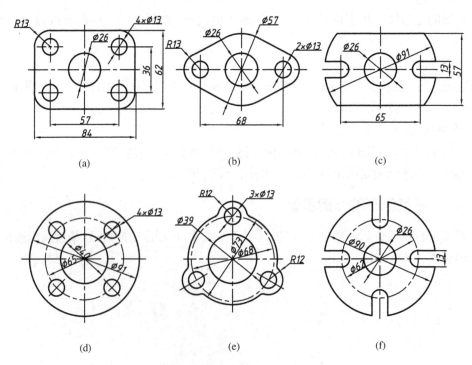

图 1-41　机件上常见的几种平面图形及其尺寸标注

1.5 徒手绘图简介

徒手绘图(草图)是指以目测估计比例,按要求徒手(或部分使用绘图仪器)方便快捷地绘制图形。

在仪器测绘、讨论设计方案、技术交流、现场参观时,受现场条件或时间的限制,经常绘制草图。有时也可将草图直接用于生产,但大多数情况下要再整理成正规图,所以徒手绘制草图可以加速新产品的设计、开发,便于现场测绘,节约作图时间等。因此,对于工程技术人员来说,除了要学会用尺规、仪器绘图和使用计算机绘图之外,还必须具备徒手绘制草图的能力。

徒手绘制草图的要求:

① 画线要稳,图线要清晰;

② 目测尺寸尽量准确,各部分比例均匀;

③ 绘图速度要快;

④ 标注尺寸无误,字体工整。

1.5.1 徒手绘图的方法

根据徒手绘制草图的要求,选用合适的铅笔,按照正确的方法可以绘制出满意的草图。徒手绘图可以使用多种铅笔,铅芯磨成圆锥形,画中心线和尺寸线的磨得较尖,画可见轮廓线的磨得较钝。橡皮不应太硬,以免擦伤作图纸。所使用的作图纸无特别要求,为方便常使用印有浅色方格和菱形格的作图纸。

一个物体的图形无论怎样复杂,总是由直线、圆、圆弧和曲线所组成。因此要画出好的草图,必须掌握徒手画各种线条的手法。

1. 握笔的方法

手握笔的位置要比尺规作图高些,以利于运笔和观察目标。笔杆与纸面成 $45°\sim60°$ 角。执笔稳而有力。

2. 直线的画法

徒手绘图时,手指应握在铅笔上离笔尖约 35 mm 处,手腕和小手指对纸面的压力不要太大。在画直线时,手腕不要转动,使铅笔与所画的线始终保持约 $90°$,眼睛看着画线的终点,轻轻移动手腕和手臂,使笔尖向着要画的方向作直线运动,画水平线时以图 1-42(a)中的画线方向最为顺手,这时图纸可以斜放。画竖直线时自上而下运笔,如图 1-42(b)所示。画长斜线时,为了运笔方便,可以将图纸旋转一适当角度,以利于运笔画线,如图 1-42(c)。

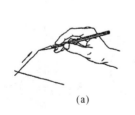
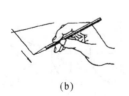
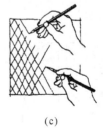

(a)   (b)   (c)

图 1-42 直线的画法

3. 圆和圆角的画法

徒手画圆时，应先定圆心及画中心线，再根据半径大小用目测在中心线上定出四点，然后过这四点画圆，如图1-43(a)所示。当圆的直径较大时，可过圆心增画两条45°的斜线，在线上再定四个点，然后过这八点画圆，如图1-43(b)所示。

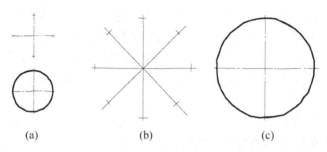

(a)   (b)   (c)

图1-43　圆的画法

当圆的直径很大时，可取一纸片标出半径长度，利用它从圆心出发定出许多圆周上的点，然后通过这些点画圆，如图1-44所示。或用手作圆规，小手指的指尖或关节作圆心，使铅笔与它的距离等于所需的半径，用另一只手慢慢转动图纸，即可得到所需的圆。

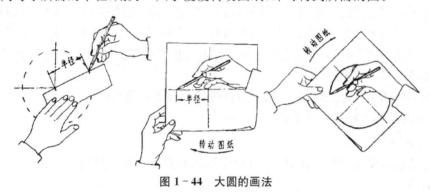

图1-44　大圆的画法

画圆角时，先用目测在分角线上选取圆心位置，使它与角的两边距离等于圆角的半径大小，过圆心向两边引垂直线定出圆弧的起点和终点，并在分角线上也画出一圆周点，然后徒手作圆弧，把这三点连接起来，如图1-45(a)所示。用类似方法可画圆弧连接，如图1-45(b)所示。

4. 椭圆的画法

可按画圆的方法先画出椭圆的长短轴，并用目测定出其端点位置，过这四点画一矩形，然后徒手作椭圆与此矩形相切。也可先画适当的外切菱形，再根据此菱形画出椭圆，如图1-45(c)所示。

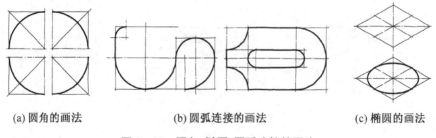

(a) 圆角的画法   (b) 圆弧连接的画法   (c) 椭圆的画法

图1-45　圆角、椭圆、圆弧连接的画法

1.5.2 目测的方法

在徒手绘图时,要保持物体各部分的比例。在开始画图时,整个物体的长、宽、高的相对比例一定要仔细拟好,然后在画中间部分和细节部分时,要随时将新测定的线段与已拟定的线段进行比较。因此,掌握目测方法对画好草图十分重要。

在画中、小型物体时,可以用铅笔当尺直接放在实物上测各部分的大小(如图 1-46),然后按测量的大体尺寸画出草图,也可以用此方法估计出各部分的相对比例,然后按此相对比例画出缩小的草图。

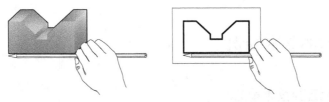

图 1-46 中、小物体的测量

在画较大的物体时,可以如图 1-47 所示,用手握一铅笔进行目测度量。在目测时,人的位置应保持不动,握铅笔的手臂要伸直(保持一定距离)。人和物体的距离大小应根据所画图形的大小来确定。

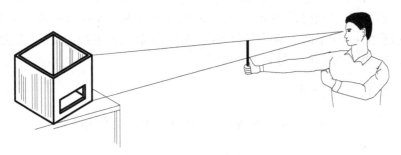

图 1-47 较大物体的测量

第2章

点、直线、平面的投影

2.1 投影法的基本知识

2.1.1 投影法的基本概念

在日常生活里,当太阳或灯光照射物体时,在墙壁或地面上就出现了物体的影子,这是一种自然的投影现象。根据这种现象,人们科学总结影子与物体的几何关系,创造了把空间物体图示在平面上的方法,即投射线通过物体,向选定的面投射并在该面上得到图形的方法,称为投影法。

如图 2-1 所示,设空间有定点 S 和不通过该点的定平面 P 以及平面外另一点 A,过定点 S 和空间点 A 连一直线并延长与平面 P 交于 a 点,交点 a 称为空间点 A 在平面 P 上的投影。定点 S 称为投影中心,定平面 P 称为投影面,直线 SAa 称为投影线。我们规定用大写字母表示空间几何元素,用相应小写字母表示其投影。

2.1.2 投影法的分类

根据投射线的不同,投影一般可分为中心投影法和平行投影法两类。

1. 中心投影法

如图 2-2 所示,投射线相交于一点的投影法称为中心投影法,所得的投影称为中心投影。如果将图中△ABC 平行移动靠近或远离投影面时,其投影△abc 就会变大或变小,且不能反映空间形体表面的真实形状和大小,作图又比较复杂,所以在绘制机械图样中很少采用中心投影法。中心投影法通常用来绘制建筑物或产品的有真实感的立体图,又称透视图。

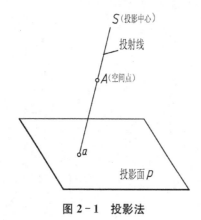

图 2-1 投影法

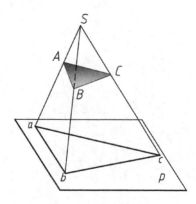

图 2-2 中心投影法

2. 平行投影法

如图 2-3 所示,当投影中心 S 移至无限远时,则投射线互相平行。这种投射线互相平行的投影法称为平行投影法,所得的投影称为平行投影。在平行投影法中,投影线与投影面的夹角称为投影方向。当平行移动空间物体时,其投影的形状和大小都不会改变。平行投影法按投影方向的不同又分为两种:

(1) 斜投影法　投影线与投影面夹角不等于 $90°$,即投影方向倾斜于投影面时称为斜投影法,如图 2-3(a) 所示,由此法所得的投影称为斜投影。

(2) 正投影法　投影线与投影面夹角等于 $90°$,即投影方向垂直于投影面时称为正投影法,如图 2-3(b) 所示,由此法所得的投影称为正投影。

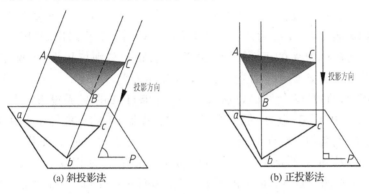

(a) 斜投影法　　　　　　　　　(b) 正投影法

图 2-3　平行投影法

由于正投影法得到的正投影图度量性好,作图也简便,虽然直观性较差,但仍然是工程中主要采用的图样。本课程所研究的是平行投影,而且主要是其中的正投影,以后本书中的"正投影"简称投影。

2.2　点的投影

点是组成空间物体最基本的几何元素,研究点的投影性质和规律是掌握其他几何要素的基础,如图 2-4 所示,过空间点 A 向投影面作投射线(即垂线),投射线与投影面的交点即为 A 点在投影面上的投影 a。反之,若已知投影 a,从点 a 所作投影面的垂线上的各点(如 A、A_0 等)的投影都位于 a,就不能唯一确定点 A 的空间位置。因此,确定一个空间点至少需要两个投影。在工程制图中常选取相互垂直的两个或多个平面作为投影面,把空间形体向这些投影面作投影,形成多面投影。

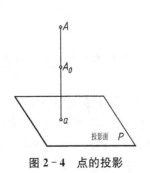

图 2-4　点的投影

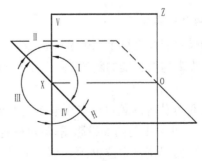

图 2-5　两投影体系的建立

2.2.1　点在两投影面体系中的投影

1. 点在两投影面体系中的投影

如图 2-5 所示,设立两个互相垂直的投影面 V 和 H,通常把 V 面称为正投影面(简称正面或 V 面),把 H 面称为水平投影面(简称水平面或 H 面)。这两个投影面相交于投影轴 OX,OX 把整个空间划分为四个区域,每一个区域称为一个分角,并按图 2-5 的顺序来称呼这四个分角,分别称为 Ⅰ、Ⅱ、Ⅲ、Ⅳ 分角,国家标准"技术制图·投影法"规定,绘制技术图样时,应以正投影法为主,并采用第一分角画法。因此,我们着重讨论点在第一分角中的投影。

如图 2-6(a)所示,假设在第一分角中有一点 A,经过 A 分别向 H 面和 V 面作正投影,在 H 面上的投影用 a 表示,则 a 称为 A 的水平投影;在 V 面上的投影用 a'(用小写 a 加一撇表示正面投影)表示,则 a' 称为 A 的正面投影。由于平面 $Aa'a$ 分别与 V 面、H 面相垂直,所以这三个互相垂直的平面必定交于一点 a_x,且三条交线互相垂直,即 $a_x a' \perp a_x a \perp OX$。又因为四边形 $A a a_x a'$ 是矩形,所以 $a_x a' = aA$,$a_x a = a'A$,亦即点 A 的 V 面投影 a' 与投影轴 OX 的距离等于点 A 与 H 面的距离,点 A 的 H 投影 a 与投影轴 OX 的距离等于点 A 与 V 面的距离。使 V 面不动,将 H 面绕 OX 轴向下旋转 $90°$,与 V 面展开成同一平面,如图 2-6(b)所示,因为在同一平面上,过 OX 轴上的点 a 只能作 OX 轴的一条垂线,所以 a'、a_x、a 三点共一直线,即 $a'a \perp OX$。点在互相垂直的投影面上的投影,在投影面展开成同一平面后的连线,称为投影连线,用细实线绘制。如图 2-6(c)所示,在实际画图时,不必画出投影面的边框和点 a_x,即为点 A 的两面投影图。

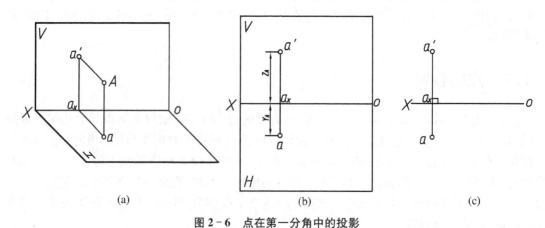

(a)　　　　　　　　　　(b)　　　　　　　　　　(c)

图 2-6　点在第一分角中的投影

2. 点的两面投影规律

(1) 点的投影连线垂直于投影轴(由 $a'a \perp OX$ 导出)。

(2) 点的投影与投影轴的距离,等于该点与相邻投影面的距离(由 $a_x a' = a A$,$a_x a = a'A$ 导出)。

空间的度量方位等问题可用点在平面上投影之间的度量方位问题来表示,简言之用平面来表示空间。已知点 A 的两面投影图,就可确定空间点的位置,如图 2-6(c)中,可以想象将 OX 轴以上的 V 面保持直立位置,将 OX 轴以下的 H 面绕 OX 轴向前旋转 $90°$ 呈水平位置,再分别从 a、a' 作 H 面、V 面的垂线,两条垂线的交点即为空间点 A 的空间位置。

2.2.2 点在三面投影体系第一分角中的投影

点的两面投影已能确定该点的位置,但为了更清晰地图示某些几何形体,需画出三面投影图。

1. 三面投影体系的建立

如图 2-7(a)所示,在两面投影体系上再设立一个与 V 面、H 面都垂直的侧立投影面(简称侧面或 W 面),三个投影面之间的交线,即三条投影轴 OX、OY、OZ 必定互相垂直,且交于原点 O,形成三面投影体系。

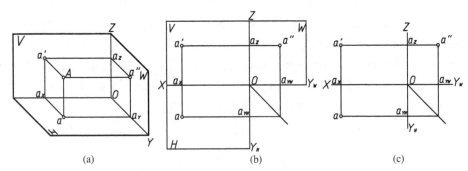

图 2-7 点在三面投影体系中的投影

2. 点的三面投影与坐标

如图 2-7(a)所示,由点 A 分别作垂直于 V 面、H 面、W 面的投射线,交点即是 A 的正面投影 a'、水平投影 a、侧面(W 面)投影 a''(用小写 a 加两撇表示侧面投影)。与在两投影体系中的分析相同,每两条投射线分别确定一个平面,与三个投影面分别相交,构成一个长方体 $A a a_X a' a_Z a'' a_Y O$。沿 OY 轴分开 H 面和 W 面,V 面保持正立位置不动,H 面向下旋转,W 面向右旋转,使三个投影面展成同一个平面,如图 2-7(b)所示。这时,OY 轴被一分为二,成为 H 面上的 OY_H 和 W 面上的 OY_W,点 a_Y 一分为二成 H 面上的 a_{YH} 和 W 面上的 a_{YW},仍与两面体系相同,$a'a \perp OX$;同理,$a'a'' \perp OZ$;由于 H 面和 W 面沿 OY 轴分开后,分别绕 OX 轴和 OZ 轴旋转到与 V 面成为同一平面,便导出下述关系:$a a_{YH} \perp OY_H$,$a'' a_{YW} \perp OY_W$,$O a_{YH} = O a_{YW}$。通常在投影图中只画其投影轴,不画投影面的边界,如图 2-7(c)所示,为了作图方便,可作过点 O 的 45°辅助线,$a a_{YH}$、$a'' a_{YW}$ 的延长线必与这条辅助线交于一点。

若将三投影面体系看作直角坐标系,则投影轴、投影面、点 O 分别是坐标轴、坐标面、原点。如图 2-7(a)所示,规定 OX 轴从点 O 向左为正,OY 轴从点 O 向前为正,OZ 轴从点 O 向上为正,反之为负。由长方体 $A a a_X a' a_Z a'' a_Y O$ 的每组平行边分别相等,可得点 $A(x_A, y_A, z_A)$ 的投影与坐标有下述关系:

X 坐标 $x_A(Oa_X) = a_Z a' = a_{YH} a =$ 点 A 与 W 面的距离 $a''A$;

Y 坐标 $y_A(Oa_{YH} = Oa_{YW}) = a_X a = a_Z a'' =$ 点 A 与 V 面的距离 $a'A$;

Z 坐标 $z_A(Oa_Z) = a_X a' = a_{YW} a'' =$ 点 A 与 H 面的距离 aA。

3. 点的三面投影规律

(1) 点的投影连线垂直于相应的投影轴。

(2) 点的投影到投影轴的距离等于点的一个坐标,也就是该点与对应的相邻投影面的距离。

因此，若已知点的坐标(x,y,z)，就可以画出该点的投影图。又因为每一投影反映点的两个坐标值，所以只要已知点的两面投影，就可以知道点的三个坐标(x,y,z)，也就可以画出点的第三投影。

【例2-1】 已知点A的坐标$(15,20,10)$，点B的坐标$(30,8,0)$，点C的坐标$(20,0,0)$，求作各点的三面投影图。

分析 点A的坐标x_A、y_A、z_A已知，即Oa_X、Oa_Y、Oa_Z已知，根据点的投影规律，便可求出点A的投影a、a'、a''。由于$z_B=0$，则点B在H面上。又由于$y_C=0$，$z_C=0$，点C在OX轴上。

作图 如图2-8所示，点A的投影：从O分别沿X、Z、Y_H轴上取$Oa_X=x_A=15$，$Oa_z=10$，$Oa_{YH}=y_A=20$，然后从a_X、a_z作出相应轴的垂线，相交决定a'；从a_X、a_{YH}作出所在轴的垂线，相交决定a；最后，由a和a'求出a''。点B的投影：从O分别沿X、Y轴上量取$Ob_X=x_B=30$，$Ob_{YH}=y_B=8$，然后由b_X、b_{YH}作出所在轴的垂线，相交得b点，由于$z_B=0$，所以B点与b重合，b'与b_X重合，b''与b_{YW}重合。点C的投影：从O点在X轴上量取$Oc_X=x_C=20$，由于$y_C=0$，$z_C=0$，所以点C与c'、c、c_X都重合，c''与原点O重合。

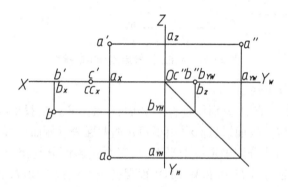

图2-8 根据点的坐标作出投影

由此可知，投影面上的点有一个坐标为零，在该投影面上的投影与该点重合，在相邻投影面上的投影分别在相应的投影轴上。投影轴上的点有两个坐标为零，在包含这条轴的两个投影面上的投影都与该点重合，在另一投影面上的投影则与原点O重合。

2.2.3 两点的相对位置

两点的投影沿上下、前后、左右三个方向所反映的坐标差，即两个点对H、V、W面的距离差，能确定两点的相对位置；反之，若已知两点的相对位置以及其中一个点的投影，也能确定另一个点的投影。

已知空间两点A、B，在投影图中判断其相对位置，如图2-9所示：

① a'在b'的上方（或a''在b''的上方），即$Z_A>Z_B$，表示点A在点B的上方，两点的上下距离由Z坐标差$|Z_A-Z_B|$确定；

② a在b的前方（或a''在b''的前方），即$Y_A>Y_B$，表示点A在点B的前方，两点的前后距离由Y坐标差$|Y_A-Y_B|$确定；

③ b'在a'的左方（或b在a的左方），即$X_B>X_A$，表示点B在点A的左边，两点的左右距离由X坐标差$|X_B-X_A|$确定。

在判别相对位置的过程中还应该注意：对水平投影而言，由OY_H轴向下就代表向前；对侧

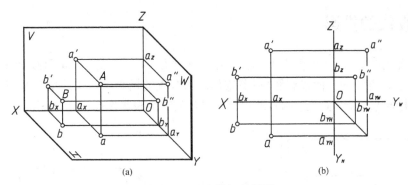

图 2-9　两点的相对位置

面投影而言，由 OY_W 轴向右也代表向前。

2.2.4　重影点

空间两点的特殊位置，就是两点恰好同在一条垂直于某一投影面的直线上，它们在该投影面上的投影则重合在一起。这种在某一投影面上投影重合的两个点，称为对该投影面的重影点。

如图 2-10(a) 所示的点 A 和点 B 在位于同一条垂直 H 面的投影线上，它们的水平投影 a 和 b 重合，则称点 A 和 B 为对 H 面的重影点，此时在 H 面上的投影，必然有一点可见，而另一个点不可见，因为点 A 在点 B 的正上方，向 H 面投影时，点 A 可见，点 B 被点 A 遮挡，是不可见的，不可见的投影需加圆括号以区别于可见投影，标记为 $a(b)$。同理，如图 2-10(b) 所示点 C 和 D 为对 V 面的重影点，此时点 C 在点 D 的正前方，在 V 面投影上，点 C 可见，点 D 不可见，重合投影标记为 $c'(d')$。图 2-10(c) 中 E 点和 F 点为对 W 面的重影点，此时点 E 在点 F 的正上方，在 W 面投影上，点 E 可见，点 F 不可见，重合投影标记为 $e''(f'')$。

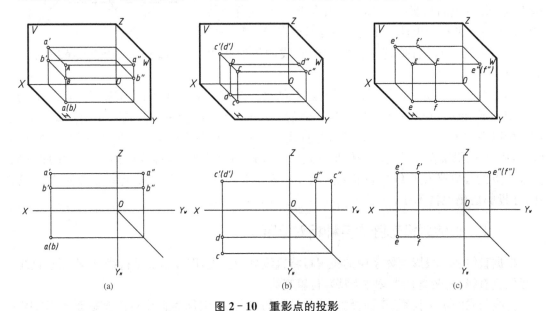

图 2-10　重影点的投影

重影点有两个性质：

(1) 对某一投影面的重影点，总有两个坐标值相等，一个坐标值不等。

(2) 可以利用不等的坐标值来判断重影点重合投影的可见性，坐标值大的可见，小的不可见。

2.3 直线的投影

空间一直线的投影可由直线上两点(通常取线段两个端点)的同面投影来确定,如图 2-11 所示,求作直线的三面投影图,可分别作出两端点的投影 (a,a',a'')、(b,b',b''),然后将其同面投影连接起来(用粗实线绘制),即得直线 AB 的三面投影图 $(ab,a'b',a''b'')$。

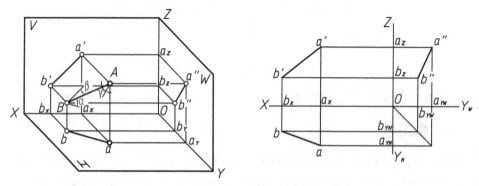

图 2-11 直线的投影

2.3.1 直线及直线上点的投影特性

如图 2-12 所示,直线 AB 不垂直于 V 面,则过 AB 上各点的投影线形成的平面与 V 面的交线,就是 AB 的正面投影 $a'b'$;直线 DE 垂直于 V 面,则过 DE 上各点的投射线,都与 DE 位于同一直线上,它与 V 面的交点,就是直线 DE 的正面投影 $d'e'$,称 $d'e'$ 积聚成一点,或称直线 DE 的正面投影有积聚性。由此可见:不垂直于投影面的直线的投影仍为直线;垂直于投影面的直线的投影积聚成一点。

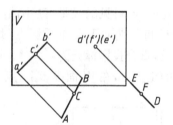

图 2-12 直线及直线上的点

仍如图 2-12 所示,过直线 AB 上点 C 的投射线 Cc',必位于平面 $ABb'a'$ 上,故 Cc' 与 V 面的交点 c',也必位于平面 $ABb'a'$ 与 V 面的交线 $a'b'$ 上。由于在平面 $ABb'a'$ 上,Aa'∥Cc'∥Bb',所以 $AC:CB=a'c':c'b'$。又因过直线 DE 上点 F 的投射线 Ff' 也与 DE 位于同一直线上,则 f' 也积聚在 $d'e'$ 上。几何形体在同一投影面上的投影,称为同面投影。由此可见:直线上点的投影必在直线的同面投影上;不垂直于投影面的直线段上的点分割直线段之比,在投影后仍保持不变。

2.3.2 直线对投影面的各种相对位置

根据直线在三投影面体系中的位置可将直线分为三类,即投影面平行线、投影面垂直线及一般位置直线,前两类直线又称为特殊位置直线。

直线与它的水平投影、正面投影、侧面投影的夹角,分别称为直线对该投影面 H、V、W 的倾角,分别用 α、β、γ 表示,如图 2-11(a)所示。

1. 投影面平行线

平行于一个投影面而与另外两个投影面倾斜的直线称为投影面平行线。平行于 V 面且倾斜于 H、W 面的直线称为正平线,平行于 H 面且倾斜于 V、W 面的直线称为水平线,平行于 W 面且倾斜于 H、V 面的直线称为侧平线。

在表 2-1 中分别列出正平线、水平线和侧平线的投影及其投影特性。

表 2-1 投影面平行线

名　称	立体图	投影图	投影特性
正平线	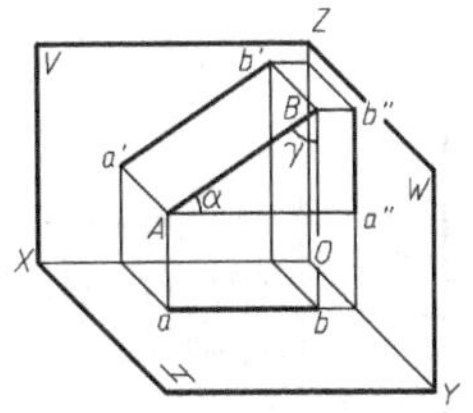	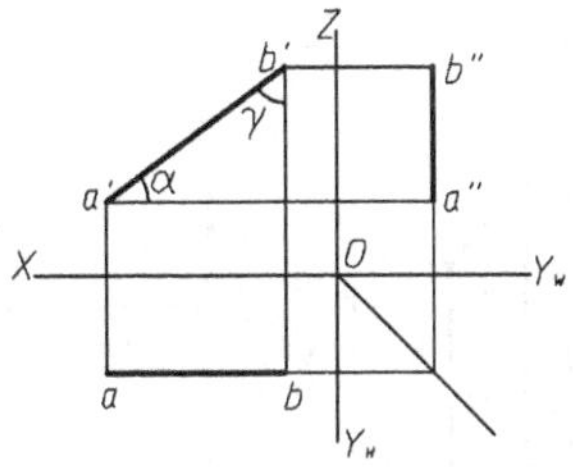	(1) $a'b'$ 反映实长和真实倾角 α、γ; (2) $ab /\!/ OX$,$a''b'' /\!/ OZ$,长度缩短
水平线	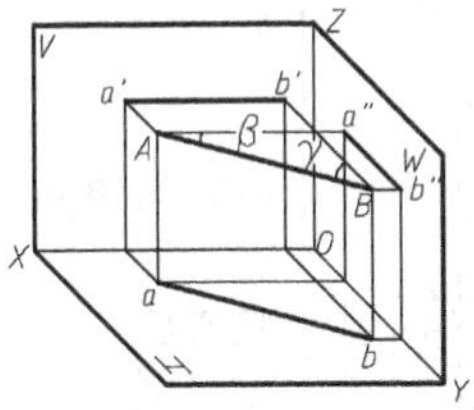	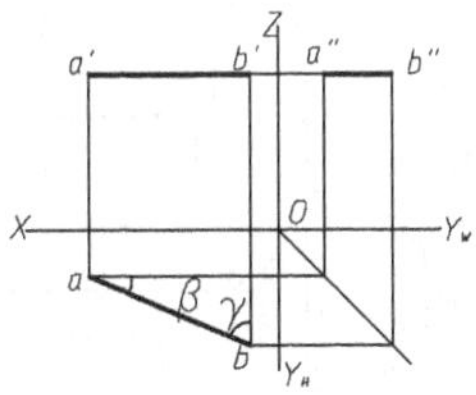	(1) ab 反映实长和真实倾角 β、γ; (2) $a'b' /\!/ OX$,$a''b'' /\!/ OY_W$,长度缩短
侧平线	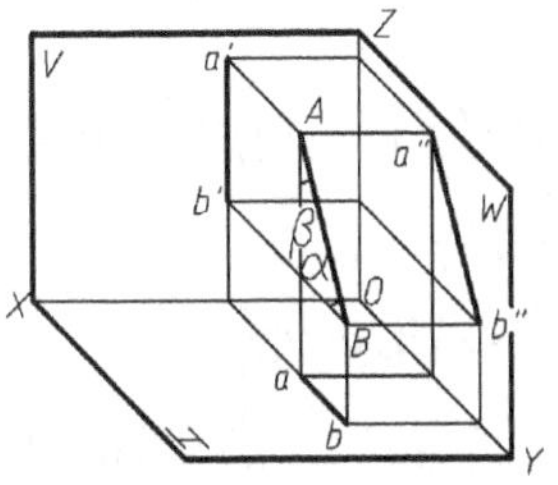	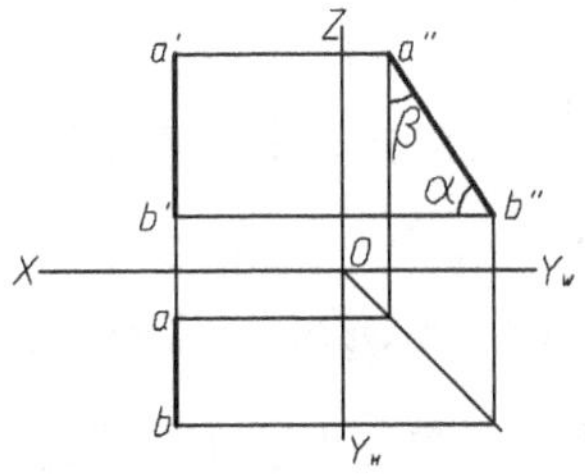	(1) $a''b''$ 反映实长和真实倾角 α、β; (2) $a'b' /\!/ OZ$,$ab /\!/ OY_H$,长度缩短

从表 2-1 中可概括出投影面平行线的投影特性:

① 平行于该投影面上的投影反映实长,它与投影轴的夹角分别反映直线对另两个投影面的真实倾角。

② 在另外两个投影面的投影,分别平行于相应的投影轴且成为缩小的类似形。

2. 投影面垂直线

垂直于一个投影面,即与另外两个投影面都平行的直线称为投影面垂直线。垂直 V 面的直线称为正垂线,垂直于 H 面的直线称为铅垂线,垂直于 W 面的直线称为侧垂线。

在表 2-2 中分别列出正垂线、铅垂线、侧垂线的投影及其投影特性。

从表 2-2 中可概括出投影面垂直线的投影特性:

① 在直线垂直的投影面上的投影,积聚成一点。

② 在另外两个投影面上的投影,分别垂直于相应的投影轴,且反映实长。

表 2－2　投影面垂直线

名　称	立体图	投影图	投影特性
正垂线			(1) $a'b'$ 积聚成一点; (2) $ab /\!/ OY_H$, $a''b'' /\!/ OY_W$,都反映实长
铅垂线			(1) ab 积聚成一点; (2) $a'b' /\!/ OZ$, $a''b'' /\!/ OZ$,都反映实长
侧垂线			(1) $a''b''$ 积聚成一点; (2) $ab /\!/ OX$, $a'b' /\!/ OX$,都反映实长

3. 一般位置直线

与三个投影面都倾斜的直线称为一般位置直线。如图 2－11(a)所示,则直线的实长、投影长度和倾角之间的关系为:

$$ab = AB\cos\alpha, a'b' = AB\cos\beta, a''b'' = AB\cos\gamma。$$

一般位置直线的 $\alpha、\beta、\gamma$ 都大于 0°且小于 90°,因此其三个投影长 $ab、a'b'、a''b''$ 均小于实长。

一般位置直线的投影特性为:

① 三个投影都与投影轴倾斜,其投影长度都小于实长;

② 三个投影与投影轴的夹角都不反映直线对投影面的倾角的真实大小。

【例 2－2】　已知线段 AB 的投影,试将 AB 分成 2∶3 两段,求分点 C 的投影,如图 2－13 所示。

分析　根据直线上点的投影特性,可先将线段 AB 的任一投影分为 2∶3,从而得到分点 C 的一个投影,然后再作点 C 的另一投影。

作图　① 由 a 作任意线,在其上量取 5 个单位长度,得 B_0,在 aB_0 上量取 C_0,使 $aC_0 : C_0B_0 = 2 : 3$。

② 连接 B_0 和 b,作 $C_0c /\!/ B_0b$,与 ab 交于 c。

③ 由 c 作投影连线,与 $a'b'$ 交于 c'。

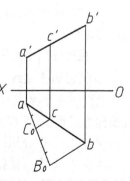

图 2－13　求 AB 上的分点 C

2.3.3　两直线的相对位置

空间两直线的相对位置关系有三种情况：平行、相交、交叉（亦称异面），它们的投影和投影特性图可见表 2-3。

表 2-3　两直线的相对位置及投影特性

名　称	立体图	投影图	投影特性
平行两直线			平行两直线的同面投影分别相互平行，且具有定比性
相交两直线			相交两直线的同面投影分别相交，且交点符合点的投影特性
交叉两直线			既不符合平行两直线的投影特性，又不符合相交两直线的投影特性

1. 两直线平行

若空间两直线相互平行，则它们的同面投影必定互相平行。见表 2-3 所示，由于 $AB/\!/CD$，则 $ab/\!/cd$，$a'b'/\!/c'd'$，$a''b''/\!/c''d''$。反之，如果两直线同面投影都互相平行，则两直线在空间必定互相平行。

若空间两直线相互平行，则长度之比相当于其投影比。见表 2-3 所示，由于 $AB/\!/CD$，而 $AB:CD=ab:cd=a'b':c'd'=a''b'':c''d''$。

若空间两直线均为一般位置直线，如果有两组同面投影相互平行，则空间两直线相互平行。若空间两直线均为投影面的平行线，则要根据直线所平行的投影面上的投影是否平行来断定它们在空间是否相互平行。

2. 相交两直线

空间两直线若相交，它们的三面同面投影必定相交，且两直线的交点的投影必定为两直线投影的交点。如表 2-3 所示,由于 AB 与 CD 相交,交点为 K,则 ab 与 cd、a'b'与 c'd'、a"b"与 c"d"必定分别交于 k、k'、k",且交点 K 符合点的投影规律。反之,两直线在投影图上的各组同面投影都相交,且各组投影的交点符合空间一点的投影规律,则两直线在空间必定相交。

在一般情况下,若两组同面投影都相交,且两投影交点符合点的投影规律,则空间两直线相交,但若两直线中有一直线为投影面平行线时,则两组同面投影中必须包括直线所平行的投影面上的投影。

3. 交叉两直线

既不平行又不相交的两直线称为交叉两直线。

交叉两直线的投影可能是相交的,但各个投影的交点不符合同一点的投影规律,仍如表 2-3 所示。交叉两直线在同一投影面上的交点为对该投影面的一对重影点,可从另一投影中用前遮后、上遮下、左遮右的原则来判别它们的可见性。见表 2-3 所示,对于 ab 与 cd 的交点,可从正面投影中看出:M 点和 N 点位于同一条铅垂的投射线上,AB 上的 M 点在上,CD 上的 N 点在下,M 和 N 是对 H 面的重影点,所以 H 面上 m 可见,n 不可见,同理可分析 a'b'与 c'd'及 a"b"与 c"d"的交点的可见性。

交叉两直线的投影也可能会有一组或两组互相平行,但决不会三组同面投影都互相平行,如图 2-14(a)所示,AB 和 CD 都是侧平线。对两组投影都相交的两直线,若其中有一直线为投影面平行线时,则可检查两直线在第三个投影面上的交点是否符合点的投影规律。

如图 2-14(b)所示,AB 为侧平线,而 a"b"与 c"d"的交点与其他两投影面投影的交点不符合同一点的投影规律,故 AB、CD 为交叉两直线。

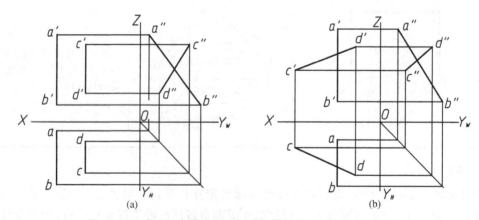

图 2-14　交叉两直线中有一条或两条是投影面平行线的投影

【例 2-3】　判断两侧平线 AB、CD 的相对位置,如图 2-15(a)所示。

方法一(如图 2-15(b)):

根据 AB、CD 的 V、H 面投影作出其 W 面投影,若 a"b"//c"d",则 AB//CD;反之,则 AB 和 CD 交叉。按作图结果可判断 AB//CD。

方法二(如图 2-15(c)):

分析　分别连接 A 和 D、B 和 C,若 AD、BC 相交,则 A、B、C、D 四点共面,故 AB//CD;反之,若 AD、BC 交叉,则 A、B、C、D 四点不共面,则 AB 和 CD 交叉。

作图 连接 $a'd'$、$b'c'$，得交点 k'，连接 ad、bc，得交点 k，因 $k'k \perp OX$，则 AD、BC 相交，故 $AB /\!/ CD$。

方法三（如图 2-15(d)）：

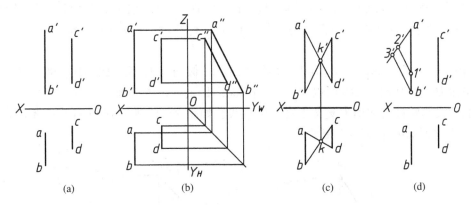

(a) (b) (c) (d)

图 2-15 判断两直线的相对位置

分析 如两侧平线为平行两直线，则两直线的各同面投影长度比相等。但需注意，仅仅各同面投影长度比相等，还不能说明两直线一定平行，因为与 V 面、H 面成相同倾角的侧平线可以有两个方向，它们能得到同样比例的投影长度，所以还必须检验两直线是否同方向。

作图 从投影图上可看出 AB、CD 两直线是同方向的。在 $a'b'$ 上取 1，使 $a'1 = c'd'$，过 a' 作任意辅助线，并在该辅助线上取点 2，使 $a'2 = cd$，取点 3，使 $a'3 = ab$，连接 21 和 $3b'$。因为 $21 /\!/ 3b'$，所以有 $ab : cd = a'b' : c'b'$，则 $AB /\!/ CD$。

【例 2-4】 已知直线 AB、CD 的两面投影和点 E 的水平投影 e，求作直线 EF 与 CD 平行，并与 AB 相交于点 F，如图 2-16(a) 所示。

作图 如图 2-16(b) 所示，因所求直线 $EF /\!/ CD$，故先过 e 作 $ef /\!/ cd$；又因 EF 与 AB 相交，故 ef 与 ab 的交点 f 即为点 F 的水平投影，并按点的投影规律在 $a'b'$ 上求得 f'；然后从 f' 作 $f'e' /\!/ c'd'$，使 e' 在过 e 的投影连线上。ef 和 $e'f'$ 即为所求。

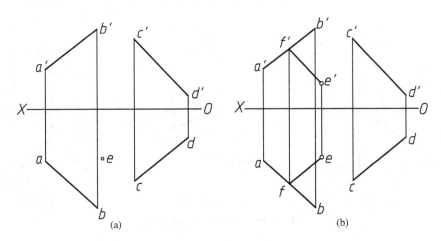

(a) (b)

图 2-16 求作直线与一直线平行且与另一直线相交

2.3.4　一边平行于投影面的直角的投影（直角投影定理）

空间互相垂直相交（或交叉）的两直线，若其中一直线为投影面平行线，则两直线在该投影面上的投影互相垂直，此投影特性也称为直角投影定理。反之，如相交两直线在某一投影面上的投影互相垂直，若其中有一直线为该投影面的平行线，则这两直线是空间互相垂直的两直线。

如图 2－17 所示，$AB \perp BC$，其中 $AB /\!/ H$ 面，BC 倾斜于 H 面。因 $AB \perp Bb$，$AB \perp BC$，则 $AB \perp$ 平面 $BbcC$，因 $ab /\!/ AB$，所以 $ab \perp$ 平面 $BbcC$，因此，$ab \perp bc$，即 $\angle abc = \angle ABC = 90°$。可以看出，此投影特性也适用于交叉垂直的两直线。如图 2－17 所示，当 CB 直线不动，水平线 AB 平行上移时，ab 与 cb 仍互相垂直。

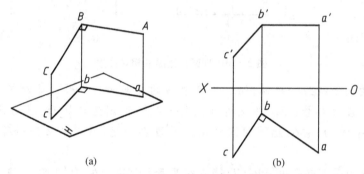

图 2－17　垂直相交两直线的投影（一条直线与投影面平行）

【例 2－5】　求 AB、CD 两直线的公垂线，如图 2－18(a)所示。

分析　如图 2－18(b)直观图所示，直线 AB 是铅垂线，CD 是一般位置直线，所以它们的公垂线是一条水平线，则公垂线的水平投影必垂直于 cd（直角投影定理）。

作图　如图 2－18(c)所示，由直线 AB 的水平投影 ab 向 cd 作垂线交于 k，由此求出 k'；由 k' 向 $a'b'$ 作垂线交于 e'，$e'k'$ 和 ek 即为公垂线 EK 的两投影，且 $ek = EK$ 为两交叉直线 AB、CD 的距离。

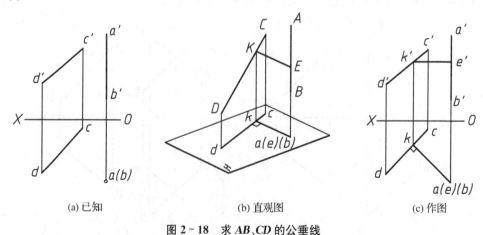

(a) 已知　　　　　　　(b) 直观图　　　　　　　(c) 作图

图 2－18　求 AB、CD 的公垂线

2.3.5　用直角三角形法求直线的实长及对投影面的倾角

如图 2-19(a)所示，AB 为一般位置直线，过 A 作 $AB_1 /\!/ ab$，即得一直角三角形 ABB_1，它的斜边 AB 是实长，$AB_1 = ab$ 是水平投影长度，BB_1 为两端点 A、B 的 Z 坐标差 $(z_B - z_A)$，AB 与 AB_1 的夹角即为 AB 对 H 面的倾角 α。因此，根据一般位置直线 AB 的投影，求直线长和对 H 面的倾角，可归结为求直角三角形 ABB_1 的实形。

同理，过 A 作 $AB_2 /\!/ a'b'$，可得另一直角三角形 ABB_2，它的斜边 AB 是实长，$AB_2 = a'b'$，是正面投影长度，BB_2 为两端点 A、B 的 y 坐标差 $(y_B - y_A)$，AB 与 AB_2 的夹角即为 AB 对 V 面的倾角 β。因此，只要求出直角三角形 ABB_2 的实形，即可得到 AB 的实长和对投影面的倾角 β。同理也可求得 AB 对 W 面的倾角 γ。

这种利用一般位置直线的投影求作其实长和倾角的方法称为直角三角形法。

作图过程如图 2-19(b)所示：

① 过 a 或 b(图 2-19(b)为过 b)作 ab 的垂线。

② 在此垂线上量取 $bB_0 = |z_B - z_A|$，得 $B_0 b$，即为另一直角边。

③ 连接 a、B_0，aB_0 即为所求的直线段 AB 的实长，$\angle B_0 ab$ 即为 α 角。

也可利用 V 面上 AB 的 z 坐标差 $b'b_0$ 作垂线，量取 $b_0 A_0 = ab$，则 $b'A_0$ 为实长，$\angle b_0 A_0 b'$ 为 α 角。同理，如图 2-19(c)所示，以 $a'b'$ 为直角边，以 $|y_A - y_B|$ 为另一直角边，也可求出 AB 的实长 $(b'A_0 = AB)$，而斜边 $b'A_0$ 与 $a'b'$ 的夹角即为 AB 对 V 面的倾角 β。

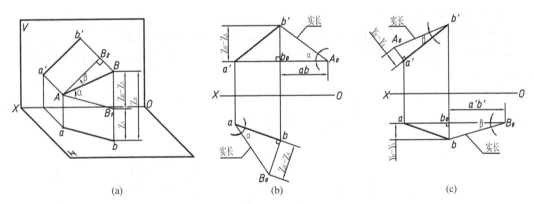

(a)　　　　　　　　(b)　　　　　　　　(c)

图 2-19　用直角三角形法求实长和倾角

由此可归纳出用直角三角形求直线实长和倾角的方法：以直线在某一投影面上投影长为一直角边，直线两端点与这个投影面的距离差为另一直角边，形成的直角三角形的斜边是直线的实长，投影长与斜边的夹角就是直线对这个投影面的倾角。

【例 2-6】　已知直线 AB 的一个投影 ab 和端点 A 的另一投影 a'，并已知 $\alpha = 30°$，求作 AB 的正面投影 $a'b'$，如图 2-20(a)所示。

分析　已知 ab 及倾角 α，可作出以 ab 为一直角边的直角三角形，另一直角边即为两端点 A、B 的 z 坐标差。

作图　以 ab 为直角边作一直角三角形 abB_0，使 $\angle baB_0 = \alpha = 30°$，如图 2-20(b)所示，另一直角边 bB_0 即为两端点的 z 坐标差 $|z_A - z_B|$，由于并未指明 A、B 两点的高低位置，故可截取两个 b'，即本题有两解，如图 2-20(c)所示。

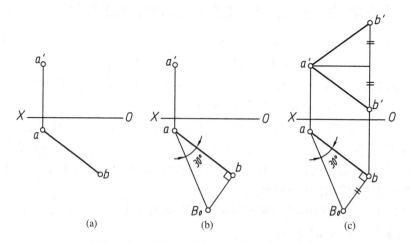

图 2−20　用直角三角形法求线段的正面投影

2.4　平面的投影

2.4.1　平面的表示法

1. 用几何元素表示平面

由初等几何学可知，下列几何元素组都可以决定平面的空间的位置：

① 不在同一直线上的三点；② 一直线和该直线外一点；③ 相交两直线；④ 平行两直线；⑤ 任意平面图形。

如图 2−21 所示，同一平面的表示方式是多种多样的，而且是可以相互转换的。从图中看出，不在同一直线上的三点是决定平面位置最基本的几何元素。

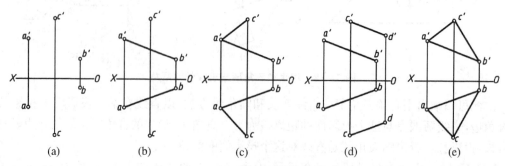

图 2−21　平面在投影图上的表示方法

2. 用迹线表示平面

除了用几何元素表示平面外，有时也利用平面与投影面的交线（即平面的迹线）来表示平面。图 2−22 中，平面 P 与 H 面的交线称为水平迹线，以 P_H 表示；与 V 面的交线称为正面迹线，以 P_V 表示；与 W 面的交线称为侧面迹线，以 P_W 表示。因为三平面相交时，一般情况下交于一点，故相邻的迹线若不平行，就必交于相应的投影轴上的一点，如 P_X、P_Y、P_Z，这些称为迹线集合点。

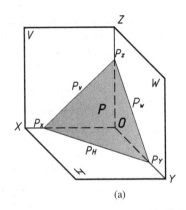
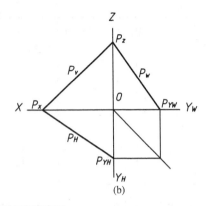

(a)   (b)

图 2－22　平面的迹线表示

由于迹线在投影面上,因此迹线在此投影面上的投影必定与其本身重合,并用迹线符号标记,即在投影图上直接用 P_V 标记正面迹线的正面投影,用 P_H 标记水平迹线的水平投影,用 P_W 标记侧面迹线的侧面投影。该迹线的另两个投影与相应的投影轴重合,一般不再标记。

2.4.2　平面对投影面的各种相对位置

根据平面在三投影面体系中的位置可分为:投影面垂直面、投影面平行面和一般位置平面。前两类平面又称为特殊位置平面。

平面与投影面 H、V、W 所夹的二面角,分别称为平面对该投影面的倾角,分别用 α、β、γ 表示。

1. 投影面垂直面

垂直于一个投影面且与另外两个投影面都倾斜的平面称为投影面垂直面,垂直于 V 面的平面称为正垂面,垂直于 H 面的平面称为铅垂面,垂直于 W 面的平面称为侧垂面。

表 2－4 中分别列出了铅垂面、正垂面和侧垂面的投影及其投影特性。

从表 2－4 可以概括出投影面垂直面的投影特性为:

① 在所垂直的投影面上的投影,积聚成直线;积聚性的投影与投影轴的夹角,分别反映平面对另两个投影面的倾角。

② 在另外两投影面上的投影均为类似形。

表 2－4　投影面垂直面的投影

名称		铅垂面（⊥H 面,对 V,W 面倾斜）	正垂面（⊥V 面,对 H,W 面倾斜）	侧垂面（⊥W 面,对 V,H 面倾斜）
非迹线平面	直观图			

(续表)

名称		铅垂面(⊥H面,对V,W面倾斜)	正垂面(⊥V面,对H,W面倾斜)	侧垂面(⊥W面,对V,H面倾斜)
非迹线平面	投影			
迹线平面	直观图			
	投影			
投影特性		(1)水平投影积聚成一直线,并反映真实倾角β、γ; (2)正面投影和侧面投影仍为平面图形,但面积缩小	(1)正面投影积聚成一直线,并反映真实倾角α、γ; (2)水平投影和侧面投影仍为平面图形,但面积缩小	(1)侧面投影积聚成一直线,并反映真实倾角α、β; (2)正面投影和水平投影仍为平面图形,但面积缩小

2. 投影面平行面

平行于一个投影面即同时垂直于其他两个投影面的平面称为投影面平行面。平行于 H 面的称为水平面,平行于 V 面的称为正平面,平行于 W 面的称为侧平面。

在表 2-5 中列出正平面、水平面和侧平面的投影及其投影特性。

从表 2-5 中可以概括出投影面平行面的投影特性为:

① 在平行的投影面上的投影,反映实形。

② 在另外两投影面上的投影,分别积聚成直线,且分别平行于相应的投影轴。

表 2-5　投影面平行面的投影

名称		正平面(//V面,⊥H,W)	水平面(//H面,⊥V,W)	侧平面(//W面,⊥V,H)
非迹线平面	直观图			

（续表）

名称	正平面(//V 面,⊥H,W)	水平面(//H 面,⊥V,W)	侧平面(//W 面,⊥V,H)
非迹线平面 · 投影			
迹线平面 · 直观图			
迹线平面 · 投影			
投影特性	(1)正面投影反映实形; (2)水平投影 //OX、侧面投影 //OZ,并分别积聚成一直线	(1)水平投影反映实形; (2)正面投影 //OX、侧面投影 //OY_W,并分别积聚成一直线	(1)侧面投影反映实形; (2)正面投影 //OZ、水平投影 //OY_H,并分别积聚成一直线

3. 一般位置平面

与三个投影面都处于倾斜位置的平面称为一般位置平面。如图 2-23 所示,它的三个投影$\triangle abc$、$\triangle a'b'c'$、$\triangle a''b''c''$均为类似形。

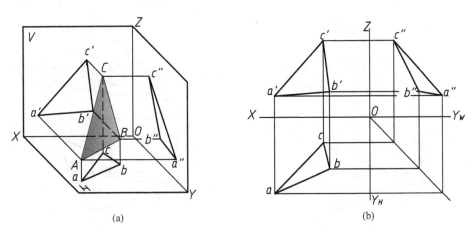

(a)   (b)

图 2-23 一般位置平面的投影特性

由此可概括出一般位置平面的投影特性为：它的三个投影是类似形，而且面积比实际小；投影图上不直接反映平面对投影面的倾角的真实大小。

2.4.3 平面上的点和直线

1. 平面上取直线和点

由初等几何学可知平面内的点和直线要满足下列几何条件：

① 若点位于平面内的任一直线上，则此点在该平面内。

② 若一直线通过平面内的两个点，或一直线通过平面上一已知点且平行于平面内的另一直线，则此直线必在该平面内。

如图 2-24 所示，相交两直线 AB、AC 决定一平面 P，点 K、M 分别在 AB、AC 上，所以 MK 连线在平面 P 内。又如点 M 是 AC 上的一个点，如过点 M 作 $MN /\!/ AB$，则 MN 一定也在 P 平面上。

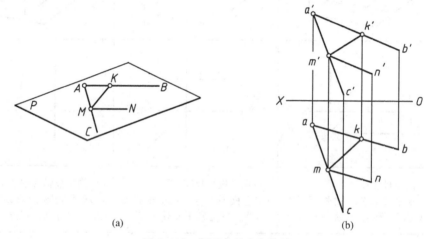

图 2-24　平面上的点和直线

【例 2-7】　判别点 M 是否在平面 $\triangle ABC$ 内，并作出 $\triangle ABC$ 平面上的点 N 的正投影，如图 2-25(a)所示。

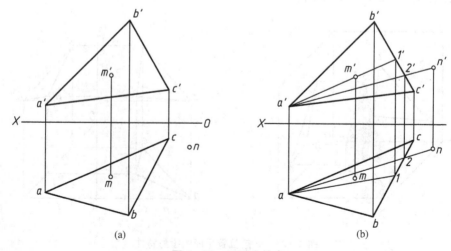

(a)　　　　　　　　(b)

图 2-25　平面上的点

分析 判别点是否在平面上和求平面上点的投影,可利用"若点在平面上,那么点一定在平面内的一条直线上"这一投影特性。

作图 连接 $a'm'$ 并延长交 $b'c'$ 于 $1'$,作出点 I 的水平投影 1,这样 A I 为 △ABC 平面内的直线,由于 m 不在 $a1$ 上,所以点 M 不在△ABC 平面上;连接 an 交 bc 于 2,作出点 II 的正面投影 $2'$,连接 $a'2'$ 并延长与过 n 作的投影连线相交于 n'。因为 A II 是△ABC 平面上的直线,点 N 在此直线上,所以点 N 在△ABC 平面上。

从本例可以看出,判断点是否在平面内,不能只看点的投影是否在平面的投影轮廓线内,一定要用几何条件和投影特性来判断。

【例2-8】 完成平面图形 ABCDE 的正面投影,如图 2-26(a)所示。

分析 现已知 A、B、C 三点的正面投影和水平投影,平面的空间位置已经确定,E、D 两点应在△ABC 平面上,故利用点在面上的原理作出点的投影即可。

作图 如图 2-26(b)所示,连接 $a'c'$ 和 ac,即求出△ABC 的两面投影。求△ABC 上一点 E 的正面投影 e':连接 be 交 ac 于 1,求出与之对应点的正面投影 $1'$,连接 $b'1'$ 并延长与过 e 的投影连线相交得 e'。同理可求△ABC 上一点 D 的正面投影 d'。依次连接 $c'、d'、e'、a'$,得平面图形 ABCDE 的正平投影。

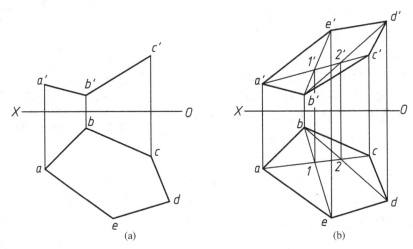

图 2-26 完成平面图形的投影

2. 平面上的特殊直线

平面上各种不同位置的直线,它对投影面的倾角各不相同,其中有两种直线的倾角较特殊,一是倾角最小(为零度),即为平面上的投影面平行线;另一是倾角最大,称为最大斜度线。

(1) 平面上的投影面平行线

【例2-9】 已知△ABC 平面的两面投影,作出平面上水平线 AD 和正平线 CE 的两面投影,如图 2-27(a)所示。

分析 由于水平线的正面投影平行 OX 轴,故可先求 AD 的正面投影,而正平线的水平投影平行 OX 轴,故可先求 CE 的水平投影。

作图 如图 2-27(b)所示,过 a' 作 $a'd'$ ∥ OX 轴交 $b'c'$ 于 d',在 bc 求出 d,连接 ad 即为所求。过 c 作 ce ∥ OX 轴交 ab 于 e,在 $a'b'$ 上求出 e',连接 $c'e'$ 即为所求。

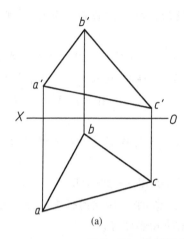
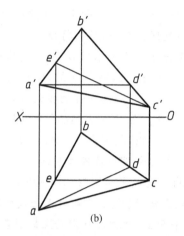

图 2-27 求平面上的水平线和正平线的投影

（2）平面上的最大斜度线

如图 2-28 所示，过 P 平面上 A 点作一系列直线如 AN、AM_1、AM_2 等，其中 $AN // P_H$，为 P 平面上的水平线。AM_1、AM_2……对投影面的 H 的倾角各不相同，分别为 α_1、α_2……A 点的投影线 Aa 与 AM_1、AM_2……形成一系列等高的直角三角形。

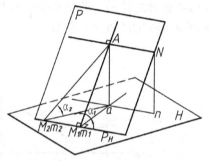

图 2-28 平面上的最大斜度线

AM_1、AM_2……分别为直角三角形的斜边，显然，斜边最短者倾角为最大。由于 $AM_1 \perp AN$（即 $\perp P_H$）。因此，AM_1 为最短的斜边，它的倾角 α_1 为最大，即 AM_1 为平面上过 A 点对 H 面的最大斜度线。根据垂直相交两直线的投影特性，AN 为水平线时 $am_1 \perp an$。

从以上分析可知，平面对投影面的最大斜度线必定垂直于平面上对该投影面的平行线，最大斜度线在该投影面上的投影必定垂直于平面上该投影面平行线的同面投影。

由于 $\triangle Am_1a$ 垂直 P 面与 H 面的交线 P_H，因此 $\angle Am_1a$ 即为 P、H 两平面的两面角，所以平面对投影面的倾角即为平面上对该投影面的最大斜度线对同一投影面的倾角。它一般可应用直角三角形法求出。在平面上可分别作出对 H、V、W 面的最大斜度线，因此相应地可求出该平面对 H、V、W 面的倾角 α_1、β_1、γ_1。

【例 2-10】 求平行四边形 $ABCD$ 对 H 面的倾角 α_1（如图 2-29）。

分析 平面对 H 面的倾角即为平面上对 H 面的最大斜度线对 H 面的倾角。

作图 （1）过平面 $ABCD$ 上任一点，如 A 点，作平面上的水平线 $AF(af, a'f')$。

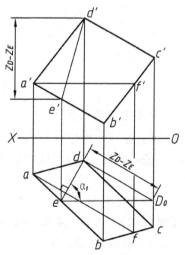

图 2-29 求平行四边形对 H 面的倾角

50

（2）过 D 点的水平投影 d 作 $de \perp af$，再求出 $d'e'$，DE 即为平面上过 D 点对 H 面的最大斜度线。

（3）用直角三角形法求出 DE 对 H 面的倾角，即为平面对 H 面的倾角 α_1。

2.4.4 圆的投影

当圆平面倾斜于投影面时，它在该投影面上的投影为一椭圆。当圆平面平行于投影面时，它在该投影面上的投影反映圆的真形。当圆平面垂直于投影面时，它在该投影面上的投影积聚为一直线。

图 2-30 是圆心为 C 的一个水平圆的三面投影。根据投影面平行面的投影特性可知，水平圆的水平投影反映真形；正面投影和侧面投影分别积聚成水平线，其长度都等于圆的直径。圆倾斜于投影面时，其在投影面上的投影是椭圆。圆的每一对互相垂直的直径都投影成椭圆的一对共轭直径；而椭圆的各对共轭直径中，有一对是相互垂直的，成为椭圆的对称轴，也就是椭圆的长轴和短轴。根据投影特性可知，椭圆的长轴是圆的平行于投影面的直径的投影，短轴是与其相垂直的直径的投影。

图 2-31 是圆心为 C 的一个正垂圆。由图 2-31(a) 可知正垂圆的投影特性为：V 面投影积聚成直线，其长度等于圆的直径；H 面投影是椭圆，椭圆心是该圆圆心 C 的水平投影，长轴 AB 是垂直于 V 面的直径（在正垂圆的情况下是正垂线）AB 的水平投影 de，长度等于直径；短轴 DE 是与 AB 垂直的直线（在正垂圆的情况下是正平线）DE 的水平投影 de，根据直角投影定理可知，de 垂直于 ab，投影图如图 2-31(b) 所示。当作出投影椭圆的长、短轴后，即可用四心圆法或同心圆法作近似椭圆或椭圆。

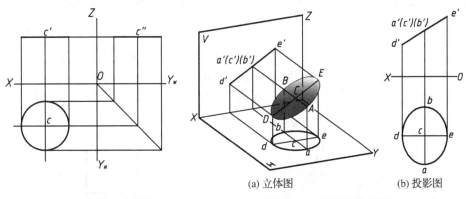

图 2-30 水平圆的投影   图 2-31 正垂圆的投影

同理，在三面投影体系中也可推得这个正垂圆的侧面投影椭圆的长轴是 $a''b''$，短轴是 $d''e''$（图中未示出）。综上所述，可概括出圆的投影特性：

① 圆平面在所平行投影面上的投影反映真形。

② 圆平面在所垂直的投影面上的投影是直线，其长度等于圆的直径。

③ 圆平面在所倾斜的投影面上的投影是椭圆。其长轴是圆的平行于这个投影面的直径的投影，短轴是圆的与上述直径相垂直的直径的投影。

2.5 直线与平面以及两平面间的相对位置

直线与平面以及两平面间的相对位置，除了直线位于平面上或两平面位于同一平面上的特例外，只可能是相交或平行。垂直是相交的特殊情况。

2.5.1 平行问题

1. 直线与平面平行

若直线平行某平面内一直线，则直线与该平面平行。如图2-32所示，直线 AB 平行于 P 平面上一直线 CD，则 AB 必与 P 平面平行。当直线与垂直投影面的平面相平行时，则直线的投影平行于平面具有积聚性的同面投影，或者直线、平面在同一投影面上投影都有积聚性。如图2-33所示，$AB/\!/$平面 $CDEF$，$ab/\!/$平面 $cdef$，$MN/\!/$平面 $CDEF$，mn、$cdef$ 都有积聚性。

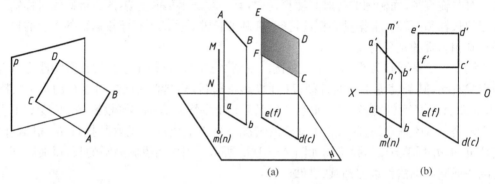

图2-32 直线与平面平行   图2-33 直线与投影面垂直面平行

2. 平面与平面平行

如果两个平面内各有一对相交直线对应平行，则这两个平面互相平行。这是作一平面平行于另一平面或判断一平面是否平行于另一平面的依据。若两特殊位置平面相互平行，则它们具有积聚性的那组同面投影必然相互平行。如图2-34所示，平面 $ABCD/\!/$平面 $EFGH$，其投影 $ad/\!/eh$。

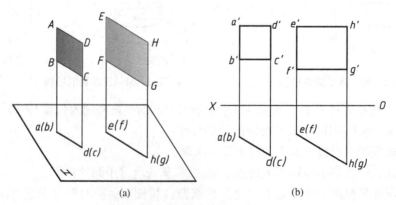

图2-34 有积聚性的平面相互平行

2.5.2 相交问题

直线与平面、平面与平面若不平行,则一定相交。一直线与一平面相交,只有一个交点,它是直线和平面的公共点,既在直线上,又在平面上。两平面的交线是一条直线,它是两平面的公共线,因而求两平面的交线,只需求出属于两平面的两个公共点,或求出一个公共点和交线方向,即可画出交线。可见,求直线与平面的交点和两平面的交线,基本问题是求直线与平面的交点。

1. 利用积聚性求交点、交线

(1)平面或直线的投影有积聚性时求交点

一直线与一平面相交,当其中一平面或一直线的投影有积聚性时,交点的两个投影有一个可直接确定,另一个投影可根据在直线上或平面上取点的方法求出。

【例 2 - 11】 求正垂线 AB 与倾斜面 $\triangle CDE$ 的交点 K(如图 2 - 35)。

分析 AB 是正垂线,其正面投影具有积聚性,由于交点 K 是直线 AB 上的一个交点,点 K 的正面投影 k' 与 $a'(b')$ 重影,又因交点 K 也在三角形平面上,所以可利用平面上取点的方法,作出交点 K 的水平投影 k。

作图 ① 求交点。连接 $c'k'$,并延长使它与 $d'e'$ 交于 m',再作出三角形平面上 CM 线的水平投影 cm,cm 与 ab 的交点 k 即为所求点 K 的水平投影,如图 2 - 35(b)所示。

② 判别可见性。交点 K 把直线分成两部分,在投影上直线与平面重影的部分需要判别可见性,而交点 K 是直线可见与不可见部分的分界点。如图 2 - 35(a)所示,直线 AB 与三角形各边均交叉,AB 上的 Ⅰ $(1,1')$ 和 CD 上的 Ⅱ $(2,2')$ 的水平投影,从正面投影上可以看出 $z_1 > z_2$,即 Ⅰ 在 Ⅱ 之上,所以点 Ⅰ 可见,点 Ⅱ 不可见。故 AB 上的 Ⅰ K 段可见,其水平投影 $1k$ 应画成粗实线,而被平面遮住的另一线段不可见,其投影应画成虚线。AB 的正面投影为一点,故不需要判别其可见性,如图 2 - 35(c)所示。

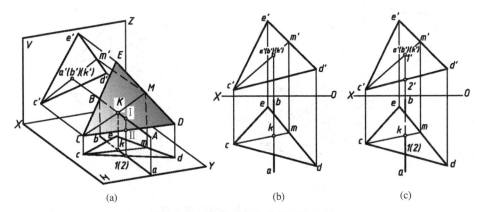

(a)　　　　　　　(b)　　　　　　　(c)

图 2 - 35　求正垂线与倾斜面的交点

【例 2 - 12】 求直线 AB 与铅垂面 $EFGH$ 的交点 K,如图 2 - 36(a)所示。

分析 铅垂面的水平投影 $efgh$ 有积聚性,故交点的水平投影 k 在 $efgh$ 上,又交点 K 也在直线 AB 上,故 k 也必定在 AB 的水平投影 ab 上,因此,点 K 的水平投影 k 是 $efgh$ 和 ab 的交点,而 k' 必定在 $a'b'$ 上。

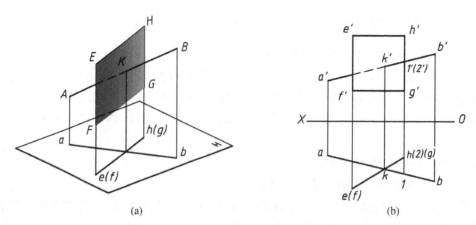

图 2-36 求直线 *AB* 与铅垂面 *EFGH* 的交点

作图 *efgh* 和 *ab* 的交点 *k* 即为点 *K* 的水平投影，从 *k* 作 *X* 轴的垂线与 *a'b'* 交于 *k'*，则点 $K(k,k')$ 即为所求的交点。

直线 *AB* 上点 Ⅰ 与 *EF* 直线上点 Ⅱ 的正面投影重合，从水平投影上可以看出 $y_1 > y_2$，因此 Ⅰ 在 Ⅱ 之前，点 Ⅰ 是可见的，所以 *k'b'* 画成粗实线，过 *k'* 而被平面遮住的直线部分的投影画成虚线。在水平投影上，因四边形 *EFGH* 是铅垂面，其水平投影重影为一条直线，对直线无遮挡，不需要判别可见性。

（2）两平面之一具有积聚性时求交线

两平面相交，两平面之一投影有重影性时，交线的两个平面投影有一个可直接确定，另一个投影可根据平面上取直线的方法作出。

【例 2-13】 求正垂面 □*DEFG* 与 △*ABC* 的交线，如图 2-37(a)所示。

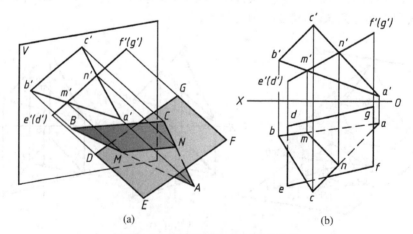

图 2-37 求正垂面与倾斜面的交线

分析 正垂面 □*DEFG* 的正面投影 *d'e'f'g'* 集聚为直线，交线的正面投影必定在 *d'e'f'g'* 上，又交线也在 △*ABC* 上，由此可作出交线的水平投影。

作图 ① 求交点。依次求出 △*ABC* 的 *AB*、*AC* 边与正垂面 *DEFG* 的交点 $M(m,m')$ 和 $N(n,n')$，连接 $MN(mn, m'n')$，即为两平面的交线。

② 判别可见性。交线是可见与不可见部分的分界线，从正面投影可知，水平投影 △*abc* 的 *bcnm* 部分，位于 *d'e'f'g'* 集聚直线的上方，为可见，应画成粗实线，而另一部分在 *defg* 轮廓线

范围内的应画成虚线。

2. 用辅助平面法求交点、交线

当相交两几何元素都不垂直于投影面时,则不能利用积聚性来作图,可通过作辅助平面的方法求交点或交线。

(1) 利用辅助平面法求交点

几何分析:如图2-38所示,直线 MN 与平面 $\triangle ABC$ 相交,交点为 K,过点 K 可在 $\triangle ABC$ 上作无数直线,而这些直线都可与直线 MN 构成一平面,该平面称为辅助平面。辅助平面与已知平面 $\triangle ABC$ 的交线即为过点 K 在平面 $\triangle ABC$ 上的直线,该直线与 MN 的交点即为点 K。

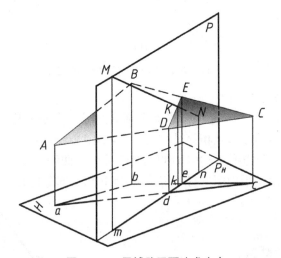

图2-38 用辅助平面法求交点

根据以上分析,可归纳出求直线与平面交点的步骤如下:

① 过已知直线作一辅助平面。为了作图方便,一般作辅助平面垂直某一投影面(如过 MN 作辅助平面 P 为一铅垂面)。

② 作出该辅助平面与已知平面的交线(如平面 P 与 $\triangle ABC$ 的交线 DE)。

③ 作出该交线与已知直线的交点,即为已知直线与已知平面的交点(如 DE 与 MN 的交点 K 即为 MN 与 $\triangle ABC$ 的交点)。

【例2-14】 求直线 MN 与 $\triangle ABC$ 的交点 K,如图2-39(a)所示。

分析 可根据上述三个步骤求交点。

作图 ① 过 MN 作一铅垂面 P,即在作图时使水平迹线 P_H 与 mn 重合(正面迹线 P_V 在作图中用不到,通常省略不画),如图2-39(b)所示。

② 作出平面 P 与 $\triangle ABC$ 的交线 DE。由于 P_H 有积聚性,所以 de 与 P_H 重合,可直接确定,再由 de 求出 $d'e'$。

③ 作出 DE 与 MN 的交点 K。在正面投影上,$d'e'$ 与 $m'n'$ 的交点 k' 即为所求交点 K 的正面投影,由 k' 可求出水平投影 k。

④ 判别可见性。从图2-39(c)可以看出,AC 线上的点Ⅰ与 MN 线上的点Ⅱ,其正面投影重合,由于 $y_1 > y_2$,故点Ⅱ不可见,所以线段 KⅡ的正面投影 $k'(2')$ 画成虚线。用同样方法可以判定线段 KⅢ的水平投影 $k3$ 应为粗实线。

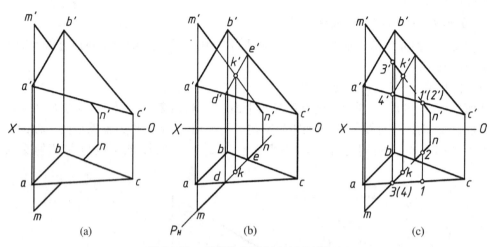

图 2-39   求直线 *MN* 与△*ABC* 的交点

（2）利用辅助平面法求交线

两平面相交有两种情况：一种是一个平面全部穿过另一个平面称为全交，如图 2-40(a)所示。另一种是两个平面的棱边互相穿过称为互交，如图 2-40(b)所示。如将图 2-40(a)中的△*ABC* 向右平行移动，即为图 2-40(b)的互交情况。这两种相交情况的实质是相同的，因此求解方法也相同。仅由于平面图形有一定范围，因此相交部分也有一定范围。

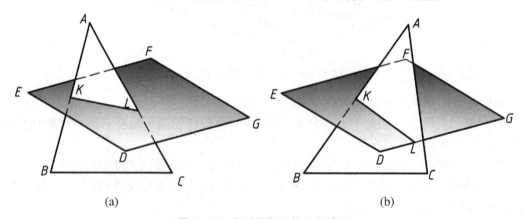

图 2-40   两平面相交的两种情况

【例 2-15】 求△*ABC* 与□*DEFG* 的交线 *KL*，如图 2-41(a)所示。

分析 选取△*ABC* 的两条边 *AC* 和 *BC*，分别作出它们与□*DEFG* 的交点，连接后即为所求的交线。

作图 ① 利用辅助平面（图中为正垂面）分别求出直线 *AC*、*BC* 与□*DEFG* 的交点 $K(k, k')$ 和 $L(l, l')$，如图 2-41(b)所示。

② 连接 kl 和 $k'l'$，即为所求交线 *KL* 的两投影，如图 2-41(b)所示。

③ 判别可见性，完成作图，如图 2-41(c)所示。

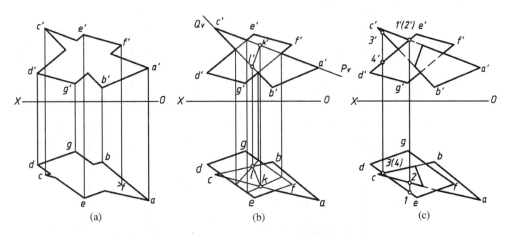

图 2 - 41 求 △ABC 与 □DEFG 的交线

2.5.3 垂直问题

1. 直线与平面垂直

当直线与特殊位置平面垂直时,直线一定平行于该平面所垂直的投影面,而且直线的投影垂直于平面有积聚性的同面投影。如图 2 - 42 所示,直线 AB 垂直于铅垂面 $CDEF$,AB 必定是水平线,且 $ab \perp cdef$。

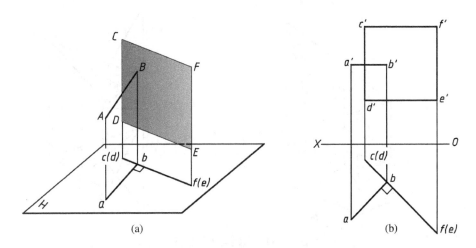

图 2 - 42 直线与垂直于投影面的平面相垂直

【例 2 - 16】 已知点 A 和矩形 $BCDE$ 的投影,过点 A 向平面 $BCDE$ 作垂线,作出垂足 F 以及点 A 到平面 $BCDE$ 的真实距离,如图 2 - 43(a)所示。

分析 过一点向一个平面只能作一条垂线,由于平面 $BCDE$ 为正垂面,AF 应为正平线且 $a'f' \perp b'c'd'e'$。

作图 如图 2 - 43(b)所示,作 $a'f' \perp b'c'd'e'$,$a'f'$ 与 $b'c'd'e'$ 的交点即为垂足 F 的正面投影;又根据 $af /\!/ OX$ 及 f' 可求出 F 的水平投影,$a'f'$ 即为点 A 到平面 $BCDE$ 的真实距离。

一般情况下,当直线与平面垂直时,则该直线垂直于平面上的任意直线(过垂足或不过垂

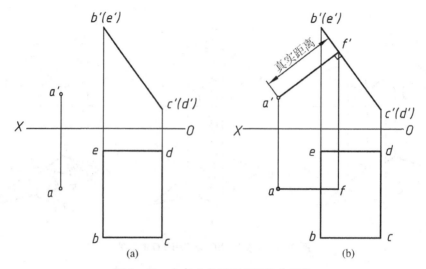

图 2-43 由点 A 向平面 BCDE 作垂线

足）。反之，当直线垂直于平面上的任意两条相交直线时，则直线垂直于该平面。

如图 2-44(a) 所示，直线 MK 垂直于平面 $\triangle ABC$，其垂足为 K，如过点 K 作一水平线 AD，则 $MK \perp AD$，根据直角投影定理，则有 $mk \perp ad$，再过点 K 作一正平线 EF，则 $MK \perp EF$，同理 $m'k' \perp e'f'$，如图 2-44(b) 所示。

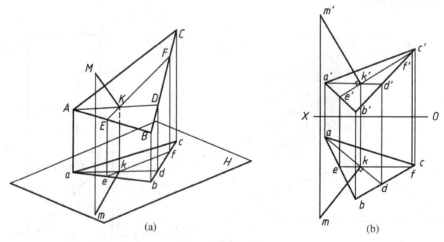

图 2-44 直线与平面垂直

由此可知，一直线垂直于一平面，则该直线的正面投影必定垂直于该平面上正平线的正面投影；直线的水平投影必定垂直于平面上水平线的水平投影。反之，直线的正面投影和水平投影分别垂直于平面上正平线的正面投影和水平线的水平投影，则直线一定垂直于该平面。

【例 2-17】 已知点 A 和直线 EF 的两面投影（如图 2-45(a)），试过点 A 作平面 $ABC \perp$ EF。

分析 假如平面 $ABC \perp EF$，则 EF 必垂直于平面 ABC 内的任一直线，那么 EF 一定垂直于平面内的特殊位置直线——投影面平行线。因此，根据直角投影定理，可以过点 A 作投影面平行线 AB、AC，使 $a'b' \perp e'f'$，$ac \perp ef$，直线 AB、AC 组成的平面即为所求平面。

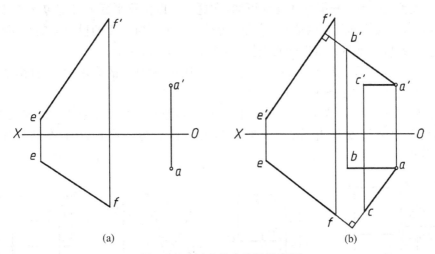

(a)   (b)

图 2-45　过点作直线的垂直面

作图　① 过点 A 作正平线 $AB \perp EF$，即 $a'b' \perp ef$，$ab \text{//} OX$ 轴；

② 过点 A 作水平线 $AC \perp EF$，即 $ac \perp ef$，$a'c' \text{//} OX$ 轴，平面 ABC 即为所求。

【例 2-18】　求 C 到直线 AB 的距离（如图 2-46(b)）。

分析　如图 2-46(a)所示，从 C 点作直线 AB 的垂线，并求出垂足 K，CK 的实长即为 C 点到直线 AB 的距离，为了求出 K 点，可过 C 点作一平面 P 垂直已知直线 AB，再求出 AB 与 P 点的交点即为垂足 K。

作图　① 如图 2-46(c)所示，过 C 点作正平线 CD，使 $c'd' \perp a'b'$，再过 C 点作水平线 CE，使 $ce \perp ab$，则 CD 和 CE 组成平面 $P(DCE)$ 一定垂直 AB。

② 求出 AB 和平面 $P(DCE)$ 的交点 $K(k, k')$。

③ 连线 ck、$c'k'$ 即为 CK 的两投影，再用直角三角形法求出其实长，即为 C 点到 AB 直线的距离。

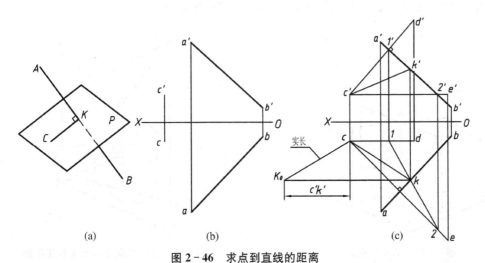

(a)   (b)   (c)

图 2-46　求点到直线的距离

2. 平面与平面垂直

与投影面垂直面相垂直的平面有三种情况：

(1) 一般位置平面　根据立体几何可知,在这些一般位置平面上必定包含了已知平面的垂线,根据直线与投影面垂直的情况,垂线一定是已知平面所垂直的投影面的平行线,且垂线的投影垂直于已知平面有积聚性的同面投影,如图 2-47(a)所示。

(2) 投影面垂直面　这个平面必定垂直于已知平面所垂直的投影面,并且两个平面有积聚性的投影相互垂直,如图 2-47(b)所示。

(3) 投影面平行面　这个平面必定平行于已知平面所垂直的投影面,如图 2-47(c)所示。两投影面平行面垂直,则一个平面必定平行于另一平面所垂直的投影面,如图2-47(d)所示。

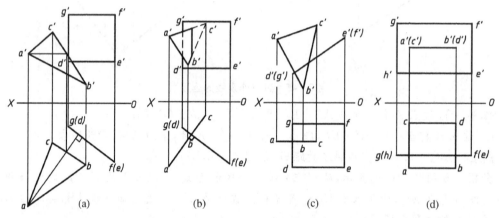

图 2-47　平面与平面垂直的特殊情况

一般情况下,如直线垂直于一平面,则包含这直线的一切平面都垂直于该平面。反之,如两平面互相垂直,则从第一平面上的任意一点向第二个平面所作的垂线,必定在第一平面内。

如图 2-48 所示,由于直线 AK 垂直于面 P,则包含 AK 的面 Q 和面 R 都垂直于面 P。如在面 Q 上取一点 B 向面 P 作垂线 BE,则 BE 一定在面 Q 内。

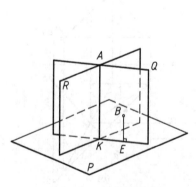

图 2-48　两平面垂直

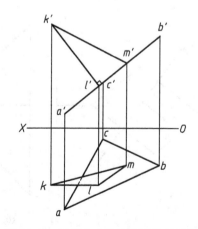

图 2-49　过已知点作平面垂直正平面

【例 2-19】　已知正垂面 △ABC 和点 K,要求过点 K 作一平面垂直于 △ABC(如图 2-49)。

分析　只要过点 K 作直线垂直于 △ABC,则包含该直线的所有平面都垂直 △ABC。由于

$\triangle ABC$ 为正垂面,则过点 K 作对 $\triangle ABC$ 的垂线 KL,KL 必定为正平线,因此其正面投影 $k'l' \perp a'b'c'$,水平投影 $kl \perp X$ 轴。

作图 过 K 作 $KL \perp \triangle ABC$,即作 $k'l' \perp a'b'c'$,作 $kl /\!/ X$ 轴;再过点 K 作任一直线 KM,则 KM、KL 两相交直线所决定的平面一定垂直于 $\triangle ABC$。由于 KM 是任取的,因此过 K 点可作无数个平面垂直于 $\triangle ABC$。

2.6 投影变换的方法

从前面对直线和平面的投影分析可知,当直线或平面相对于投影面处于特殊位置(平行或垂直)时,如图 2-50 所示,其投影具有重影性,也可能反映实长、实形或真实倾角,因此比较容易解决其定位问题和度量问题。因此,要解决一般位置几何元素的定位和度量问题,可以设法把它们与投影面的相对位置由一般位置变为特殊位置,使之转化为有利于解题的位置。

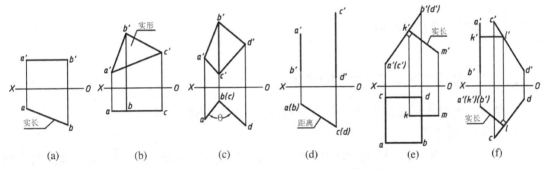

(a) (b) (c) (d) (e) (f)

图 2-50 几何元素处于有利于解题的位置

当直线或平面处于不利于解题位置时,通常可采用下列方法进行投影变换,以有利于解题:

1. 变换投影面法(换面法)

保持空间几何元素的位置不变,而改变投影面的位置,使空间几何元素相对于新的投影面处于有利于解题的位置,这种变换方法称为变换投影面法,简称换面法。如图 2-51 所示,处于

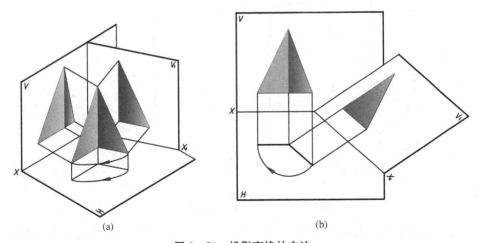

(a) (b)

图 2-51 投影变换的方法

铅垂位置的三角形平面在 V/H 体系中不反映实形,现作一与 H 面垂直的新投影面 V_1 平行于三角形平面,组成新的投影面体系 V_1/H,再将三角形平面向 V_1 面进行投影,这时三角形在 V_1 面上的投影反映该平面的实形。

由此可知,新投影面的选择应符合以下两个条件:

① 新投影面必须处于有利于解题位置。

② 新投影面必须垂直于原来投影体系中的一个投影面,组成一个新的两投影面体系。

满足前一条件是解题需要,满足后一条件是因为只有这样,才能应用两投影面体系中的投影规律。

2. 旋转法

投影面保持不动,而将几何元素绕某一轴旋转到相对于投影面处于有利于解题位置,这种变换方法称为旋转法。如图 2-51 所示,如将三角形平面绕其垂直于 H 面的直角边(即旋转轴)旋转,使它成为正平面,这时三角形在 V 面上的投影就反映它的实形。由图 2-51 可知,如平面绕垂直 V 面的轴旋转,则不能求出该平面的实形。由此可见,旋转轴的选择要有利于解题。

2.7 变换投影面法

2.7.1 变换投影面法的基本规律

点是最基本的几何元素,因此必须首先讨论点的变换规律。

1. 点的一次变换

如图 2-52 所示,A 在 V/H 体系中,它的两个投影为 a'、a,若用一个与 H 面垂直的新投影面 V_1(表示变换一次后的新投影面)代替 V 面,建立新的 V_1/H 体系,V_1 面与 H 面的交线称为新的投影轴,以 X_1(表示变换一次后的新投影轴)表示。由于 H 面为不变投影面,所以 A 点水平投影 a 的位置不变,称之为不变投影。而 A 点在 V_1 面上的投影为新投影 a_1'(表示变换一次后的新投影),由图可以看出,A 点的各个投影 a、a'、a_1' 之间的关系如下:

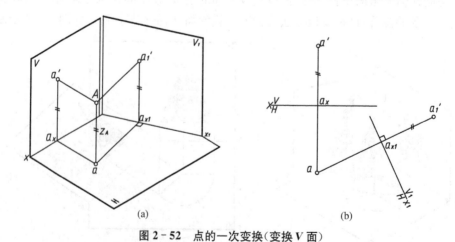

图 2-52 点的一次变换(变换 V 面)

① 在新投影面体系中,不变投影 a 和新投影 a_1' 的连线垂直于新投影轴 X_1,即 $a a_1' \perp X_1$ 轴。

② 新投影 a_1' 到新投影轴 X_1 的距离,等于原来的(即被代替的)投影 a' 到原来的(即被代

替的)投影轴 X 的距离,即 A 点的 z 坐标在变换 V 面时是不变的,$a_1'a_{X1} = a'a_X = Aa = z_A$。

如图 2-53(b)所示,根据上述投影之间的关系,点的一次变换的作图步骤如下:

① 作新投影轴 X_1。以 V_1 面代替 V 面形成 V_1/H 体系(X_1 轴与 a 点距离以及 X_1 轴的倾斜位置与 V_1 面对空间几何元素的相对位置有关,可根据作图需要确定)。

② 过 a 点作新投影轴 X_1 的垂线,得交点 a_{X1}。

③ 在垂线 $a a_{X1}$ 截取 $a_1'a_{X1} = a'a_X$,即得 A 点在 V_1 面上的新投影 a_1'。

如图 2-53 所示,用一个垂直于 V 面的新投影面 H_1 代替 H 面,即用新的投影面体系 V/H_1 代替 V/H 体系,则 B 点在 V/H 体系中的投影为 b'、b,在 V/H_1 体系中的投影为 b'、b_1。同理,B 点的各个投影 b、b'、b_1 之间的关系如下:

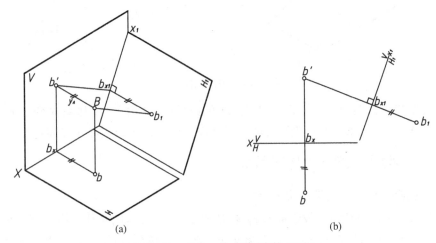

图 2-53　点的一次变换(变换 H 面)

① $b_1 b' \perp X_1$ 轴。

② $b_1 b_{X1} = b b_X = Bb' = y_B$。

其作图步骤与变换 V 面时相类似。综上所述,点的换面法的基本规律可归纳如下:

① 不论在新的或原来的(即被代替的)投影面体系中,点的两面投影的连线垂直于相应的投影轴。

② 点的新投影到新投影轴的距离等于原来的投影到原来投影轴的距离。

2. 点的二次变换

由于新投影面必须垂直于原来体系中的一个投影面,因此在解题时。有时变换一次还不能解决问题,而必须变换二次或多次。这种变换二次或多次投影面的方法称为二次变换或多次变换。

在进行二次或多次变换时,由于新投影面的选择必须符合前述两个条件。因此不能同时变换两个投影面,而必须变换一个投影面后,在新的两投影面体系中再变换另一个还未被代替的投影面。二次变换的作图方法与一次变换的完全相同,只是将作图过程重复一次。如图 2-54所示,为点的二次变换,其作图步骤如下:

① 先变换一次,以 V_1 面代替 V 面,组成新体系 V_1/H,作出新投影 a_1'。

② 在 V_1/H 体系基础上,再变换一次,这时如果仍变换 V_1 面就没有实际意义,因此第二次变换应变换前一次变换中还未被代替的投影面,即以 H_2(表示变换二次后的新投影面)来代替 H 面组成第二个新体系 V_1/H_2,这时 $a_1'a_2 \perp X_2$ 轴(表示变换二次后的新投影面轴),

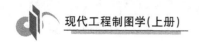

$a_2a_{X2}＝aa_{X1}$，由此作出新投影 a_2。

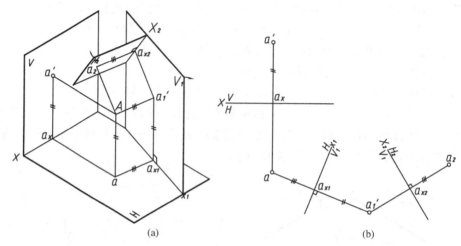

(a)　　　　　　　　　　　(b)

图 2‑54　点的二次变换

二次变换投影面时，也可先变换 H 面，再变换 V 面，即由 V/H 体系先变换成 V/H_1 体系，再变换成 V_2/H_1 体系。变换投影面的先后次序按图示情况及实际需要而定。

2.7.2　换面法中的六个基本问题

1. 将投影面倾斜线变成投影面平行线

如图 2‑55 所示，AB 为一投影面倾斜线，如要变换正平线，则必须变换 V 面，使新投影面 V_1 面平行于 AB，而 AB 在 V_1 面上的投影 $a_1'b_1'$ 与 X_1 轴的夹角反映直线对 H 面的倾角 α。作图步骤如下：

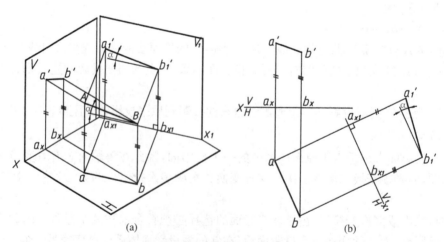

(a)　　　　　　　　　　　(b)

图 2‑55　倾斜线变换成平行线（求 α 角）

① 作新投影轴 $X_1 // ab$。

② 分别由 a、b 两点作 X_1 轴的垂线，与 X_1 轴交于 a_{X1}、b_{X1}，然后在垂线上量取 $a_1'a_{X1}＝a'a_X$，$b_1'b_{X1}＝b'b_X$，得到新投影 a_1'、b_1'。

③ 连接 a_1'、b_1'，得投影 $a_1'b_1'$，它反映 AB 的实长，与 X 轴的夹角反映 AB 对 H 面的倾角 α。

如果要求出 AB 对 V 面的倾角 β，则要以新投影面 H_1 平行 AB，作图时以 X_1 轴 $// a'b'$，如

图 2-56 所示。

2. 将投影面平行线变换成投影面垂直线

如图 2-57 所示，AB 为一水平线，要变换成投影面垂直线。根据投影面垂直线的投影特性，反映实长的投影必定为不变投影，只要变换正面投影，即作新投影面 V_1 垂直 AB，作图时作 X_1 轴 $\perp ab$，则 AB 在 V_1 面上的投影重影为一点 $a_1'(b_1')$。

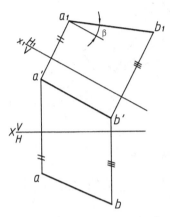

图 2-56 倾斜线变换成平行线（求 β 角）

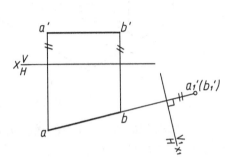

图 2-57 平行线变换成垂直线

3. 将投影面倾斜线变成投影面垂直线

由上述两个基本问题可知，将投影面倾斜线变换成投影面垂直线，只变换一次投影面是不可能的。因为与倾斜线相垂直的平面也一定是倾斜面，它与 H 面或 V 面都不垂直，因此不能与原有投影面中的任何一个构成相互垂直的新投影面体系。为了解决这个问题，需要经过二次投影变换。第一次将投影面倾斜线变成投影面平行线，第二次将投影面平行线变换成投影面垂直线。如图 2-58 所示，直线 AB 为一投影面倾斜线，如先变换 V 面，使 V_1 面 $/\!/ AB$，则 AB 在 V_1/H 体系中为投影面平行线，再变换 H 面，作 H_2 面 $\perp AB$，则 AB 在 V_1/H_2 体系中为投影面垂直线。其具体步骤如下：

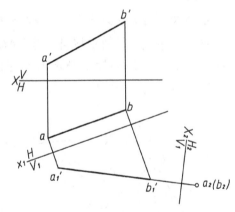

图 2-58 倾斜线变成垂直线

① 先作 X_1 轴 $/\!/ ab$，求得 AB 在 V_1 面上的新投影 $a_1'b_1'$。

② 再作 X_2 轴 $\perp a_1'b_1'$，得出 AB 在 H_2 面上的投影 $a_2(b_2)$，这时 a_2 与 b_2 重影为一点。

4. 将投影面倾斜面变换成投影面垂直面

如图 2-59 所示，$\triangle ABC$ 为投影面倾斜面，为了能使 $\triangle ABC$ 变换成为投影面垂直面，新投影面应当垂直于 $\triangle ABC$ 内的某一条直线。但因将倾斜线变换成投影面垂直线必须变换两次，而把投影面平行线变换成投影面垂直线只需一次变换，所以可先在 $\triangle ABC$ 中取一投影面平行线。在图 2-59 中先作 $\triangle ABC$ 中的一水平线 CD，然后作 V_1 面与该水平线垂直，其作图步骤如下：

① 在 $\triangle ABC$ 上作水平线 CD，其投影为 $c'd'$ 和 cd。

② 作 X_1 轴 $\perp cd$。

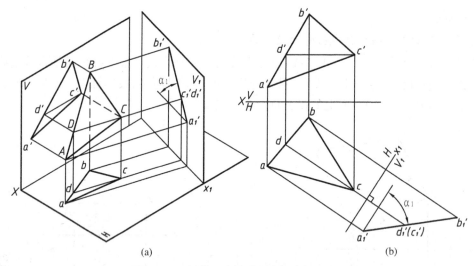

图 2-59　倾斜面变换成垂直面(求 α_1 角)

③ 作△ABC 在 V_1 面上的投影 $a_1'b_1'c_1'$,而 $a_1'b_1'c_1'$ 重影为一直线,它与 X_1 轴的夹角即反映△ABC 对 H 面的倾角 α_1 。

如要求△ABC 对 V 的倾角 β_1 ,可在此平面上取一正平线 AE,作 H_1 面⊥AE,则△ABC 在 H_1 面上的投影为一直线,它与 X_1 轴的夹角反映该平面对 V 面的倾角 β_1 ,具体作图如图 2-60 所示。

5.将投影面垂直面变换成投影面平行面

如图 2-61 所示,要求将铅垂面△ABC 变换成投影面平行面。根据投影面平行面的投影特性,重影为一直线的投影必定为不变投影,因此必须变换 V 面,使新投影面 V_1 平行于△ABC。作图时取 X_1 轴∥abc,则△ABC 在 V_1 面上的投影△$a_1'b_1'c_1'$ 反映实形。

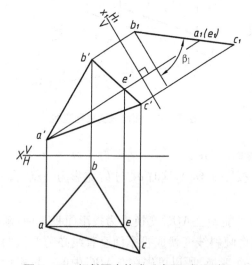

图 2-60　倾斜面变换成垂直面(求 β_1 角)

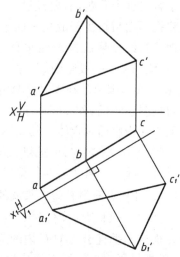

图 2-61　垂直面变换成平行面

6.将投影面倾斜面变换成投影面平行面

由前两种变换可知,将倾斜面变换成投影面平行面必须经过二次变换,即第一次将投影面倾斜面变换成投影面垂直面,第二次将投影面垂直面变换成投影面平行面。如图 2-62 所

示,先将△ABC变换成垂直 H_1 面,再变换使△ABC平行于 V_2。作图步骤如下:

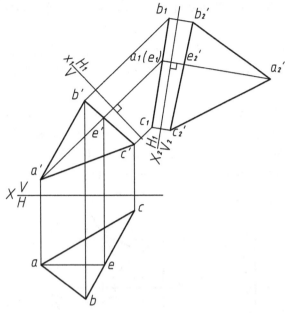

图 2-62　倾斜面变换成平行面

① 在△ABC上取正平线 AE,作新投影面 $H_1 \perp AE$,即作 X_1 轴 $\perp a'e'$,然后作出△ABC在 H_1 面上的新投影 $a_1b_1c_1$,它重影成一直线。

② 作新投影面 V_2 面平行于△ABC,即作 X_2 轴 $// a_1b_1c_1$,然后作出△ABC在 V_2 面上的新投影△$a'_2b'_2c'_2$。△$a'_2b'_2c'_2$ 反映△ABC的实形。

2.7.3　换面法的应用实例

【例 2-20】　求 C 点到 AB 直线的距离,如图 2-63(a)所示。

分析　点到直线的距离就是点到直线的垂线的实长。如图 2-63(b)所示,为便于作图,可先将直线 AB 变换成投影面平行线,然后利用直角投影定理从 C 点到 AB 作垂线,得垂足 K,再求出 CK 的实长。也可将直线 AB 变换成投影面垂直线,C 点到 AB 的垂线 CK 为投影面平行线,在投影图上反映实长。

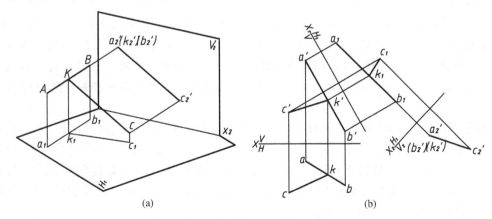

(a)　　　　　　　　　　　　　(b)

图 2-63　求点到直线的距离

作图　①先将直线 AB 变换成 H_1 面的平行线，C 点在 H_1 面上的投影为 c_1。

②再将直线 AB 变换成 V_2 面的垂直线，AB 在 V_2 面上的投影重影为 $a_2{}'b_2{}'$，C 点在 V_2 面上的投影为 $c_2{}'$。

③过 c_1 作 $c_1k_1 \perp a_1b_1$，即 $c_1k_1 /\!/ X_2$ 轴，得 k_1，$k_2{}'$ 与 $a_2{}'b_2{}'$ 重影，连接 $c_2{}'$、$k_2{}'$，$c_2{}'k_2{}'$ 即反映 C 点到直线 AB 的距离。如要求出 CK 在 V/H 体系中的投影 $c'k'$ 和 ck，可根据 $c_2{}'k_2{}'$、c_1k_1 返回作出。

【例 2-21】　求交叉两直线的 AB、CD 的距离，如图 2-64(a)所示。

分析　两相交直线间的距离即为它们之间公垂线的长度。如图 2-64(a)所示，若将两交叉直线之一(如 AB)变换成投影面垂直线，则公垂线 KM 必平行于新投影面，在该投影面上的投影能反映实长，而且与另一直线在新投影面上的投影互相垂直。

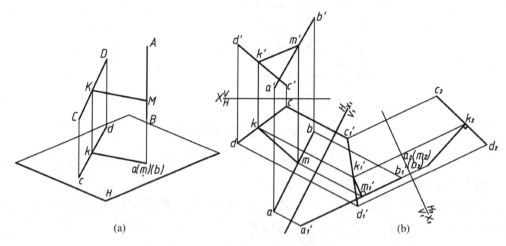

图 2-64　求交叉两直线间的距离

作图　①将 AB 经过二次变换成为垂直线，其在 H_2 面上的投影重影为 a_2b_2。直线 CD 也随之变换，在 H_2 面上的投影为 c_2d_2。

②从 a_2b_2 作 $m_2k_2 \perp c_2d_2$，m_2k_2 即为公垂线 MK 在 H_2 面上的投影，它反映 AB、CD 间的距离实长。如要求出 MK 在 V/H 体系中的投影 mk、$m'k'$，可根据 m_2k_2、$m_1{}'k_1{}'$ 返回作出。

【例 2-22】　如图 2-65 所示，已知 $\triangle ABC$，在 $\triangle ABC$ 内求作一点 D，点 D 在 H 面之上 10 mm 与端点 C 相距 20 mm。

分析　在 $\triangle ABC$ 上作出一条位于 H 面之上 10 mm 的水平线 EF，点 D 就一定在直线 EF 上。因为 $\triangle ABC$ 在 V/H 中处于一般位置，所以经两次换面可变换成投影面平行面，在反映真形的新投影中，以点 C 为圆心，20 mm 为半径作弧，就可与直线 EF 交得 D 点。将在新投影面体系中作出的点 D 返回原投影体系，就可作出点 D 在 V/H 中的两面投影。作图过程如图 2-65 所示。

作图　①在 $\triangle ABC$ 内作位于 H 面之上 10 mm 的水平线 EF，先作出 $e'f'$，再 $e'f'$ 由作出 ef。

②作 X_1 轴 $\perp ef$。按投影变换的基本作图方法作出点 A、B、C 的新投影 $a_1{}'$、$b_1{}'$、$c_1{}'$，连成一直线，即为 $\triangle ABC$ 在与它相垂直的 V_1 面上的投影 $a_1{}'b_1{}'c_1{}'$。再作出直线 EF 的 V_1 面投影 $e_1{}'f_1{}'$，积聚在 $a_1{}'b_1{}'c_1{}'$ 上，成为一点。

③作 X_2 轴 $/\!/ a_1{}'b_1{}'c_1{}'$。按投影变换的基本作图法作出点 A、B、C 的新投影 a_2、b_2、c_2，连

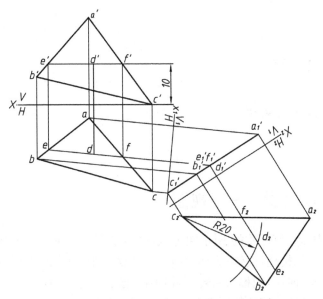

图 2 - 65　按已知条件作△ABC 内的点 D

成△$a_2b_2c_2$，即为△ABC 在与它平行的 H_2 面上的反映真形的投影，再作出直线 EF 的 H_2 面投影 e_2f_2。

④ 在 H_2 面投影中，以 c_2 为圆心、20 mm 为半径作弧，与 e_2f_2 交出 d_2，由 d_2 作垂直于 X_2 的投影连线，与 $a_1'b_1'c_1'$ 交于 d_1'，d_1 就积聚在 $e_1'f_1'$ 上。于是就在 V_1/H_2 中作出了点的两面投影 d_1' 和 d_2。

⑤ 在 V_1/H 中，在过 d_1' 的投影连线上，从 X_1 向 H 一侧量取一段距离，使其等于在 V_1/H_2 中由 X_2 到 d_2 的距离，得 ef 上的点 d。由 d 作 V/H 中的投影连线，与 $e'f'$ 交于 d'，便作出了点 D 在 V/H 中的两面投影 d' 和 d。

【**例 2 - 23**】　求变形接头两侧面 ABCD 和 ABEF 之间的夹角，如图 2 - 66 所示。

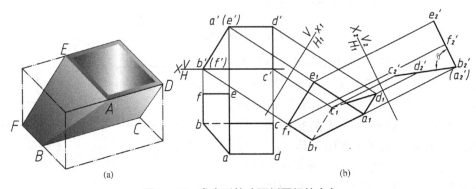

图 2 - 66　求变形接头两侧面间的夹角

分析　当两平面的交线垂直于某投影面时，则两平面在该投影面上的投影积聚为两相交直线，它们之间的夹角即反映两平面间的夹角。

作图　① 将平面 ABCD 与 ABEF 的交线 AB 经二次变换成对投影面的垂直线。

② 平面 ABCD 和 ABEF 在 V_2 面上的投影分别重影为直线段 $a_2'b_2'c_2'd_2'$ 和 $a_2'b_2'f_2'e_2'$。

③ ∠$e_2'a_2'c_2'$ 即为变形接头两侧面间的夹角 θ。

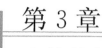

第 3 章

立体的投影

3.1 体的三面投影——三视图

任何立体按其表面几何性质的不同，可分成两类：平面立体和曲面立体。表面由平面围成的立体称为平面立体，如棱柱、棱锥；表面由曲面或曲面与平面围成的立体称为曲面立体。若曲面立体的表面是回转曲面，则称为回转体，如圆柱、圆锥和球、圆环等。

体的投影实质上是构成该体的所有面的投影的总和，如图 3-1 所示。

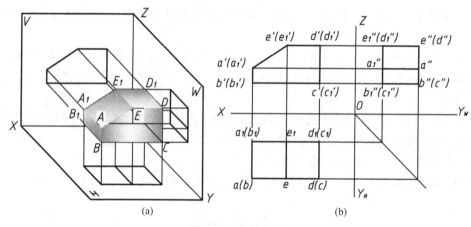

(a)   (b)

图 3-1 体的投影

国家标准规定，用正投影法绘制的物体的图形又称为视图，并且规定，可见的轮廓线用粗实线表示，不可见的轮廓线用虚线表示，所以物体的投影与视图在本质上是相同的。因此，体的三面投影图又叫三视图。其中：

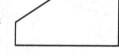

➢ 主视图——由前向后投射所得的视图；

➢ 俯视图——由上到下投射所得的视图；

➢ 左视图——由左到右投射所得的视图。

画图时，投影轴省略不画（如图 3-2），俯视图配置在主视图的正下方，左视图配置在主视图的正右方。

下面介绍三视图之间的对应关系。

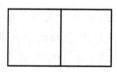

图 3-2 体的三视图

3.1.1 度量对应关系

物体有长、宽、高三个方向的尺寸,将 X 轴方向的尺寸作为长度,Y 轴方向的尺寸作为宽度,Z 轴方向的尺寸作为高度。

由图 3-3 可看出,当将物体的主要表面分别平行于投影面放置时,主视图反映物体的长度和高度,俯视图反映物体的长度和宽度,左视图反映物体的高度和宽度,故三视图间的度量对应关系为:

> ➤ 主视图和俯视图长度相等且对正;
> ➤ 主视图和左视图高度相等且平齐;
> ➤ 左视图和俯视图宽度相等且对应。

图 3-3 三视图的对应关系

在画图时,应特别注意三视图间"长对正、高平齐、宽相等"的"三等"对应关系。

3.1.2 方位对应关系

物体有上、下、左、右、前、后六个方位,由图3-3可以看出:

> ➤ 主视图反映物体的上、下和左、右方位;
> ➤ 俯视图反映物体的前、后和左、右方位;
> ➤ 左视图反映物体的上、下和前、后方位。

以主视图为中心来看俯视图和左视图,则靠近主视图的一侧表示物体的后面,远离主视图的一侧表示物体的前面。

3.2 平面立体

由平面包围成的基本体称为平面立体,常用的是棱柱和棱锥。在画图时,只要画出组成平面立体各平面的投影,就可得到该平面体的投影。

3.2.1 棱柱

1. 棱柱的形成

如图 3-4 所示,棱柱可以由一个平面多边形沿某一不与其平行的直线移动一段距离 L (又称拉伸)形成。由原平面多边形形成的两个相互平行的面称为底面,其余各面称为侧面。相邻两侧面交线称为侧棱,各侧棱相互平行且相等。侧棱垂直于底面的称为正棱柱,侧棱与底面斜交的称为斜棱柱。

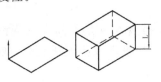

(a) 正四棱柱的开成

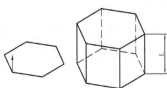

(b) 正六棱柱的开成

图 3-4 正棱柱的形成

2. 棱柱三视图的形成

以正六棱柱为例,先分析各表面及棱线对投影面的相对位置:它由六个棱面和顶面、底面组成。顶面和底面为水平面,在水平投影上反映实形,正面投影和侧面投影分别积聚为直线。棱面中的前、后两面为正平面,正面投影反映实形,水平投影和侧面投影分别积聚为直线。其余四个棱面均为铅垂面,水平投影积聚为直线,其他投影为小于实形的四边形。

再分析形体前后、左右、上下是否对称:正六棱柱在前后、左右方向对称。前后的对称面为正平面,左右的对称面为侧平面,分别作出它们有积聚性的投影,用点画线表示。其作图过程如图 3−5(b)、(c)、(d)、(e)所示。

作图时,顶面和底面在水平投影上的投影为实形——正六边形,为此先得作出六边形的外接圆,并对该圆六等分。应特别注意面与面的重影问题,只有准确地判断各表面投影的可见性,才能正确地表示立体各表面的相互位置关系。在图 3−5 中,除顶面和底面在水平投影重影以外,前棱面和后棱面在正面投影上也重影,其余棱面的重影情况请自行分析。

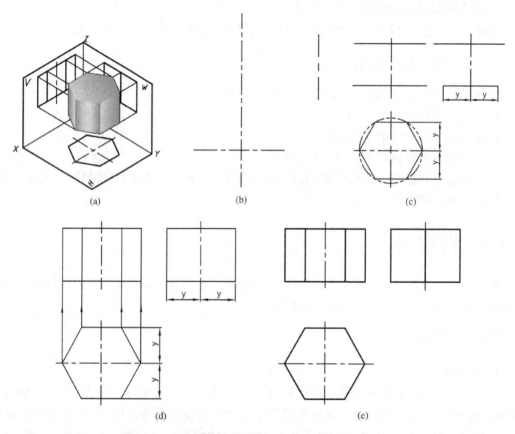

图 3−5 正六棱柱的空间分析及三面投影的作图过程

3. 棱柱表面上取点

在平面体表面上取点作图的关键是要先找到该点所在平面在三视图中的投影位置。投影上的一个面形(封闭线框)在其他视图上对应的投影或积聚成直线,或为与之相类似的图形。

如图 3−6 所示,已知正六棱柱棱面上点 M、N 点的正面投影 m' 和 n',P 点的水平投影 p,分别求出其另外两个投影,并判断可见性。

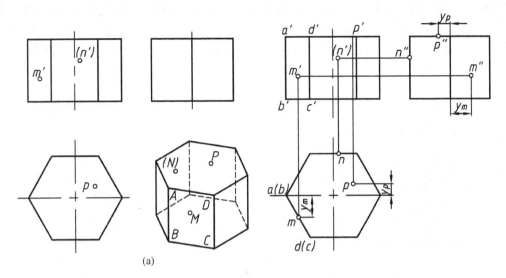

(a)

图 3 - 6　棱柱表面上的点的三面投影

分析　由于 m' 可见,故 M 点在棱面 $ABCD$ 上,此面为铅垂面,水平投影有积聚性,m 必在面 $ABCD$ 有积聚性的投影 $ad(b)(c)$ 上,所以按照投影规律,由 m' 可求得 m,再根据 m' 和 m 求得 m''。

判断可见性的原则　若点所在面的投影可见(或有积聚性),则点的投影也可见。

由于 M 位于左前棱面上,所以 m'' 可见。同理可分析 N 点的其他两投影。

因为 p 可见,所以点 P 在顶面上,棱柱顶面为水平面,正面投影和侧面投影都有积聚性,所以,由 p 可求得 p' 和 p''。作图过程如图 3 - 6(b)所示。

3.2.2　棱锥

1. 棱锥的形成

棱锥可以由一个平面多边形沿某一不与其平行的直线移动,同时各边按相同比例线性缩小(或放大)而形成(称作"线性变截面拉伸"),如图 3 - 7 所示。

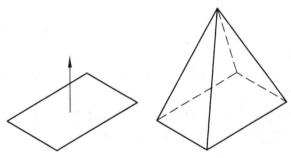

图 3 - 7　棱锥的形成

产生棱锥的平面多边形称为底面,其余各平面称为侧面,侧面交线称为侧棱,棱锥的特点是所有侧棱相交于一点。

2. 正三棱锥的三视图

分析　图 3 - 8 为一正三棱锥,它由底面 ABC 和三个棱面 SAB、SBC、SAC 组成。底面 ABC 为一水平面,水平投影反映实形,其他两投影积聚为直线。后棱面 SAC 为侧垂面,在侧面投影上积聚成直线，其他两投影为不反映实形的三角形。棱面 SAB 和 SBC 为一般位置平面，所以在三面投影上既没有积聚性，也不反映实形。底面三角形各边中 AB、BC 边为水平线，CA 边为侧垂线，棱线 SA、SC 为一般位置直线，SB 为侧平线。作图过程如图 3-8(b)、(c)、(d)、(e) 所示。

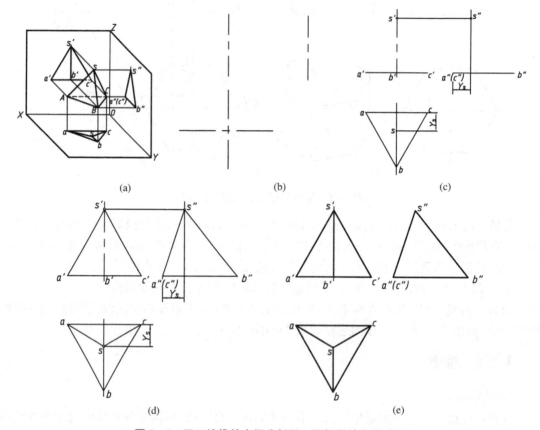

图 3-8　正三棱锥的空间分析及三面投影的作图过程

3. 棱锥表面上取点

已知正三棱锥棱面上点 M 的正面投影 m' 和 N 点的水平投影 n，求出 M、N 点的其他两投影，如图 3-9(a) 所示。

分析　因为 m' 点可见，所以点 M 位于棱面 SAB 上，而棱面 SAB 又处于一般位置，因而必须利用辅助直线作图。

解法一：过点 S、M 作一条辅助直线 SM 交 AB 边于 Ⅰ 一点，作出 SⅠ 的各投影。因 M 点在 SⅠ 线上，M 点的投影必在 SⅠ 的同面投影上，由 m' 可求得 m 和 m''，如图 3-9(b) 所示。

解法二：过 M 点在 SAB 面上作平行于 AB 的直线 ⅡⅢ 为辅助线，即作 $2'3'//a'b'$，$23//ab$（$2''3''//a''b''$），因 M 点在 ⅡⅢ 线上，M 点的投影必在 ⅡⅢ 线的同面投影上，故由 m' 可求得 m 和 m''，如图 3-9(c) 所示。

点 N 位于棱面 SAC 上，SAC 为侧垂面，侧面投影 $s''a''c''$ 具有积聚性，故 n'' 必在 $s''a''c''$ 直线上，由 n 和 n'' 可求得 n'，如图 3-9(d) 所示。

判断可见性　因为棱面 SAB 在 H、W 两投影面上均可见，故点 M 在其两面投影上的投影也可见。棱面 SAC 的正面投影不可见,故点 N 的正面投影亦不可见。

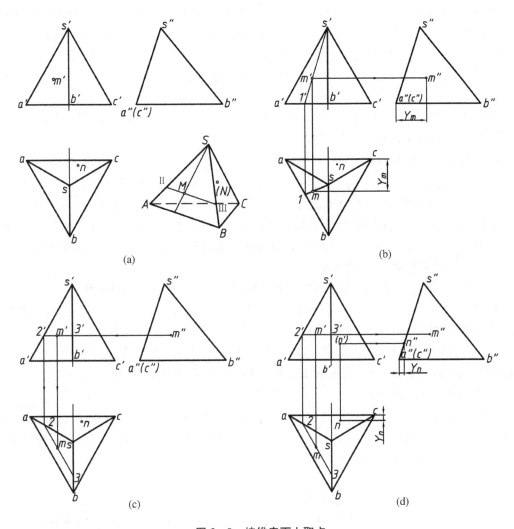

图 3-9 棱锥表面上取点

3.3 常见的回转体

工程上常见的曲面立体是回转体,主要有圆柱、圆锥、圆球、圆环等,它们的特点是有光滑、连续的回转面,不像平面立体那样有明显的棱线。在画图和看图时,要抓住回转体的特殊本质,即回转体的形成规律和回转面轮廓的投影。

3.3.1 圆柱体

1. 圆柱的形成

如图 3-10(a) 所示,圆柱体是由圆柱面和上、下两端面(平面)所组成。圆柱面可以看成由直线 AA_1 绕与它平行的轴线 OO_1 旋转而成。直线 AA_1 称为母线,圆柱面上任意一条平行于轴线 OO_1 的直线,称为圆柱面的素线。

2. 圆柱三视图的画法

当圆柱体的轴线垂直于水平投影面时,它的俯视图为圆,有积聚性。圆柱面上任何点和线的水平投影均积聚在这个圆上。圆柱体的主视图和左视图为相同的矩形线框。线框的上下两边分别为圆柱体上下端面的投影。主视图上矩形的左右两边是圆柱面上最左、最右两条素线 AA_1 和 BB_1 的投影,左视图上矩形的左、右两边是圆柱面上最后、最前两条素线 DD_1 和 CC_1 的投影,如图 3 − 10(b)所示。

画图时,首先画出主、左视图上轴线的投影和俯视图上一对垂直的中心线,其次画出俯视图上的圆,最后画其余两视图上的矩形。

3. 圆柱面的轮廓线和可见性

从不同方向投射时,圆柱面视图的轮廓线对应的空间素线是不同的。形成主视图时,最左、最右的素线 AA_1 和 BB_1 的投影 $a'a_1'$ 和 $b'b_1'$ 称为圆柱面主视图轮廓线,其在左视图上对应的投影 $a''a_1''$ 和 $b''b_1''$ 与轴线的投影相重合,画图时不必画出。形成左视图时,最前、最后的素线 CC_1、DD_1 的投影 $c''c_1''$ 和 $d''d_1''$ 称为圆柱面左视图轮廓线,其在主视图上对应的投影 $c'c_1'$ 和 $d'd_1'$ 与轴线的投影相重合,不必画出。

某一视图上的轮廓线是曲面在该视图上可见部分与不可见部分的分界线。

主视图轮廓线 $a'a_1'$ 和 $b'b_1'$ 是圆柱面在主视图上可见与不可见的分界线。这可从俯视图上看出,前半个圆柱面在主视图上为可见,后半个圆柱面在主视图上为不可见。

左视图轮廓线 $c''c_1''$ 和 $d''d_1''$ 是圆柱面在左视图上可见部分与不可见部分的分界线。这也可从俯视图上看出,左半个圆柱面在左视图上为可见,右半个圆柱面在左视图上为不可见。

4. 圆柱面上取点的方法

如图 3 − 10(c)所示,假设已知圆柱面上一点 M 的正面投影 m'(可见),求作它的水平投影 m 和侧面投影 m''。由于圆柱面的水平投影有积聚性,因此点 M 的水平投影 m 应积聚在圆上,然后再根据 m' 和 m 求出 m''(在右半圆柱面上,不可见)。

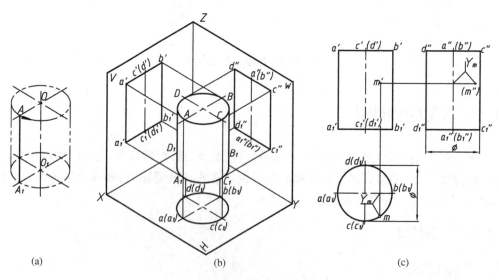

图 3 − 10 圆柱的三视图

3.3.2 圆锥体

1. 圆锥的形成

如图 3-11(a) 所示,圆锥体由圆锥面和底平面组成。圆锥面可以看成是直线 SA 绕与其倾斜相交的轴线 OO_1 旋转而成。直线 SA 称为母线,圆锥面上通过锥顶 S 的任一直线称为圆锥面的素线。

2. 圆锥的三视图的画法

圆锥面的三个投影都没有积聚性。当圆锥的轴线垂直于水平面时,圆锥的俯视图为一圆(底面圆的投影)。它的主视图和左视图为相同的等腰三角形,如图 3-11(b)所示。画圆锥时,首先画出主、左视图上轴线的投影和俯视图上一对垂直的中心线,其次画出俯视图上的圆,再根据圆锥的高度,画出其他两视图。

3. 圆锥面的轮廓线和可见性

从不同方向投射时,圆锥面视图的轮廓线对应的空间素线是不同的。形成主视图时,最左、最右的素线 SA 和 SB 的投影 $s'a'$ 和 $s'b'$ 称为圆锥面主视图轮廓线,其在左视图上对应的投影 $s''a''$ 和 $s''b''$ 与轴线的投影相重合,画图时不必画出。形成左视图时,最前、最后的素线 SC 和 SD 的投影 $s''c''$ 和 $s''d''$ 称为圆锥面左视图轮廓线,其在主视图上对应的投影 $s'c'$ 和 $s'd'$ 与轴线的投影相重合,不必画出。

某一视图上的轮廓线是曲面在该视图上可见部分与不可见部分的分界线。

主视图轮廓线 $s'a'$ 和 $s'b'$ 是圆锥面在主视图上可见与不可见的分界线。这可从俯视图上看出,前半个圆锥面在主视图上为可见,后半个圆锥面在主视图上为不可见。

左视图轮廓线 $s''c''$ 和 $s''d''$ 是圆锥面在左视图上可见部分与不可见部分的分界线。这也可从俯视图上看出,左半个圆锥面在左视图上为可见,右半个圆锥面在左视图上为不可见。

4. 圆锥面上取点的方法

如图 3-11(c)所示,已知圆锥面上一点 M 的正面投影 m'(可见),求作点 M 的水平投影 m 和侧面投影 m'。

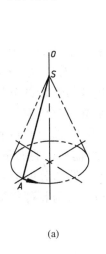
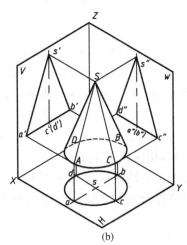
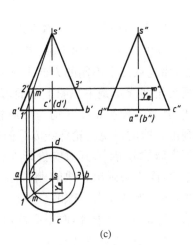

(a) (b) (c)

图 3-11 圆锥的投影及表面上取点

由于圆锥面的三个投影均没有积聚性，圆锥面上取点可通过已知点作辅助线，利用辅助线的投影进行作图。

(1) 辅助圆法　在图 3-11(c)中，过点 M 作的辅助线是一个垂直于回转轴线的水平圆，其正面投影积聚成直线 $2'3'$，水平投影为一个以 s 为中心、$s2$ 为半径的圆，在该圆上即可作出 m，利用点的投影关系再作出 m''（可见）。

(2) 素线法　过锥顶 S 和点 M 作一辅助直线（素线）SI，如图 3-11(c)所示。SI 的正面投影为 $s'1'$（连接 s'、m' 并延长交锥底于 $1'$），然后求出其水平投影 $s1$。点 M 在 SI 线上，其投影必在该线的同面投影上，按投影规律由 m' 可求得 m 和 m''。用辅助直线进行取点作图的方法只适用于母线为直线的曲面，而利用垂直于轴线的辅助圆进行取点作图的方法可适用于各种回转曲面。

3.3.3　圆球

1. 圆球的形成

如图 3-12(a)所示，球面可以看成是一圆母线绕其直径 OO_1 旋转而成。

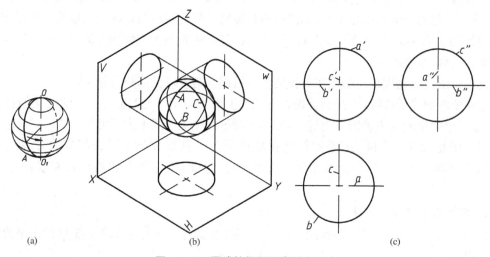

图 3-12　圆球的投影及表面上取点

2. 圆球的画法及轮廓线分析

球的三个视图均为圆，其直径和球的直径相同。这三个圆不是球上某一个圆的三个投影，而是从三个不同的方向上球的最外素线 A、B、C 的投影。从图 3-11(c)可看出，球的主视图轮廓线 a' 是主视图上球面可见部分与不可见部分的分界线，即前半球和后半球的分界线，其对应投影 a 和 a'' 均与相应视图上的中心线（与相邻投影轴平行的那条）重合，而不必画出。球的俯视图轮廓线 b 是俯视图上球面可见部分与不可见部分的分界线，即上半球和下半球的分界线，其对应投影 b' 和 b'' 均与相应视图上的中心线（与相邻投影轴平行的那条）重合，而不必画出。球的侧视图轮廓线 c'' 是侧视图上球面可见部分与不可见部分的分界线，即左半球和右半球的分界线，其对应投影 c 和 c' 均与相应视图上的中心线（与相邻投影轴平行的那条）重合，而不必画出。

3. 球面上取点的作图

值得注意的是，过已知点可在球面上作三个不同方向的辅助圆（它们分别平行于正面、水平面和侧面)。图 3-13 中是利用过点 N 作的水平辅助圆。先过点 n 作一个以 O 为中心, On 为半径的辅助圆的水平投影,再在主视图轮廓线上定出点 $1'$,即可得到辅助圆的正面投影 $1'1'$,在其上定出点 n',再由 n 和 n' 作出 n''。由于点 N 处在球面的后半部,其正面投影 n' 为不可见,以 (n') 表示。

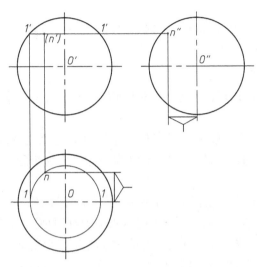

图 3-13 球面上取点

3.3.4 圆环

1. 圆环的形成

如图 3-14(a)所示,圆环可以看成以圆为母线,绕与该圆在同一平面内,但不通过圆心的轴线 OO_1 旋转而成。圆环外面的一半表面,称为外环面,由母线圆的 ABC 弧旋转而成;里面的一半表面,称为内环面,由母线圆的 ADC 弧旋转形成。

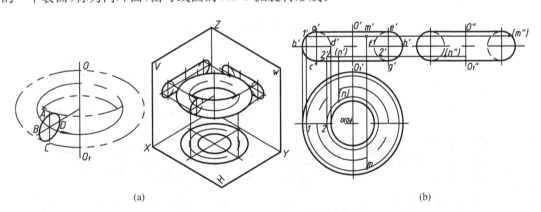

(a)	(b)

图 3-14 圆环的投影及表面上取点

2. 圆环的画法及轮廓线分析

如图 3-14(b) 所示,圆环主视图上两个小圆是圆环平行于 V 面最左、最右两个素线圆的正面投影,称为主视图轮廓线。由于内环面从前看为不可见,因此靠近圆环轴线投影的两个半圆画成虚线。与两小圆上下相切的轮廓线为内外环面分界圆(分别过点 A 和点 C)的投影。在主视图上,前半个外环面为可见,内环面和后半个外环面均不可见。俯视图上的点画线圆为

母线圆中心运动轨迹的投影。两个实线圆分别为上下半个环面的分界圆(分别过点 B 和点 D)的投影,称为圆环俯视图轮廓线。在俯视图上,上半个环面为可见,下半个环面为不可见。

画图时,首先画出主视图上圆环轴线的投影、两小圆的中心线和俯视图上圆的中心线和点画线圆,其次画主视图上的两个小圆和切于小圆的上下两条切线,最后画俯视图上的两个实线圆。

圆环的侧视图上两个小圆是环面上平行于 W 面的最前、最后两素线圆的侧面投影,称为侧视图轮廓线。读者可自行分析。

3. 圆环面上取点的作图

如图 3-14(b)所示,已知环面上点 M 的正面投影 m'(可见),求作其水平投影 m 和侧面投影 m''。

由于 m' 可见,可知点 M 在前半个环面上。过点 M 作一个与轴线垂直的辅助圆的正面投影 $1'1'$,画出该圆的水平投影,它是一个以点 O 为中心、OI 为半径的圆,在该圆上即可作出。据点的投影规律可求出(m'')。

若已知内环面上点 N 的水平投影(n)(在下半个内环面上)求作 n'、n'' 时,可先在内环面上过点(n)作辅助圆的水平投影,它是一个以点 O 为中心、$O(n)$ 为半径的圆,再作出该圆的正面投影 $2'2'$,即可完成点 N 的正面投影的作图。由于 n' 为不可见,故标为(n'),根据点的投影规律可求出(n'')。

图 3-15 所列是工程上常见的各种不完整的回转体,应该熟悉它们。

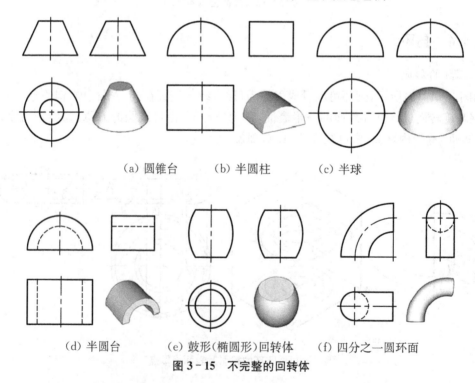

(a) 圆锥台   (b) 半圆柱   (c) 半球

(d) 半圆台   (e) 鼓形(椭圆形)回转体   (f) 四分之一圆环面

图 3-15 不完整的回转体

3.4 平面与立体相交

在工程上常常会遇到平面与立体相交的情形。例如,车刀的刀头是由一个四棱柱被四个平面切割成的,如图 3-16(a)所示;铣床上的尾座顶尖,是由一组合回转体被平面切割而成的,如图 3-16(b)所示。在画图时,为了清楚地表达它们的形状,必须画出交线的投影。

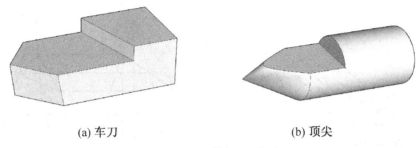

(a) 车刀   (b) 顶尖

图 3-16 立体与平面相交

平面与立体表面的交线称为截交线,截切立体的平面称为截平面,截交线围成的图形称为截断面。

3.4.1 截交线的性质

(1) 共有性 截交线为平面与立体表面共有线,交线上的点为平面与立体表面的共有点。

(2) 封闭性 立体的表面是封闭的,所以与平面的交线是封闭的平面图形。截交线的形状,主要取决于立体的形状和平面与立体的相对位置,平面与平面立体的交线一般为折线围成的多边形,与曲面立体的交线为直线和曲线或曲线围成的平面图形。

3.4.2 截交线的作图方法:

因为截交线具有共有性,可利用平面上取点、取线的方法,或借助于辅助平面法求交线的投影。

1. 平面与平面立体相交

平面立体的截交线是截平面和平面立体表面的共有线,是由直线组成的平面多边形,多边形的边是截平面与平面立体表面的交线,多边形的顶点是截平面与平面立体相关棱线(包括底边)的交点。截交线有两种求法:一是依次求出平面立体各棱面与截平面的交线;二是求出平面立体各棱线与截平面的交点,然后依次连接起来。

当几个截平面与平面立体相交形成具有缺口的平面立体和穿孔的平面立体时,只要逐个作出各个截平面与平面立体的截交线,再绘制截平面之间的交线,就可以作出这些平面立体的投影图。

【例 3-1】 已知正垂面 P 和三棱锥相交,求作截交线的投影及截断面实形,如图 3-17 所示。

分析 截平面 P 与三棱锥的三个侧棱面相交,截交线为三角形,其三个顶点是截平面 P 与三条棱线的交点。因为截平面是正垂面,所以截交线的正面投影积聚在 P_V 上,其水平投影和侧面投影为空间截交线的类似形。

作图 ① 在正面投影上依次标出 P_V 与 $s'a'$、$s'b'$、$s'c'$ 的交点 d'、e'、f',即为平面 P 与棱线的交点 D、E、F 的正面投影。

② 根据在直线上取点的方法由正面投影 d'、e'、f' 求得相应的水平投影 d、e、f 和侧面投影 d''、e''、f''。

③ 连接这些点的同面投影并判别可见性,即为截交线的投影。

④ 用换面法作出截断面实形。

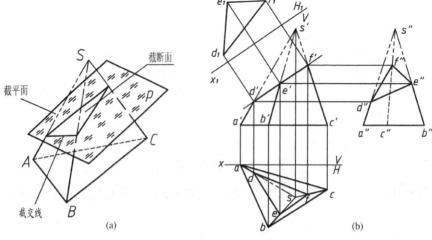

图 3-17 三棱锥的截交线及断面实形

【例 3-2】 已知正三棱锥被一正垂面和一水平面截切，试完成其截切后的水平投影和侧面投影，如图 3-18 所示。

分析 如图 3-19(b)所示，三棱锥被水平面 Q 截切，正面投影和侧面投影具有积聚性，设想将 Q 扩大，使其与三棱锥全部侧表面完整相交，则得△ⅠⅡⅢ，其三边分别与 AB、BC 和 AC 平行。由于正垂面 P 的存在使截断面实际不完全，为四边形 ⅠⅡⅣⅦ。正垂面 P 截切三棱锥与三棱锥交于Ⅳ、Ⅴ、Ⅵ、Ⅶ，其中Ⅴ、Ⅵ分别位于棱线 SA 和 SB 上，Ⅳ、Ⅶ已求出，Ⅳ、Ⅶ的连线也是水平面 Q 与正垂面 P 的交线。

图 3-18 正三棱锥被正垂面和水平面截切

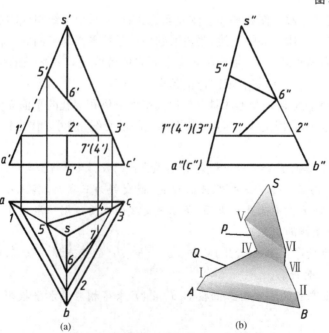

图 3-19 三棱锥被正垂面和水平面截切的作图

作图　① 如图 3-19(a)所示,作出完整三棱锥的侧面投影,注意平面 SAC 为侧垂面。

② 作平面 Q 与三棱锥的截交线 Ⅰ Ⅱ Ⅳ Ⅶ:先作平面 Q 与三棱锥的完整截交线,得△123 和 1′、2′和 3′,注意其中 12//ab、23//bc、13//ac,然后根据 4′、7′分别在 13 和 23 上取得 4 和 7 点并由此求出 4″和 7″。

③ 作平面 P 与三棱锥的截交线 Ⅳ Ⅴ Ⅵ Ⅶ:由正面投影的 5′和 6′很容易得到侧面投影上的 5″和 6″,并求出水平投影 5 和 6。将 Ⅳ Ⅴ Ⅵ Ⅶ 的侧面投影和水平投影依次连线。

④ 作出平面 Q 和平面 P 的交线 Ⅳ Ⅶ,注意其水平投影 4、7 不可见。

⑤ 检查、描深。棱线 SA 和 SB 是中断的,因此在水平投影上 1 与 5 之间和 2 与 6 之间不应有线,在侧面投影上 2″和 5″之间不应有线,1″和 5″之间的线为平面 SAC 有积聚性的投影。

【例 3-3】　已知六棱柱被两平面 P、Q 所截切,求截交后交线的各投影,如图 3-20 所示。

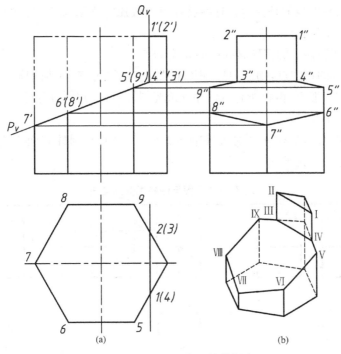

图 3-20　两平面与六棱柱相交

分析　由于截平面 P 是正垂面,Q 是侧平面,它们的正面投影都有积聚性,故截交线也分别积聚成直线而形成切口。要求截交线的 H、W 面的投影,只需分别求出 P、Q 与六棱柱的交线即可。

作图　① 如图 3-20(b)所示,在正面投影上依次标出平面 P 与六棱柱的各棱面的交线 4′5′、5′6′、6′7′、7′8′、8′9′、9′3′;由于六棱柱各棱面的水平投影都有积聚性,故 P 与六棱柱的截交线也积聚在棱面的水平投影上,可求出其水平投影 45、56、67、78、89、93。根据正面投影和水平投影,可求出截交线的侧面投影 4″5″、5″6″、6″7″、7″8″、8″9″、9″3″。

② 在正面投影上依次标出 Q 与六棱柱表面的交线 1′2′、2′3′、4′1′,其中 1′2′是 Q 与六棱柱顶面的交线;因 Q 为侧平面,其水平投影具有积聚性,所以 Q 与六棱柱的截交线积聚在 Q 的水平投影 QH 上,可求出其水平投影 12、23、41;根据正面投影和水平投影,可求出交线的侧面投影 1″2″、2″3″、4″1″。

③ 作出平面 Q 和平面 P 的交线。

④ 检查、描深。其中Ⅴ、Ⅵ、Ⅶ、Ⅷ和Ⅸ点所在棱线，在 P 面以上的部分被截切，注意在侧面投影上棱线的这些部分不应再画出。

2. 平面与曲面立体相交

平面与曲面立体相交的截交线是截平面和曲面立体表面的共有线，截交线上的点也是两者的共有点，截交线通常是一条封闭的平面曲线，也可能是由截平面上的曲线和直线所围成的平面图形或多边形。截交线的形状与曲面立体的几何性质和截平面的相对位置有关。

作截交线的方法：根据截平面与回转体轴线的相对位置，分析截交线的性质，看有无对称性、积聚性等，尽可能找出其已知投影。

在已知投影上确定特殊点，所谓特殊点，是指截交线上确定其大小范围的最高最低、最左最右、最前最后点，用以判别可见性的轮廓线上的点以及平面曲线本身的特殊点，如椭圆长、短轴的端点，抛物线、双曲线的顶点等。这些特殊点的投影大多数位于曲面的投影轮廓线上，一般从下面两方面去求出：

① 截平面和回转体上的特殊素线（圆）相交的点。

② 截交线本身的特殊点，如椭圆长、短轴的端点，抛物线、双曲线的顶点、端点等。

然后求适量的一般点，再将所有点依序连成光滑曲线，并判别可见性。

(1) 平面与圆柱面相交

平面与圆柱相交时，根据平面对圆柱轴线的位置不同，与圆柱表面交线有三种情形——圆、椭圆和两平行直线，见表3-1。

表3-1 平面与圆柱相交的交线

	与轴线垂直	与轴线倾斜	与轴线平行
截平面位置			
空间形状			
与圆柱表面交线形状	圆	椭圆	两平行直线
与圆柱体交线形状	圆	椭圆	两平行直线

【例 3-4】 已知铅垂圆柱被一侧平面所截,求作截交线的投影,立体图见表 3-1 第三种情况。

图 3-21 所示为铅垂圆柱体被平行于轴线的侧平面 P 切割,截交线由平面 P 与圆柱面的交线——两素线及与顶、底圆平面的交线组成。其中平面 P 与顶、底圆的交线正面投影积聚为点,水平投影积聚在平面 P 的水平投影上,侧面投影积聚在顶、底圆的侧面投影上;平面 P 与圆柱的交线(AB)的正面投影与 p′ 重影(a′b′),水平投影积聚为点,根据水平投影 ab 与中心线之间的 Δy 求出其侧面投影 a″b″。

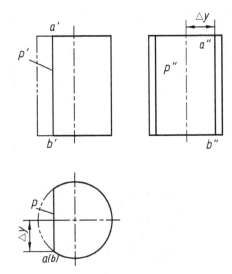

【例 3-5】 已知铅垂圆柱被一正垂面所截,求作截交线的投影,如图 3-22 所示。

分析 如图 3-22(a)所示,圆柱被正垂面截切,由于平面与圆柱的轴线斜交,因此截交线为一椭圆。截交线的正面投影积聚为一直线,水平投影与圆柱面的投影(圆)重影,其侧面投影可根据投影规律和圆柱面上取点的方法求出。

图 3-21 圆柱被与圆柱轴线平行的平面截切

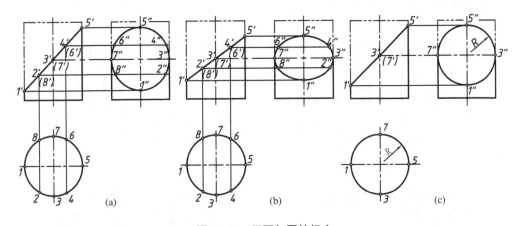

图 3-22 平面与圆柱相交

作图 ① 先作出截交线上的特殊点。对于椭圆,首先要找出长短轴的四个端点。长轴的端点Ⅰ、Ⅴ是截交线的最低点和最高点,位于圆柱面的最左最右两素线上。短轴的端点Ⅲ、Ⅶ是截交线的最前点和最后点,分别位于圆柱面的最前、最后素线上。这些点的水平投影是 1、5、3、7,正面投影 1′、5′、3′、7′,根据投影规律作出侧面投影 1″、5″、3″、7″,根据这些特殊点即可确定截交线的大致范围。

② 再作出适当数量的一般点,如Ⅱ、Ⅳ、Ⅵ、Ⅷ等点的各个投影,在侧面投影上为 2″、4″、6″、8″。

③ 将这些点的投影依次光滑地连接起来,就得到截交线的投影。

上述的截平面如与 H 面的倾角大于 45°,则侧面投影上 1″5″＞3″7″。如截平面对 H 面的倾角小于 45°,则侧面投影上 1″5″＜3″7″,这时形成的椭圆投影如图 3-22(b)所示。若倾角等于 45°，则 $1''5''=3''7''$，这时截交线的侧面投影为圆，其半径即为圆柱面半径。

图 3-23(a)、(b)是圆柱体被与其轴线平行的平面 P 和与其轴线垂直的平面 Q 切割而成，请分析两图交线求法的异同。

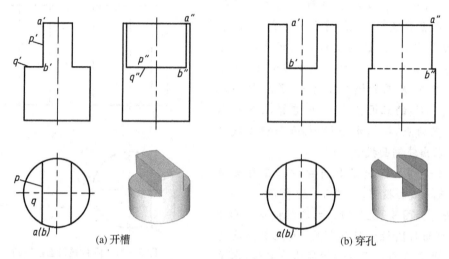

图 3-23　圆柱体被切割、开槽与穿孔

图 3-24(a)、(b)为空心圆柱被切割的情况，截平面与内外圆柱面都有交线，作图方法与上述相同，但要注意判断交线的可见性。

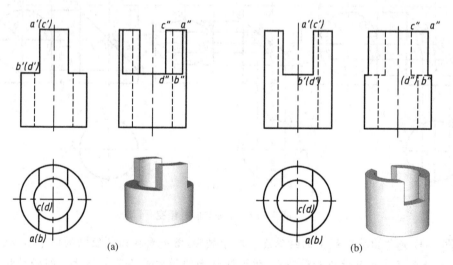

图 3-24　空心圆柱体被切割、开槽与穿孔

（2）平面与圆锥相交

平面与圆锥体相交时，根据截平面对圆锥轴线的位置不同，与圆锥表面交线有五种情形——圆、椭圆、抛物线、双曲线和两相交直线，见表 3-2 所示。

表3-2 平面与圆锥相交的交线

	与轴线垂直	与轴线倾斜,$\alpha<\gamma$	与轴线倾斜,$\alpha=\gamma$	与轴线倾斜,$\alpha>\gamma$	过锥顶
截平面位置					
空间形状					
与圆锥表面交线形状	圆	椭圆	抛物线	双曲线(单支)	两相交直线
与圆锥体交线形状	圆	椭圆	抛物线和直线围成的平面图形	双曲线(单支)和直线围成的平面图形	等腰三角形

【例3-6】 已知一直立圆锥被正垂面截切,求作水平投影和侧面投影,如图3-25所示。

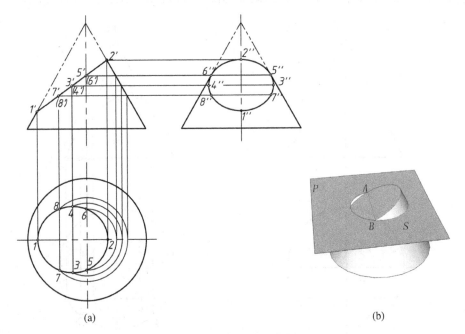

(a) (b)

图3-25 正垂线与圆锥相交

分析 如图3-25所示,一直立圆锥被正垂面截切。该截平面倾斜于圆锥轴线,且圆锥素线与 H 面的倾角大于截平面对 H 面的倾角,因此截交线为椭圆。由于圆锥前后对称,所以此椭圆投影也一定前后对称,椭圆的长轴就是截平面与圆锥前后对称面的交线(正平线),其端点在最左、最右素线上;而短轴则是通过长轴中点的正垂线。截交线的正面投影积聚为一直线,其水平投影和侧面投影为一椭圆。

作图 ① 先求出截交线上的特殊点 在截交线和圆锥面最左、最右素线正面投影的交点处作出 $1'$、$2'$,由 $1'$、$2'$ 可求出 1、2,$1''$、$2''$;$1'$、$2'$ 和 $1''$、$2''$ 就是空间椭圆长轴的三面投影。

取 $1'$、$2'$ 的中点,即为空间椭圆短轴有积聚性的正面投影 $3'$、$(4')$。过 $3'$、$(4')$ 按圆锥面上取点的方法作辅助水平圆,作出该水平圆的水平投影,由 $3'$、$(4')$ 在其上求得 3、4,再由此求得 $3''$、$4''$。3、4 ,$3'$、$(4')$ 以及 $3''$、$4''$ 即为空间椭圆短轴的三面投影。

取对正面投影重影的 Ⅴ、Ⅵ点,即先在截交线的正面投影上定出 $5'$、$(6')$,由于 Ⅴ、Ⅵ 在侧面投影的轮廓线上,可由此求得 $5''$、$6''$,再由 $5'$、$(6')$ 和 $5''$、$6''$ 求得 5、6。特别注意,由于 Ⅴ 和 Ⅵ 是最前和最后素线上的点,因此 $5''$、$6''$ 是截交线侧面投影与圆锥面侧面投影轮廓线的切点,此类点在作图时必须求出。

② 为了准确地画出截交线,还需求出适当数量的一般点。图 3-25 中取对正面投影重影的 Ⅶ、Ⅷ点,即先在截交线的正面投影上定出 $7'$、$(8')$,再作水平辅助圆,求出 7、8,并由此求得 $7''$、$8''$。

③ 依此连接各点即得截交线的水平投影与侧面投影。由图可见,12 和 34 分别为水平投影椭圆的长、短轴;$3''4''$ 和 $1''2''$ 分别为侧面投影椭圆的长、短轴。

上述作图方法采用的是表面取点法,还可采用辅助平面法,如图 3-25(b)所示。假想垂直于圆锥轴线作一辅助水平面 P,平面 P 与圆锥的交线为圆 S,与圆锥实际截平面的交线为直线 AB,AB 与 S 的交点即为圆锥表面与截平面的共有点。用这个方法可以求出许多共有点,完成交线的作图。

【例3-7】 已知圆锥被正平面所截,求截交线的正面投影,如图 3-26(a)所示。

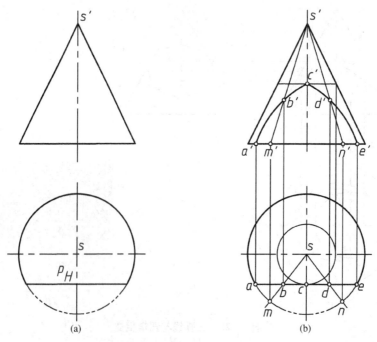

图 3-26 平面截切圆锥

分析 由于截平面与圆锥的轴线相平行,所以截交线是双曲线的一叶,其水平投影积聚在截平面的水平投影上,正面投影反映实形,左右对称。截平面与圆锥底面的截交线是侧垂线,它的正面投影积聚在底面具有积聚性的正面投影上，它的水平投影积聚在截平面具有积聚性的水平投影上，因此，不必求作。

作图 ① 如图3-26(b)所示，作截交线上的最左、最右点 A、E。在截交线与底圆的水平投影的相交处，定出 a 和 e，再由 a、e 在底圆的正面投影上作出 a'、e'。

② 作截交线上的最高点 C。在截交线水平投影的中点处，定出最高点 C（即双曲线在对称轴上的顶点）的水平投影，再用在圆锥面上通过点 C 的水平圆作为辅助线作出 c'。

③ 在截交线的适当位置上作两个中间点 B、D。在截交线的水平投影上取截交线上两个点 B、D 的投影 b、d，连接 s、b 和 s、d，它们与底圆的水平投影交于 m、n，则 B、D 也是 SM、SN 上的点。由 m、n 作出 m'、n'，并与 s' 连成 $s'm'$、$s'n'$，就可由 b'、d' 分别在 $s'm'$、$s'n'$ 上作出 b'、d'。

④ 按截交线水平投影的顺序，将 a'、b'、c'、d'、e' 连成所求截交线的正面投影 $a'b'c'd'e'$。由于截交线是位于圆锥的前半锥面上，所以正面投影是可见的。

【例3-8】 已知圆锥被三个平面 P、Q、R 所截，求截交线的水平投影和侧面投影，如图3-27所示。

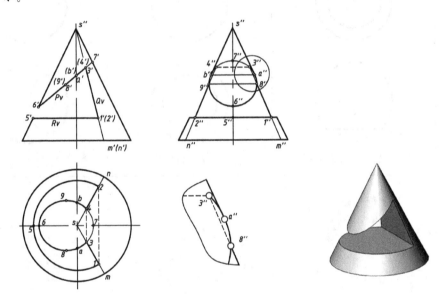

图3-27 圆锥被切后的投影

分析 从图上可以看出，圆锥的轴线为铅垂线，截平面 P、Q 为正垂面，且 Q 面经过锥顶，所以平面 Q 截圆锥为直线；平面 P 与圆锥的轴线倾斜，且 $\theta > \alpha$，所以截交线为椭圆的一部分；R 为水平面，截圆锥为圆的一部分。要求圆锥被截后的投影，只需先分别求出各截平面与圆锥的截交线，再求截平面间的交线即可。

作图 ① 平面 R 与圆锥的交线为水平圆弧，故截交线的水平投影为反映实形的圆弧 251，侧面投影积聚为一直线。

② 平面 Q 与圆锥的交线为过锥顶的直线段，在正面投影上标出其端点 $3'$、$4'$，过锥顶作辅助线 SM、SN，可求出其水平投影 34、12 和侧面投影 $3''4''$、$1''2''$。

③ 平面 P 与圆锥的交线。平面 P 与圆锥的轴线倾斜，且 $\theta > \alpha$，所以截交线为椭圆的一部分。椭圆的正面投影积聚为一条直线，长轴为 $6'7'$，短轴为 $8'9'$，求其水平投影和侧面投影可分别求出其长、短轴的投影而作出椭圆投影，或作出椭圆上的若干一般点，连接后也可作出椭圆投影。

④ 求出平面 P 与平面 Q 的交线ⅢⅣ和平面 Q 与平面 R 的交线ⅠⅡ。

⑤ 判别可见性并整理轮廓线。在水平投影面上,截交线的投影均可见,截平面之间的交线不可见,画成虚线。在侧面投影上,圆弧 251 积聚为一条直线是可见的,位于左半圆锥面上的椭圆的投影是可见的,右半圆锥面上椭圆则不可见(分界点为 A、B),过锥顶的直线段在椭圆轮廓内的部分不可见,椭圆轮廓外的部分可见。注意最左和最右素线在 A、B 点与平面 R 之间的部分被截切了。

(3) 平面与球面相交

平面截切圆球时,截交线总是圆,但根据平面与投影面的相对位置不同,见表 3-3 所示,截交线的投影也不同。

表 3-3　平面与圆球体相交的交线

截平面位置		
与 V 面平行	与 H 面平行	与 H 面垂直
空间形状 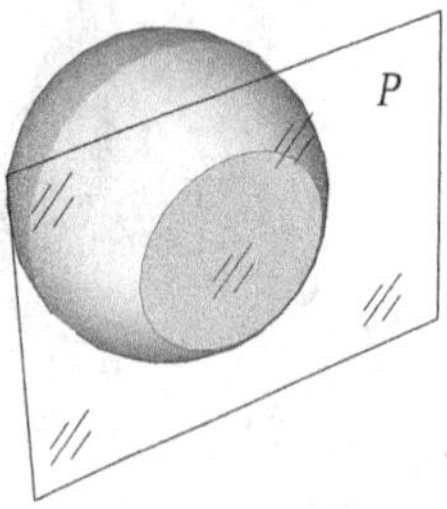 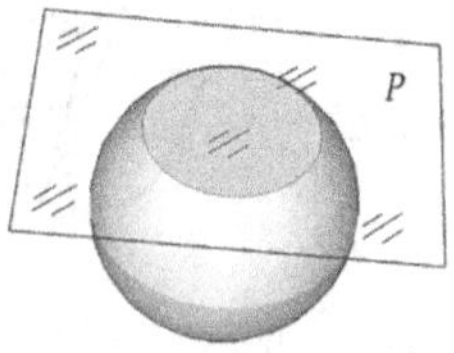 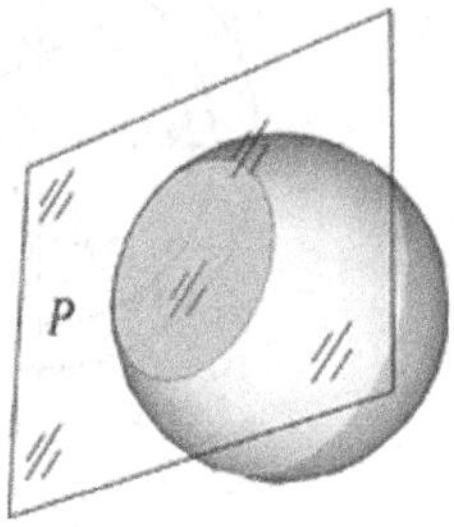		
与球表面交线形状		
正平圆	水平圆	正垂圆
与球体交线形状		
正平圆	水平圆	正垂圆

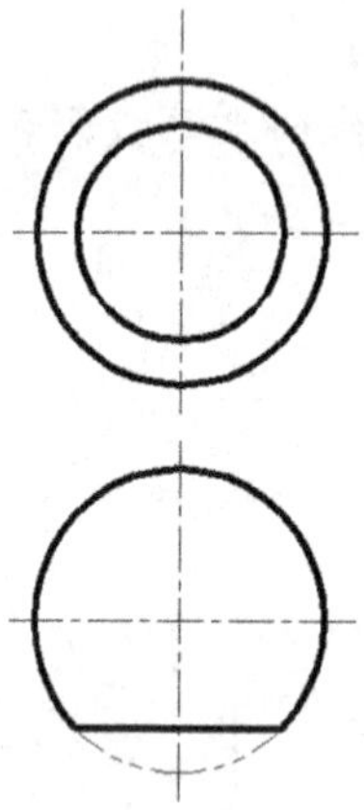

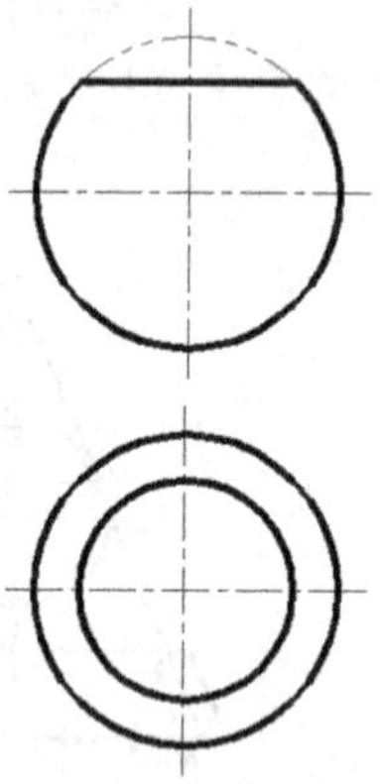

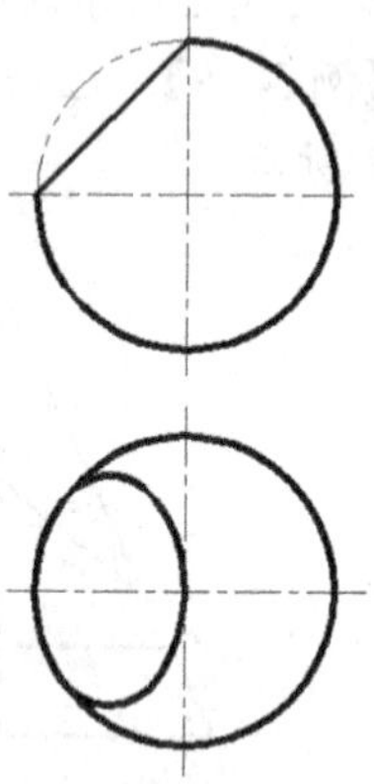

当截平面平行于投影面时,截交线在该投影面上的投影为实形;

当截平面垂直于投影面时,截交线在该投影面上的投影为一直线;

当截平面倾斜于投影面时,截交线在该投影面上的投影为一椭圆。

【例 3-9】 已知圆球被一水平面和一正垂面所截,完成被截切后圆球的水平投影,如图 3-28(a)所示。

分析　可先分别作出水平截面和正垂截面截得完整圆周的水平投影,判明可见性后再将实际存在的部分加深或画虚线。

    作图 ① 作出正垂截面截得正垂圆的水平投影——椭圆,其长短轴 AB、CD 相互垂直平分,a'、b' 在球的最大正平圆上,可直接作出其水平投影 a、b,c'、(d') 在 $a'b'$ 的中线上,可通过辅助纬圆法作出其水平投影 c、d,另水平投影转向轮廓线上的点 E、F 也必须求出,为此在正面投影上找到正垂截平面与最大水平圆交点 e'、f',然后投影下来作出 e、f,如图 3-28(b)所示。

    ② 作出水平截面截得水平圆的水平投影,$m'n'$ 反映直径的实长,如图 3-28(c)所示。

    ③ 作出截交线实际存在的部分。椭圆与水平圆的交线为 GH,且由两个截平面的位置决定了截交线的水平投影均可见,故将椭圆的 $hdfaecg$ 部分、水平圆的 gnh 部分及交线 gh 画成粗实线。

    ④ 加深圆球水平投影轮廓线实际存在的部分。由于最大水平圆上 ef 左边部分被截去,所以只加深 ef 右边部分的水平投影轮廓线,如图 3-28(d)所示。

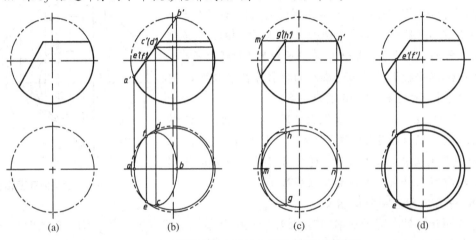

图 3-28 求圆球截交线的水平投影和侧面投影

    图 3-29(a)所示为一个半球体形零件,其上部开槽是球被两个以轴线为对称线的侧平面及一个水平面切割而成的。如图 3-29(b)所示。求截交线时,应先作出三面都积聚的正面投影,然后根据正面投影找出截交圆弧半径,完成其他投影,如图 3-29(b)所示。注意图中 R_1、R_2。

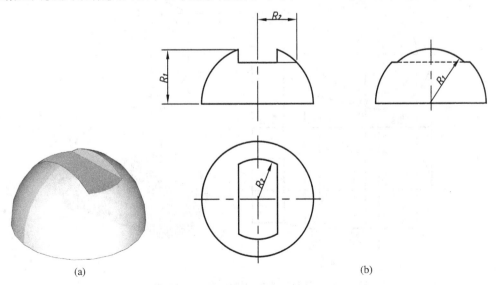

图 3-29 球阀阀芯上部开槽的截交线

（4）平面与回转面相交

根据回转体的形成特点，可用辅助纬圆法作出回转面上一系列点，再光滑连接成截交线的投影。

【例 3 - 10】 已知内环面（部分）被铅垂面 P 截切，求作截交线的投影，如图 3 - 30 所示。

分析 由于截平面与内环面轴线相平行，所以截交线为一 4 次曲线，它的正面投影也为 4 次曲线，其水平投影积聚在 P_H 上，为截交线的已知投影，可用辅助纬圆法作出截交线上一系列特殊点和一般点的正面投影，并按可见性光滑连接即可。

作图 ① 求特殊点。最低点 I、Ⅷ 为铅垂面与回转体底圆的交点，其水平投影可直接由 P_H 和底圆的交点找出；求最高点 Ⅳ，则可先在水平投影上以 O 为圆心，作圆与 P_H 相切，切点即为 4，再用表面取点的方法求出 4′；在正面投影轮廓线上还有一个特殊点 Ⅵ，水平投影中正面轮廓线的投影落在中心线上，可先求出它与 P_H 的交点，即为 6，再求出 6′。

② 求一般点。在最高与最低点之间，选取 Ⅱ、Ⅲ、Ⅴ、Ⅶ 的水平投影 2、3、5、7，再用表面取点的方法求出 2′、3′、5′、7′。

③ 判别可见性，依次光滑地连接各点。注意正面投影（转向）轮廓线上 Ⅵ 点以下的部分被截去了。

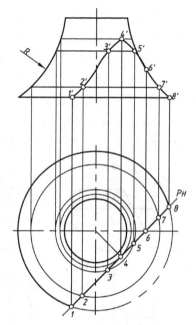

图 3 - 30　平面与内环面相交

（5）平面与组合回转体相交

组合回转体是由若干基本回转体组成的，机器零件上常有这样的结构。作图时首先要分析各部分的曲面性质，然后按照它的几何特性确定其截交线形状，再分别作出其投影。

图 3 - 31 为一连杆头，它的表面由轴线为侧垂线的圆柱面、圆锥面和球面组成，前后各被正平面截切，球面部分的交线为圆，圆锥面部分的交线为双曲线，圆柱面部分未被截切。作图

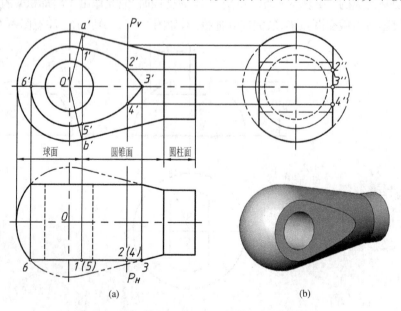

(a)　　　　　　　　　(b)

图 3 - 31　平面与组合回转体（连杆头）的截交线

时先要在图上确定球面与圆锥面的分界线。从球心 o' 作圆锥面正面外形轮廓线的垂线,得交点 a'、b',连线 $a'b'$ 即为球面与圆锥面的分界线,以 $o'6'$ 为半径作圆,即为球面的交线,该圆与 $a'b'$ 线相交于 $1'$、$5'$ 点,此即交线上圆与双曲线的结合点,然后按照图 3-31 所示的作图方法画出圆锥面上的交线,即完成连杆头的正面投影。

3.5 两曲面立体相交

3.5.1 两曲面立体相交交线(相贯线)分析

两曲面立体相交,其表面所得交线称为相贯线,相贯线的一般性质如下:

① 相贯线是两曲面立体表面的共有线,也是两相交曲面立体的分界线。相贯线上的所有点都是两曲面立体表面的共有点。

② 相贯线在一般情况下是闭合空间曲线,在特殊情况下,可能不闭合,也可能是平面曲线或直线。

③ 相贯线的形状取决于两面的形状、大小及相对位置。

3.5.2 相贯线求法

求相贯线可归结为求两相交立体表面上一系列共有点的问题,应在可能和方便的情况下,先作出交线上的一些特殊点,即能确定其形状、范围的点,如立体表面的投影的轮廓线上的点,相贯线在其对称平面上的点以及最高、最低、最左、最右、最前、最后点等,再按需要求出交线上一些其他的一般点(如能求出的特殊点足够多,可不求一般点),从而较准确地画出交线的投影,并标明可见性。注意:只有同时位于两立体的可见表面上的相贯线段的投影才可见,否则就不可见。总结如下:

① 根据已知条件,看懂两相交回转体,看有无对称性。

② 分析两相交回转体的相贯情况(全贯,互贯)。

③ 在视图上看相贯线投影,找出已知的投影,明确需求的投影。

④ 从已知的相贯投影上分别找出每个回转体的特殊素线(纬圆)上的点,即先作出反映相贯线变化范围的特殊点。

⑤ 在特殊点范围内作适量的一般点。

⑥ 依序连成光滑的曲线,并判别可见性。

常用的求作两曲面立体相贯线的方法有:积聚性法和辅助平面法。

1. 积聚性法

当相交的两回转体中的一个(或两个)圆柱面,其轴线垂直于投影面时,则圆柱面在该投影面上的投影为一个圆,具有积聚性,交线上的点在该投影面上的投影也一定积聚在该圆上,而其他投影可根据表面上取点的方法作出。

【例 3-11】 求两圆柱垂直正交的相贯线的投影,如图 3-32(a)所示。

分析 由图示可知,两圆柱的轴线垂直相交,交线是封闭的空间曲线,且前后、左右对称。由交线的共有性可知,交线的水平投影与直立圆柱面水平投影的积聚圆重合,其侧面投影与侧垂圆柱面积聚侧面投影的一段圆弧重合。因此,需求作的只是交线的正面投影,故可用积聚性和取点、线的方法作图。

作图 ① 求特殊点。由于两圆柱的正面投影最大轮廓线处于同一正平面上，故可直接求得两点 A、B 的投影。点 A 和 B 是交线的最高点（也是最左和最右点），其正面投影为两圆柱面轮廓线正面投影的交点 a' 和 b'。点 C 和 D 是交线的最前点和最后点（也是最低点），其侧面投影为直立圆柱面的侧面轮廓线的侧面投影与水平圆柱的侧面投影圆的交点 c''、b''，而水平投影 a、b、c 和 d 均在直立圆柱面的水平投影的圆上，由 c、d 和 c''、b'' 即可求得正面投影上的 c' 和 (b')。

② 求一般点。先在交线的侧面投影上取 $1''$ 和 $(2'')$，过点Ⅰ、Ⅱ分别作两圆柱的素线，由交点定出水平投影 1 和 2，再按投影关系求出 $1'$ 和 $2'$（也可用辅助平面法求一般点）。

③ 连线并判别可见性。按顺序将交线的正面投影依次连成光滑曲线，因前后对称，交线正面投影的不可见部分重影，交线的水平投影和侧面投影都积聚在圆上，如图 3-32(b) 所示。

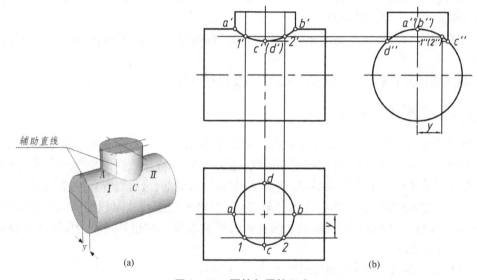

图 3-32　圆柱与圆柱正交

【例 3-12】　求作圆柱与圆台的相贯线的投影，如图 3-33 的立体图所示。

分析　由图可知，圆柱和圆台轴线交叉垂直，相贯线是一条前后对称的封闭空间曲线。由于圆柱的轴线为正垂线，所以相贯线正面投影积聚在圆柱面的正面投影上，相贯线的水平投影和侧面投影待求。

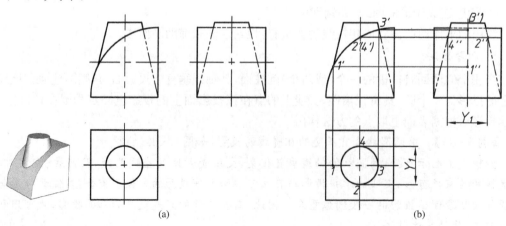

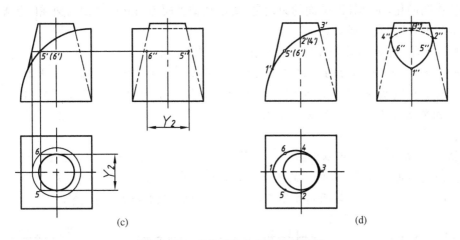

图 3 - 33　求作圆柱与圆台的相贯线

作图　① 作特殊点。如图 3 - 33(b)所示,圆台正面投影轮廓线与圆柱交于Ⅰ、Ⅲ点,它们的水平投影 1、3 和侧面投影 1″、3″都可由正面投影 1′、3′直接求出;圆台侧面投影转向轮廓线与圆柱交于Ⅱ和Ⅵ点,可由正面投影 2′、4′求出侧面投影 2″、4″后,再求水平投影 2、4。

② 求一般点Ⅴ和Ⅵ。如图 3 - 33(c)所示,在正面投影适当位置处定出 5′、6′,用辅助纬圆法求出 5、6,再由此定出侧面投影 5″、6″。

③ 判明可见性,用光滑的曲线连接,并检查轮廓线。如图 3 - 33(d)所示,相贯线的水平投影均可见,侧面投影可见与不可见的分界点为 2″、4″。

2. 辅助平面法

两曲面立体相交在回转面区域时,它们的交线一般为光滑的空间曲线。曲线上每一点都是两个曲面的共有点。求共有点的一般方法是利用辅助平面法,如图 3 - 34 所示。具体作图步骤如下:

① 作一辅助平面 P,使其与两已知立体相交。

② 分别作出辅助平面与两已知立体表面的交线。

③ 两交线的交点,即为两立体表面的共有点,也就是所求两立体表面交线上的点。

在图 3 - 34 中采用了两种不同位置的辅助平面。一种是正平面,它与两个圆柱面的交线都是平行直线,如图 3 - 34(b)所示;另一种是水平面,它与圆柱面Ⅰ的交线是圆,与圆柱面Ⅱ的交线是平行直线,如图 3 - 34(c)所示。

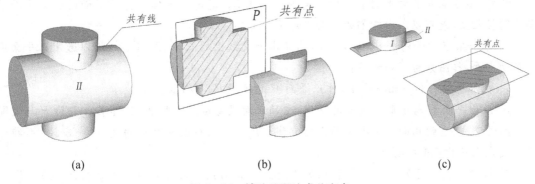

(a)　　　　　　　　　　(b)　　　　　　　　　　(c)

图 3 - 34　辅助平面法求公有点

为使作图简化,选择辅助平面的原则是:要使辅助平面与两立体表面的交线的投影都是简单易画的图形,例如直线或圆。

【例3-13】 求两圆柱垂直偏交的相贯线的投影,如图3-35(a)所示。

分析 图3-35所示为两圆柱偏交,因为两圆柱面的轴线分别垂直于水平面和侧面,而交线是两圆柱面的共有线,所以交线的水平投影积聚在小圆柱的水平投影圆周上,交线的侧面投影积聚在大圆柱的侧面投影圆弧上(即在小圆柱轮廓线之间的一段圆弧)。作图步骤如下:

作图 ① 求特殊点。可以根据水平投影和侧面投影直接定出。例如,上面一条交线的最高点的侧面投影是5″、(6″),最低点的侧面投影是9″、10″。通过点5″、(6″)和9″、10″分别作平行于正面的辅助平面Q、R、S与两圆柱相交,就可以求出它们相应的正面投影。

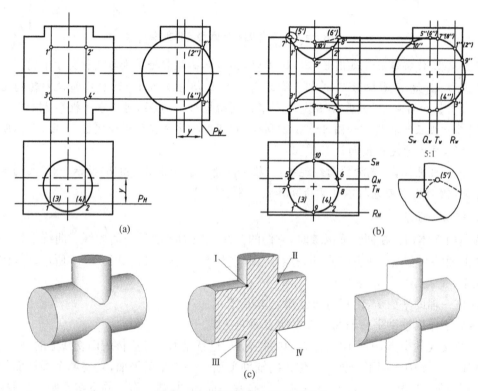

(a)　　　(b)

(c)

图3-35 两圆柱偏交的投影画法

此外,最左点和最右点的水平投影是点7和点8。通过7、8作平行于正面的辅助平面T与两圆柱相交,就可以求出它们的正面投影7′、8′。

② 求一般点。如图3-35(a)所示,为了求出交线上的点1′、2′、3′、4′,可以选用正平面P作辅助平面,作图分为下列两步:

➤ 在水平投影和侧面投影中,作正平面P的迹线P_H和P_W。

➤ 求出平面P与小圆柱表面的交线,它的正面投影是两平行直线;再求出平面P与大圆柱表面的交线,它的正面投影也是两平行直线。P与两圆柱表面交线的交点1′、2′、3′、4′即为所求交线上点的正面投影。

③ 连线并判断可见性。点7′和点8′也是交线正面投影的可见与不可见的分界点。因为直立圆柱的轴线在水平圆柱的轴线前面,所以从前往后看,只有直立圆柱的前半部分与水平圆

柱的交线才是可见的,即只有当两曲面都可见时,它们的交线才可见。

把上述各点光滑连接起来,即得所求两圆柱交线的正面投影。图为点(5′)和(6′),也是位于水平圆柱的轮廓线上的点,所以曲线应当在这两点与水平圆柱的轮廓线相切。同理,点7′和8′是位于直立圆柱轮廓线上的点,所以曲线应当在这两点与直立圆柱正面轮廓线相切(见图3-35(b)右下方的局部放大图)。

因为两圆柱相交后成为一个整体,所以在点(5′)和(6′)之间没有水平圆柱的正面轮廓线。同时根据水平投影看出:水平圆柱的正面轮廓线位于直立圆柱正面轮廓线之后,所以水平圆柱的正面轮廓线在(5′)和(6′)附近有一小段线是不可见的。

讨论 ① 交线的产生情形。交线可以由下列三种情形相交产生:两实心圆柱相交,如图3-36(a)所示;一实心圆柱与一圆柱孔相交,如图3-36(b)所示;两圆柱孔相交,如图3-36(c)所示。

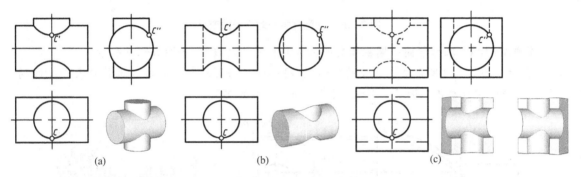

图3-36 产生交线的三种情形

虽然从现象看,有的是圆柱(外圆柱面),有的是圆孔(内圆柱面),但它们都是圆柱面。不管其表面形式如何,只要有两个圆柱面相交,就一定有交线产生。

将图3-36中三种情形进行比较,可以看出:虽然有内、外表面的不同,但由于相交的两表面的基本性质(表面形状、直径大小、轴线相对位置)不变,因此在每个图上,交线的形状和特殊点投影是完全相同的,只是内表面的轮廓线为虚线,在另一个立体内部。

② 交线的变化趋势。从图3-37(a)、(b)可以看出,当两圆柱正交时,若小圆柱逐渐变大,则交线投影愈弯曲,但这时交线的性质没有改变,还是两条空间曲线,它们的正面投影仍是曲线,只是发生一些量变罢了。但是当两圆柱的直径相等时,却由量变引起质变,这时交线从两条空间曲线变为两条平面曲线(椭圆),它们的正面投影成为两条直线,如图3-37(c)所示。两圆柱相交时交线还会随着两圆柱位置的变化而变化,如图3-38所示。

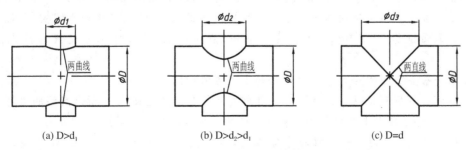

图3-37 两圆柱正交时交线的变化

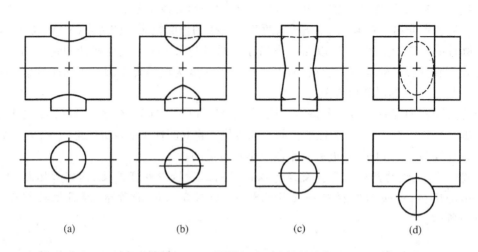

(a)   (b)   (c)   (d)

图3-38 两圆柱相交时交线的变化

【例3-14】 求弯管同一圆柱相交而形成的相贯线的投影,如图3-39所示。

分析 图3-39所示是一弯管的外形,它同一圆柱与圆环相交而成。求作外表面交线的投影(投影图中未画内表面及其交线,读者可自己分析解答)。

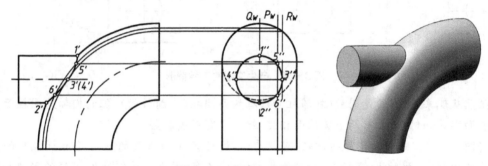

图3-39 柱面与环面相交

因为圆柱的轴线垂直于侧面,所以交线的侧面投影重影在圆上。同时,因为两曲面具有平行于正面的公共对称面,所以交线在空间是前后对称的,它的正面投影重影成一条曲线。

从所给情况分析,采用一系列与圆环轴线垂直的正平面作为辅助面最方便,因为它与圆环的交线是圆,与圆柱面的交线是两直线,都是简单易画的图形。而用水平面或侧平面作辅助平面都不好,因为它们与圆环的交线是复杂曲线。

作图 ① 求特殊点。最高点、最低点和最前点、最后点的侧面投影 $1''$、$2''$ 和 $3''$、$4''$ 可以直接找出。通过这些点分别作平行于正面的辅助平面 Q 和 R 与圆柱和圆环相交,就可以求出它们的正面投影 $1'$、$2'$ 和 $3'$、$4'$。可以看出,点 $1'$ 和点 $2'$ 同时也是交线的最左点和最右点。

② 求一般点。中间点 $5'$ 和 $6'$ 的求法与上述方法相同。

③ 连线并判别可见性。将所得各点用曲线板光滑连接起来,即得所求交线的投影。

【例3-15】 求水平圆柱与半球相贯形成的相贯线的投影,如图3-40所示。

分析 图3-40为水平圆柱与半球相交,其公共对称面平行于 V 面,故交线的正面投影重影成一条曲线,侧面投影重影在水平圆柱的侧面投影圆上,水平投影为曲线。其辅助平面可以选择与圆柱轴线平行的水平面,这时平面与圆柱面相交为一对平行直线,与圆球面相交为圆,也可选择与圆柱轴线相垂直的侧平面作为辅助平面,这时平面与圆柱面、圆球面相交,均为圆或圆弧。

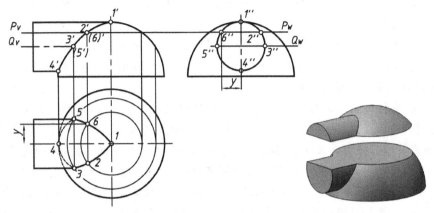

图3-40 水平圆柱与球相交

作图 ① 求特殊点。I、IV为最高点和最低点,也是最右点和最左点,可以直接求出。III、V为最前点和最后点,也是水平投影可见不可见的分界点,可过圆柱面轴线作辅助水平面Q,则其与圆柱面相交为最前和最后素线,与球面相交为圆,它们的水平投影相交的点3、5。

② 求一般点。可作辅助平面,如取水平面P,它与圆柱面相交为一对平行直线,与球面相交为圆,直线与圆的水平投影的交点2、6即为共有点II、VI的水平投影,由此可求出正面投影2′、6′,这是一对重影点的重合投影。

③ 连线并判别可见性,顺次连接各点,即得交线的各个投影。连接时须注意:一是只有当两曲面的两个共有点分别位于一曲面的相邻两素线上,同时也分别在另一曲面的相邻两素线上,则这两点才能相连。如图3-40所示,其连接顺序为I—II—III—IV—V—VI—I。其二是只有两曲面同时都可见部分的交线才是可见的,否则是不可见的。III—IV—V在圆柱面的下部分,其水平部分为不可见,3—4—5画虚线。其余线段画成粗线。

【例3-16】 求轴线正交的圆柱与圆锥的相贯线,如图3-41所示。

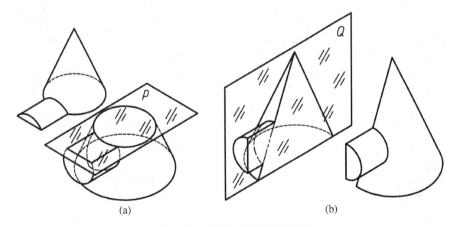

(a)   (b)

图3-41 辅助平面与圆锥相交

分析 圆柱的轴线为侧垂线,故相贯线的投影重影在圆周上,只需求相贯线的水平投影。此题可用表面取点法，也可以用辅助平面法求解。由于整个图形前后对称，前半相贯线和后半相贯线的正面投影将相互重合。下面采用辅助平面法求解，为了使辅助平面能与圆柱相交成素线、与圆锥相交成平行于底圆的圆，对圆柱而言，辅助平面应平行或垂直于圆柱轴线；对圆锥而言，辅助平面应垂直于圆锥轴线，故我们可选择一系列的水平面或过锥顶的侧垂面为辅助平面。

如图 3-41(a)所示，用水平面 P 截切圆柱得水平素线，截圆锥得水平圆，水平素线与水平圆的交点就是相贯线上的点；又如图 3-41(b)所示，用过锥顶的平面 Q 截切圆柱和圆锥都得到直线，直线的交点为相贯线上的点。

作图 ① 求特殊点。如图 3-42(a)所示，通过锥顶作正平面 N，与圆柱相交于最高、最低的素线；与圆锥交于最左、最右的素线，在它们正面投影相交处，直接求出相贯线上最高、最低点的正面投影 a'、b'，并由此求 a''、b'' 和 a、b。通过圆柱轴线作水平面，与圆柱相交于最前、最后的素线，与圆锥交于水平面，在它们水平投影相交处，直接求出相贯线上最前、最后点的水平投影 C、D，并由此求 c'、d' 和 c''、d''。从正面投影可知 b' 就是相贯线的最左点，虽然在主视图上无法确定最右点，但我们可以通过确定最右点 E、F 来控制曲线的走势。E、F 两点的取法如图 3-42(b)所示，在侧面投影上过圆柱的圆心 o'' 作一圆与圆锥的侧面投影的转向轮廓线相切，并相交于 $1''$、$2''$，连接 $o''1''$、$o''2''$ 与圆柱相交得 e''、f''，并得相应的 Y_1 坐标，由 e''、f'' 可求出 e、f，再求出 e'、(f')。

② 求一般点。如图 3-42(c)所示，在点 B 与 C、D 之间的适当位置作一辅助水平面 R，它与圆锥面交于一水平圆，与圆柱面交于两条素线，两者交于 G、H 两点，可由其侧面投影 g''、h'' 求出水平投影 g、h，最后确定正面投影 g'、h'。

③ 连线并判别可见性及整理轮廓线。如图 3-42(d)所示，因相贯线前后对称，故在正面投影中前后重合，只需画出前半部分曲线。水平投影中 c、d 两点在转向轮廓线上，是相贯线上可见与不可见的分界点，故将上半圆柱上的 $deafc$ 段曲线连成粗实线，而 cgb-hd 在下半个圆柱面上不可见，画成虚线。正面投影的转向轮廓线应画到 a'、b'，水平投影的转向轮廓应画到 c、d。

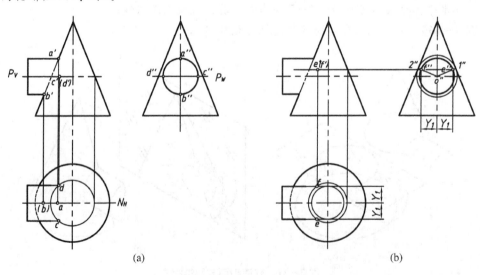

(a)   (b)

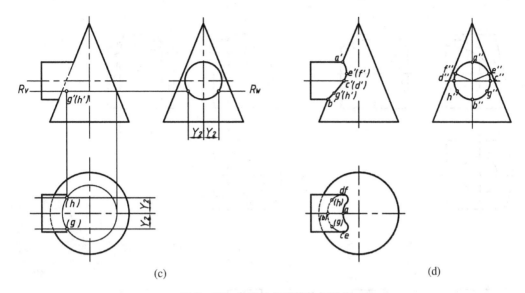

| (c) | (d) |

图 3-42　求圆柱与圆锥的相贯线

【例 3-17】　求作圆台与球(左上球被前后对称正平面截切)的相贯线,如图 3-43 的立体图所示。

分析　由于圆台的轴线不通过球心,但圆台与球有公共的前后对称面,圆台从球的左上方全部穿进球体,所以相贯线为一条前后对称的封闭空间曲线。又由于圆台和球面的三面投影都没有积聚性,所以不能用表面取点法作相贯线的投影,但可用辅助平面法求出。

为了使辅助平面能与圆台、球相交于直线或平行于投影面的圆,对圆台而言辅助平面应通过圆台延伸后的锥顶或垂直于圆台的轴线;对球而言,辅助平面可选投影面平行面,所以辅助平面除了可选通过圆台轴线的正平面和侧平面外,应选水平面。

作图　① 求特殊点。选圆台与球的公共对称面 R 为辅助平面,求相贯线上最左点Ⅰ和最右点Ⅲ(也是最低点、最高点),正面投影 $1'$、$3'$ 可直接定出,根据正面投影 $1'$、$3'$ 求出水平投影 1、3 和侧面投影 $1''$、$3''$。作通过圆台轴线的侧平面 P,求出相贯线在圆台最前、最后素线上的点Ⅱ和Ⅳ,为此可先求侧面投影 $2''$、$4''$,再根据 $2''$、$4''$ 求出 2、4 和 $2'$、$4'$,如图 3-43(b)所示。

② 求一般点。作辅助水平平面 Q,截圆锥与圆台都为水平圆,先求出两截交线的水平投影的交点 5、6,再根据 5、6 求出 $5''$、$6''$ 和 $5'$、$6'$,如图 3-43(c)所示。

③ 判别可见性,依次连接各点,即得相贯线的各个投影,相贯线正面投影前后重合为一段曲线,水平投影均为可见的,侧面投影 $2''$、$4''$ 为可见与不可见的分界点,所以 $2''$、$3''$、$4''$ 连成虚线,$4''$、$5''$、$1''$、$6''$、$2''$ 连成实线。圆台侧面投影的转向轮廓线在球面最大侧平面圆的左方,故应为可见的,结果如图 3-43(d)所示。

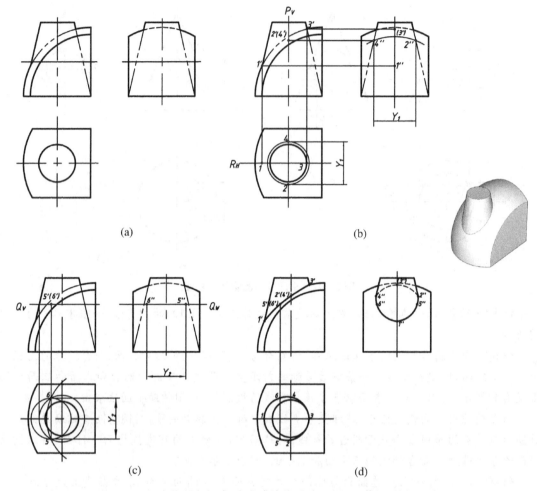

图 3 – 43　求作圆台与球(左上球被前后对称正平面截切)的相贯线

3. 相贯线的特殊情况

两回转体相交的相贯线,在一般情况下是空间曲线,但是在特殊情况下,也可以是平面曲线或直线。下面介绍几种相贯线特殊情况:

① 两同轴回转体相交,相贯线是垂直于轴线的圆,如图 3 – 44 所示;

② 两个轴线相互平行的柱面相交,相贯线是两条平行于轴线的直线,如图 3 – 45 所示;

③ 两共锥顶的锥面相交,相贯线是过锥顶的一对相交直线,如图 3 – 46 所示;

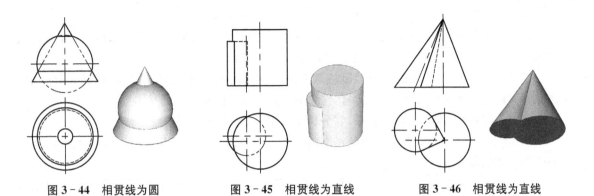

图 3-44 相贯线为圆　　　图 3-45 相贯线为直线　　　图 3-46 相贯线为直线

④ 具有公共内切球的两同转体相交,相贯线为两相交椭圆,如图 3-47 所示。

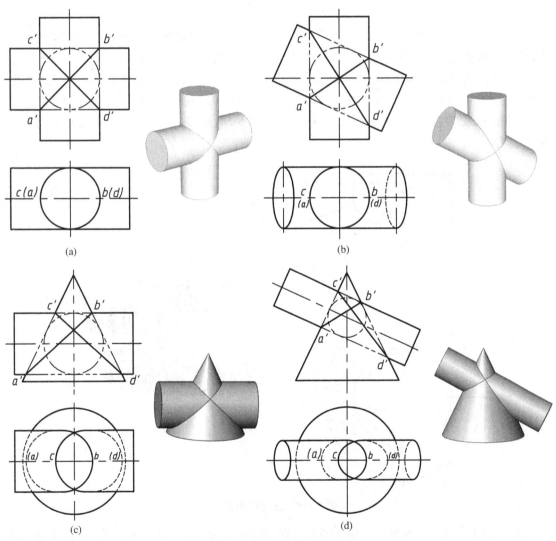

(a)　　　　　　　　　　　(b)

(c)　　　　　　　　　　　(d)

图 3-47　相贯线为两相交椭圆

4. 多体相交

多个立体相交,其交线较复杂,它由两两立体间的各段交线组合而成。求解时,既要分别求出各段交线,又要求出各段交线的分界点。求解步骤如下:

① 首先分析参与相交的立体是哪些基本体,是平面体还是曲面体,是内表面还是外表面,是完整立体还是不完整基本立体,对于不完整的立体应想象成完整的基本立体。

② 分析哪些立体间有相交关系,并分析交线的形状、趋势、范围。

③ 对于相交部分,分别求出两两相交的交线以及各段交线的分界点(切点、交点),综合起来成为多体的组合交线。

图 3-48 所示为直立圆柱、半圆球及轴线为侧垂线的圆锥三体相交,其组合交线是圆柱与圆球的交线 A,圆柱与圆锥的交线 B,圆锥与圆球的交线 C 组合而成。这三条交线的共有点(结合点)为Ⅰ、Ⅱ。欲求出组合交线,应分别求出交线 A、B、C 以及它们的分界点。作图步骤如下:

① 求圆柱与圆球的交线 A。由于圆柱的轴线通过球心(共轴的两回转体),因此交线为一圆,且 V 面投影重影为水平直线 a',H 面投影与圆柱面的投影重合为圆。

② 求圆柱与圆锥的交线 B。由于两回转体轴线正交,又同时平行于 V 面,且在水平投影中,圆柱与圆锥的轮廓线相切,即圆柱与圆锥同时内切于一个球面,因此交线为一椭圆,其正面投影为直线 b',水平投影与圆柱面投影重合,交线 A 与 B 的分界点为Ⅰ、Ⅱ($1'$ 与 $2'$ 重合)

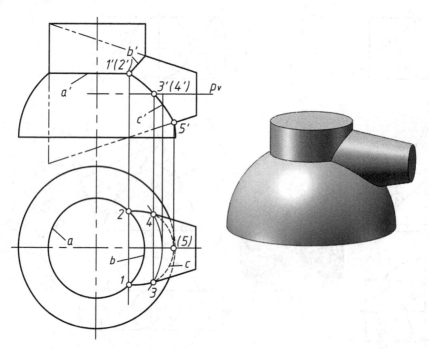

图 3-48　三立体相交

③ 求圆锥与圆球的交线 C。由于圆锥与圆球轴线正交,且同时平行于 V 面,交线为一封闭的空间曲线,且前后对称,可选用水平辅助面求解。

求圆锥最前、最后素线上的点Ⅲ、Ⅳ。过圆锥轴线作水平辅助面 $P(P_V)$,P 面与圆球的交线为圆(H 面投影反映圆的实形),P 面与圆锥的交线为圆锥的最前、最后素线,由此先可求得

Ⅲ、Ⅳ的水平投影3、4,再求出正面投影3′、4′(3′、4′重影)。

求最低点Ⅴ。点Ⅴ为圆球圆锥对Ⅴ面的最大轮廓线的交点,因此按投影关系可直接求出5′、5。

选用侧平面作辅助面,可求出适量的一般点(图中未画)。

④ 光滑连接各点,并判别可见性。Ⅴ面投影中,交线均可见,画为粗实线。a'、b'为直线,$1'(2')$—$3'(4')$—$5'$为曲线(c')。

H面投影中,可见性的分界点为3、4。2—4、1—3画粗实线(曲线),且圆锥的轮廓线分别画到3、4点处与交线相切,4—5—3画虚线,半圆球锥挡住部分画虚线。

图3-49表示铅垂圆柱、圆锥台、水平面圆柱三体相交。圆锥台与铅垂圆柱同轴,其交线为圆,其Ⅴ、W投影重影成直线,H面投影为圆(一部分)。水平圆柱上部与圆锥台相交,下部与铅垂圆柱相交,交线均为空间曲线,其W面投影重影在水平圆柱的圆上,需求Ⅴ、H面投影。内部表面为两个等径正交的圆柱孔相交,故交线为两个相同的半个椭圆。Ⅴ面投影重影为直线,H、W面投影重影为圆。

作图步骤如图所示,不再详述。

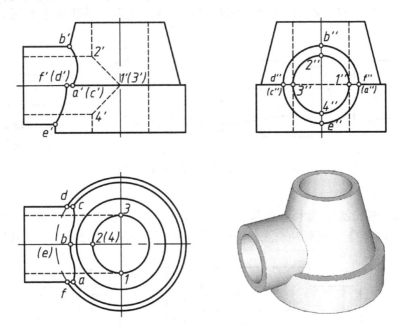

图3-49 三立体相交

5. 立体的尺寸标注

(1) 基本形体的尺寸标注

要掌握立体的尺寸标注,必须先了解基本形体的尺寸标注方法。图3-50表示三个常见的平面基本形体的尺寸标注,如长方块必须标注其长、宽、高三个尺寸,如图3-50(a)所示;正六棱柱应标注其高度及正六边形的对边距离或正六边形外接圆直径,如图3-50(b)所示;四棱锥台应标注其上、下底面的长、宽及高度尺寸,如图3-50(c)所示。

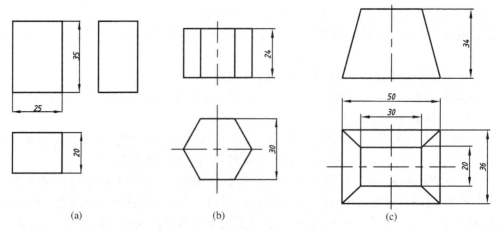

图 3-50　平面基本形体的尺寸标注

图 3-51 表示四个常见的回转面基本形体的尺寸标注,如圆柱体应标注直径及轴向长度,如图 3-51(a)所示;圆锥台应标注两底圆直径及轴向长度,如图 3-51(b)所示;球体只需标注一个直径,如图 3-51(c)所示;圆环只需标注两个尺寸,即母线圆及中心圆的直径,如图 3-51(d)所示。

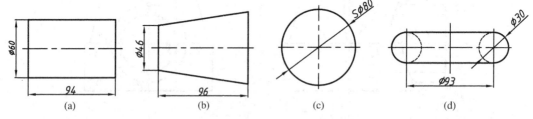

图 3-51　回转面基本形体的尺寸标注

（2）基本形体切割后的尺寸标注

当基本形体被切割时,除标注出基本形体的尺寸外,还应标注出截平面位置的尺寸,如图 3-52 所示。特别注意不要标注交线的位置及长度尺寸,如图 3-52 中有"×"号的尺寸。

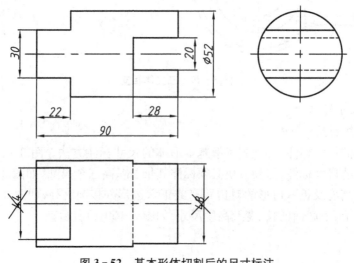

图 3-52　基本形体切割后的尺寸标注

（3）基本形体相交后的尺寸标注

当基本形体相交时,除标注出基本形体的定形尺寸外,还应标注出两基本形体的相对位置尺寸,如图 3-53 中的尺寸 40、32。注意两立体相交后,各基本形体的定形尺寸有时会被定位尺寸取代,如正面投影中的尺寸 40 为竖直圆柱端面的定位尺寸,在这里取代了其轴向长度尺寸,还要注意不要标注交线的位置及长度尺寸,如图 3-53 中的 R24、22。

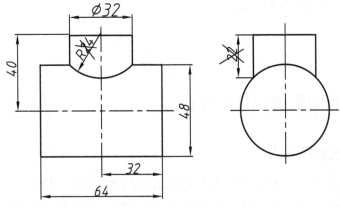

图 3-53　基本形体相交时的尺寸标注

第 4 章

组合体的视图

4.1 三视图的形成与投影规律

4.1.1 三视图的形成

在绘制机械图样时,将物体向投影面作正投影所得的图形称为视图。在三投影面体系中可得到物体的三个视图,其正面投影称为主视图,水平投影称为俯视图,侧面投影称为左视图。

由于在工程图上,视图主要用来表达物体的形状,而没有必要表达物体与投影面间的距离,因此在绘制视图时不必画出投影轴,为了使图形清晰,也不必画出投影间的连线,如图 4-1(b)所示。通常视图间的距离可根据图纸幅面、尺寸标注等因素来确定。

4.1.2 三视图的位置关系和投影规律

虽然在画三视图时取消了投影轴和投影间的连线,但三视图间仍应保持第 1 章中所述的各投影之间的位置关系和投影规律。如图 4-1(b)所示,三视图的位置关系为:俯视图在主视图的下方、左视图在主视图的右方。按照这种位置配置视图时,国家标准规定一律不标注视图的名称。

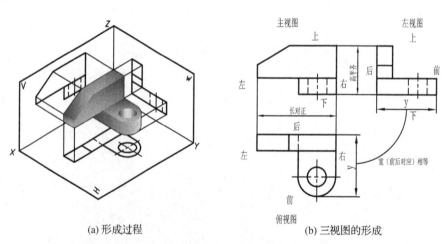

(a) 形成过程   (b) 三视图的形成

图 4-1 三视图

对照图 4-1(a)和图 4-2(b),还可以看出:

➤ 主视图反映了物体上下、左右的位置关系,即反映了物体的高度和长度;

> 俯视图反映了物体左右、前后的位置关系,即反映了物体的长度和宽度;
> 左视图反映了物体上下、前后的位置关系,即反映了物体的高度和宽度。

由此可得出三视图之间的投影规律为:

> 主、俯视图——长对正;
> 主、左视图——高平齐;
> 俯、左视图——宽相等。

"长对正、高平齐、宽相等"是画图和看图必须遵循的最基本的投影规律。不仅整个物体的投影要符合这个规律,物体局部结构的投影亦必须符合这个规律。在应用这个投影规律作图时,要注意物体的上、下、左、右、前、后六个部位与视图的关系,如图4-1(b)所示。如俯视图的下面和左视图的右边都反映物体的前面,俯视图的上面和左视图的左边都反映物体的后面。因此在俯、左视图上量取宽度时,不但要注意量取的起点,还要注意量取的方向。

4.2 形体分析与线面分析

4.2.1 形体分析与线面分析的基本概念

组合体按其形成方式,可分为叠加和切割(包括穿孔)两类。叠加包括叠合、相切和相交等情况。如图4-2(a)所示的轴承座,是由五个基本体(大圆筒、小圆筒、支承板、底板、筋板)叠加而成的。而如图4-2(b)所示的镶块,则可看作是一端为圆柱面的长方体逐步切割掉五个基本体后,再在右端穿一个圆柱孔所形成的。

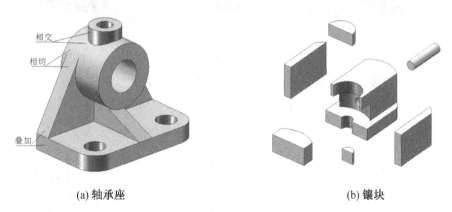

(a) 轴承座   (b) 镶块

图4-2 组合体的组合方式

由图4-2可以看出,将机件分解为若干基本体的叠加与切割,并分析这些基本体的相对位置,便可产生对整个机件形状的完整概念,这种方法称为形体分析法。在画图、读图和标注尺寸的过程中,常常要运用形体分析法。

在绘制或阅读组合体的视图时,对比较复杂的组合体通常在运用形体分析法的基础上,对不易表达或读懂的局部,还要结合线、面的投影分析,如分析物体的表面形状、物体上面与面的相对位置、物体的表面交线等,来帮助表达或读懂这些局部的形状,这种方法称为线面分析法。

4.2.2　组合体的组合方式

1. 叠加

(1) 叠合

叠合是指两基本体的表面互相重合。值得注意的是:如图 4-3(a)所示,当两个基本体除叠合处外,没有公共的表面时,在视图中两个基本体之间有分界线;而如图 4-3(b)和(c)所示,当两个基本体具有互相连接的一个面(共平面或共曲面)时,它们之间没有分界线,在视图上也不可画出分界线。

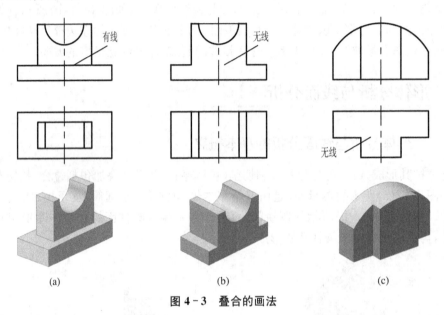

图 4-3　叠合的画法

又如图 4-4(a)所示的支架,由于底板与竖板的前、后两个表面处于同一平面上,所以在主视图上两个形体叠合处不画线;而竖板上凸台的圆柱面与竖板左壁面不是同一表面,所以应有分界线,如图 4-4(b)所示。

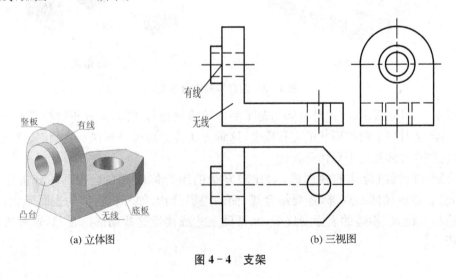

图 4-4　支架

（2）相切

相切是指两个基本体的表面（平面与曲面或曲面与曲面）光滑过渡。如图 4－5 所示，相切处不存在轮廓线，在视图上一般不画分界线。

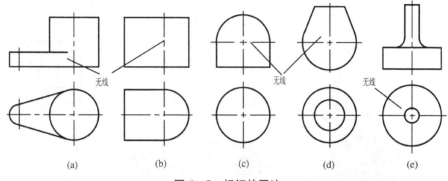

图 4－5　相切的画法

有一种特殊情况必须注意，如图 4－6 中的两个压铁所示：当两圆柱面相切时，若它们的公共切平面倾斜或平行于投影面，不画出相切的素线在该切面上的投影，即两圆柱面间不画分界线，如图 4－6(a)中的俯视图和左视图以及图 4－6(b)中的左视图所示；而当圆柱的公切平面垂直于投影面时，应画出相切的素线在该投影面上的投影，也就是两个柱面的分界线，如图 4－6(b)中的俯视图所示。

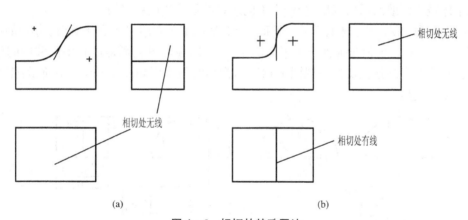

图 4－6　相切的特殊画法

（3）相交

相交是指两基本体的表面相交所产生的交线（截交线或相贯线），应画出交线的投影，如图 4－7 所示。

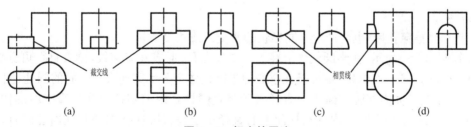

图 4－7　相交的画法

图 4-8(a)是一个支座。由于底板的前、后面与圆柱表面相切,在主、左视图上相切处不画切线,底板顶面在主、左视图上的投影应画到相切处为止。右耳板的前、后面与圆柱体表面相交有截交线。圆柱体与前面的圆台相交,有相贯线。两个圆柱孔的孔壁相交,有相贯线。

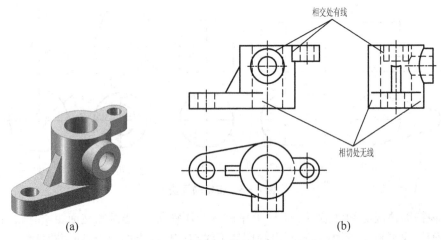

(a)   (b)

图 4-8　支座(相切与相交画法示例)

2. 切割与穿孔

(1) 切割

基本体被平面或曲面切割后,会产生不同形状的截交线或相贯线。

如图 4-9(a)所示,在半球上开了一个垂直于正面的通槽,在俯、左视图上画出了槽口的投影。

图 4-9(b)是一个轴线垂直于正平面的半圆柱体,在前方被两侧的正平面和中间的一个轴线为铅垂线的半圆柱截切。左视图上相贯线投影的画法可如图 4-9(b)中所示,作出相贯线上若干点后连出。

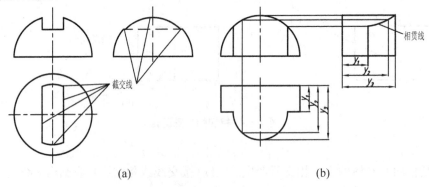

(a)   (b)

图 4-9　切割的画法

(2) 穿孔

当基本体被穿孔后,也会产生不同形状的截交线或相贯线。

如图 4-10(a)所示,在半圆柱体上穿了一个长方孔,形成孔口交线,读者自行可分析孔口交线的三视图。图 4-10(b)和(c)是在空心的半圆柱体上分别穿通大小不同的圆孔:图 4-10(b)是空心半圆柱体内壁圆柱面 I 的直径大于竖直圆柱孔内壁圆柱面 II 的直径时的情况,而图 4-10(c)则是空心半圆柱内壁圆柱面 I 的直径小于竖直圆柱孔内壁圆柱面 II 的直径时的情况,也请读者对照俯、左视图,分别分析和看懂主视图中的竖直圆柱孔在空心半圆柱外壁上的孔口交线的投影,竖直圆柱孔与空心半圆柱内壁上的孔口交线的投影,理解如何作出这些孔口交线的投影。

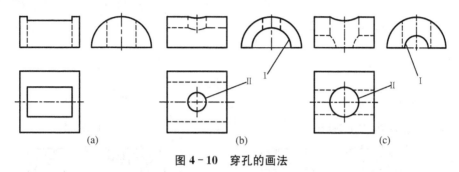

图 4 - 10　穿孔的画法

4.3　画组合体视图

4.3.1　形体分析法

形体分析法是画组合体视图的基本方法,尤其对于叠加形体更为有效。下面以图 4 - 11(a)所示的支架为例,说明形体分析法画图的方法和步骤,如图 4 - 12 所示。

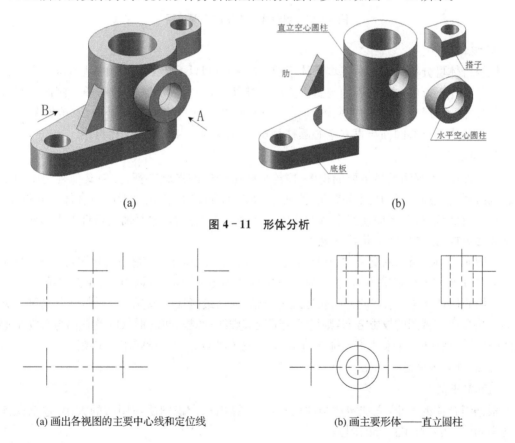

图 4 - 11　形体分析

(a) 画出各视图的主要中心线和定位线　　　　(b) 画主要形体——直立圆柱

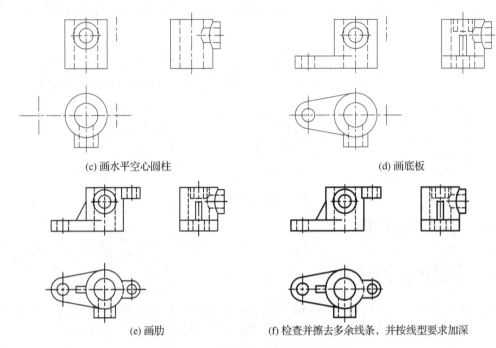

(c) 画水平空心圆柱　　　　　　　　　　　　　　　(d) 画底板

(e) 画肋　　　　　　　　　　　(f) 检查并擦去多余线条，并按线型要求加深

图 4－12　组合体三视图的作图过程

1. 形体分析

该组合体可分析为由五个基本形体组成，如图 4－11(b)所示。它们的基本组合方式都是叠加。其中左下方的底板的侧面与直立空心圆柱相切，肋板和右上方的搭子的侧面均与直立空心圆柱相交而产生交线，肋的斜面与直立空心圆柱相交产生的交线是曲线（椭圆的一小部分），前方的水平空心圆柱与直立空心圆柱相贯，两孔接通，内外均产生相贯线。

2. 确定主视图

三视图中，主视图是最主要的视图，应能反映组合体的形状特征，并使其他视图中的不可见轮廓线尽可能地少，使画图读图方便清晰。确定主视图时，首先要考虑组合体的安放位置。一般选择自然位置，并考虑使组合体的主要表面平行于投影面，主要轴线垂直于投影面。其次选择投影方向，以能反映形状特征为主。

如图 4－11(a)所示的支架，通常将直立空心圆柱的轴线放成垂直位置，并把肋、底板、搭子的对称平面放成平行于投影面的位置。显然 A 方向作为主视图最好，因为组成该支架的各基本形体及它们的相对位置关系在此方向表达最为清晰，因而最能反映该支架的结构形状特征。如选取 B 方向作为主视图的投影方向，则搭子全部变成虚线；底板、肋的形状以及它们与直立空心圆柱间的位置关系也没有像 A 方向那样清晰，故不应选取 B 方向的投影作为主视图。

3. 画组合体视图

(1) 定比例及图幅

根据组合体的大小，先选定适当的比例，大概算出三个视图所占图面的大小，包括视图间的适当间隔，然后选定标准的图幅。

(2) 布置视图位置

固定好图纸后，根据各视图的大小和位置，画出各视图的定位线。一般以对称中心线、轴线、底平面和端面作为定位线，如图 4－12(a)所示。

（3）绘制底稿

按形体分析法的分析，逐步画出组合体各部分形体的视图。画图时，应先画出主要形体，再画次要形体；先画主要轮廓，再画细节；先画其特征视图，再按三视图投影规律画其他视图；先画实线，后画虚线，如图 4-12(b)、(c)、(d)、(e)所示。

（4）检查加深

底稿完成之后，必须仔细检查，纠正错误，擦去多余图线，然后按国家标准规定的线型加深，如图 4-12(f)所示。当有几种图线重合时，按粗实线、虚线、细点画线和细实线的顺序取舍。

4.3.2 线面分析法

根据图 4-13(a)所示的镶块的立体图，画出三视图。

镶块可看作是一端切割为圆柱面的长方体逐步切割掉一些基本形体而形成的。如图 4-13(b)所示，由于镶块的形体比较复杂，必须在形体分析的基础上，结合线面分析，才能画出三视图。

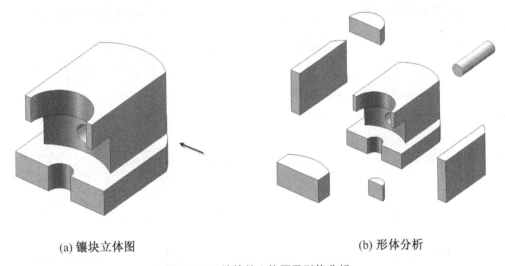

(a) 镶块立体图　　　　　　　　　　　　　(b) 形体分析

图 4-13　镶块的立体图及形体分析

1. 形体分析和线面分析

镶块的右端为圆柱面，在前、后方分别用水平面和正平面各切割掉前后对称的右端有部分圆柱面的板，左端中间切割掉一块右端有圆柱面的板，并贯穿一个圆柱形通孔，在左端的上方和下方再分别切割掉半径不等的两个半圆柱槽。画图时必须注意分析，每当切割掉一块基本体以后，在镶块表面上所产生的交线及其投影。

2. 选择主视图

按自然位置安放好镶块后，选定图 4-13(a)中的箭头所示方向为主视图的投影方向。

3. 画图步骤

① 如图 4-14(a)所示，布图及画长方形。

② 如图 4-14(b)所示，画右端切割为圆柱面的长方体三视图，应先画出俯视图。

③ 如图 4-14(c)所示，切割掉前、后对称的两块。应先画出切割后的左视图，再按三视图的特性作出俯视图，最后作出主视图。

④ 如图 4-14(d)所示，切割掉左端中间的一块及左端上、下两个半径不等的半圆柱槽。

应先画出俯视图上有积聚性的圆柱面投影（虚线画弧），再画出主、左视图。

⑤ 如图 4-14(e)所示，画圆柱形通孔。应先画左视图和俯视图，然后画主视图。

⑥ 最后进行校核和加深，如图 4-14(f)所示。

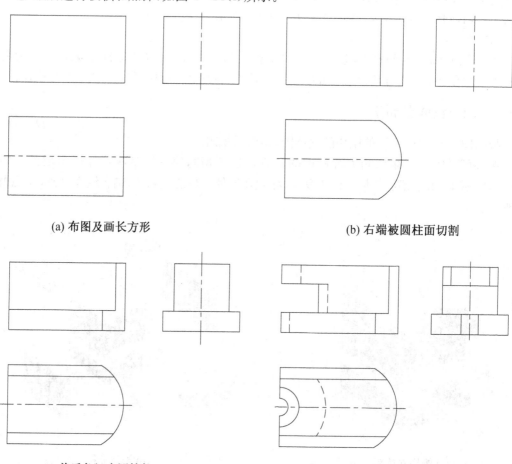

(a) 布图及画长方形   (b) 右端被圆柱面切割

(c) 前后各切去四棱柱   (d) 左端上、中、下各切去半圆柱槽

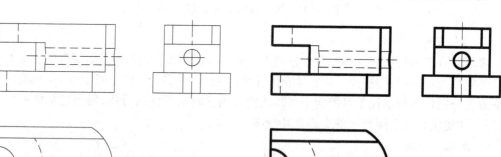

(e) 穿孔   (f) 整理、加深

图 4-14　画组合体的三面投影图

4.4 读组合体视图

画图是将空间形体用正投影的方法表达在平面的图纸上,而读图是由视图根据点、线、面、体的正投影特性以及多面正投影的投影规律想象出空间形体的形状和结构,所以要能正确、迅速地读懂视图,必须掌握读图的基本要领和基本方法,培养空间想象能力和构思能力,通过不断实践,逐步提高读图能力。

4.4.1 读图的基本要领

1. 将各个视图联系起来阅读

由投影规律可知,一个视图的两个方向尺寸不能确定空间物体的形状。如图4-15(a)所示,由这个视图至少可分别构思出图中(b)、(c)、(d)、(e)、(f)、(g)、(h)所示的这些空间形体。

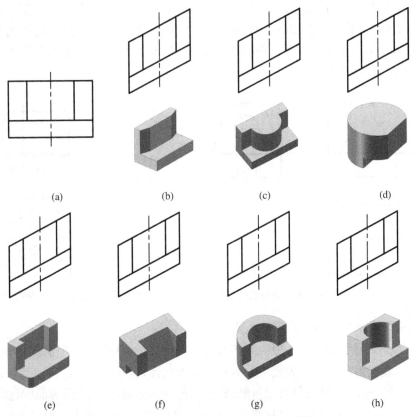

(a)   (b)   (c)   (d)

(e)   (f)   (g)   (h)

图4-15 一个视图可构思各种不同形状的物体示例

除了已知一个视图之外,即使有时给出了两个视图,也不能唯一地确定其空间形状,如图4-16所示,由此可见,在读图时,一般都要将各个视图联系起来阅读、分析、构思,才能想象出这组视图所表示的物体形状。

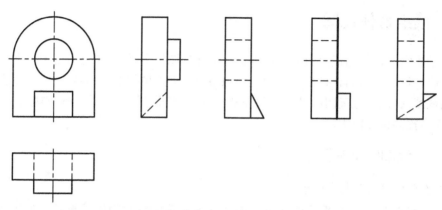

图 4 - 16　两个视图可构思各种不同形状的物体示例

2. 应善于找出反映形体各组成部分特征的视图

由于组合体组成部分的形体特征并不集中在主视图上,因此要善于找出反映组合体各组成部分形状特征和位置特征的视图。如图 4 - 17 所示,不难看出反映底板特征的视图是俯视图,反映竖板特征的视图是左视图。根据特征视图,再结合其他视图,了解两块板之间的相对位置,就可想象出组合体的形状。

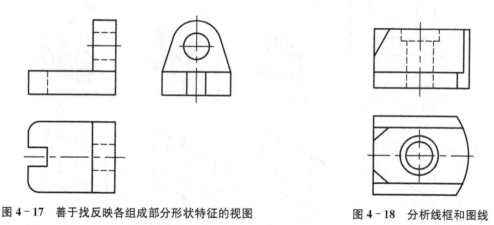

图 4 - 17　善于找反映各组成部分形状特征的视图　　　　**图 4 - 18　分析线框和图线**

3. 应明确视图中的线框和线段的含义

视图中的每一个封闭线框,一般说来都对应空间形体的某个表面(平面或曲面)或孔的投影,并且封闭线框与对应的空间表面一般具有投影类似性,这是对视图进行线面分析很重要的基本概念。如图 4 - 18 主视图中的三角形,其空间形状一定是个三角形表面(可能是平面,也可能是曲面),其对应的表面在其他视图中的投影一般讲也是个三角形。由长对正可知,其水平投影只能是如图所示的三角形,由此可确定该表面空间是个三角形平面。但也有特殊情况使表面的投影不具有投影类似性。若形体表面是投影面的垂直面或平行面,则该表面的投影有一个或两个投影积聚成线段。如图 4 - 18 主视图中形状为反向 L 的六边形线框,在长对正的范围内,俯视图中没有类似的六边形线框,只有一段圆弧线。由此可知,该六边形线框对应的空间表面是一个垂直于水平投影面的圆柱面。同理,俯视图中最前面的四边形线框对应的是一个水平面。此外,有些回转曲面(锥面、环面)的投影也有它的特殊性,如俯视图中的环形线框对应于主视图中的虚线梯形框。

视图中的每条线段除了可能是前面所述的某个表面的积聚性投影之外,还有可能是某个曲面投影的轮廓线(如主视图中最右边的那段直线,是圆柱面投影的外形轮廓线),或者是两个表面交线的投影。当对视图中的每一封闭线框都找它对应的其他投影时,线段的投影分析也就包含在其中了。

4. 善于构思物体的形状

为了提高读图的能力,应不断培养构思物体形状的能力,从而进一步丰富空间想象能力,能正确和迅速地读懂视图。

图 4-19 是由已知三视图的外轮廓构思空间形体的一个实例。图 4-19(a)中主视图为一正方形,主视图轮廓为正方形的物体可以有正方体、圆柱体等;加上俯视图轮廓为圆,此物体必定是一圆柱体。结合左视图轮廓,可以想象用两个侧垂面切去圆柱体前后两块,那么切割后的物体左视图就是一三角形,而主、俯视图的轮廓仍分别为正方形和圆。但主视图上应添加上截交线的投影,俯视图上应添加两个截面交线的投影。最后,想象出物体的形状和三视图的形状,分析过程和结果如图 4-19(b)、(c)、(d)、(e)所示。

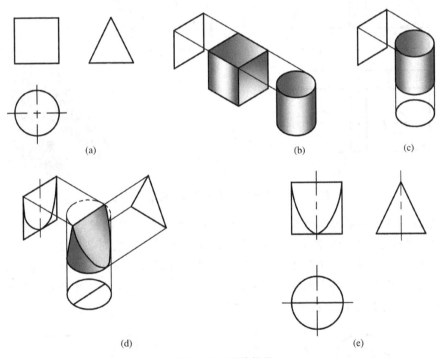

图 4-19 形体构思

因此,读图一方面应将已知的几个视图联系起来分析、比较,构思出正确的空间形体;另一方面要熟悉、掌握各种基本形体及其截交、相贯后的形状及变化,从而提高空间形体构思能力。

4.4.2 读组合体视图的方法

1. 形体分析法读图

在投影图上进行形体分析,要注意找出反映组合体各组成部分形体的形状特征的投影,进行合理的分块,根据投影规律想象出它们的空间形状,然后根据它们的相对位置综合起来想出整体形状。用形体分析法读图的步骤如下：

（1）划线框、分部分　即在已知的投影图中划分为若干个线框,把每个线框看作是某一形体的一个投影。线框的划分应以便于想出基本形体形状为原则(这种线框内可有粗实线)。

（2）对投影,想形体　即按投影规律对应地找出该部分形体的其他投影(一定也是个线框)。根据各种基本形体的投影特征,确定该部分形体的形状。

（3）明确相对位置　在想出了各个组成部分的形状后,再分清其所在的左右、前后、上下的相对位置及其表面连接关系。

（4）综合起来想整体　既然各部分的形状及其相对位置都搞清楚了,那么物体的整体形状也就自然清楚了。

【例 4-1】　读如图 4-20 所示的支座投影图。

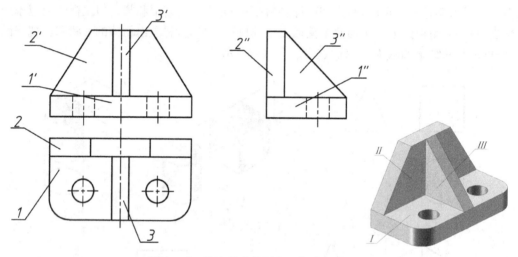

图 4-20　找出反映各部分形状特征的投影

对照各投影可把其分为三个线框,它们是组合体的三大部分的投影。由线框 1 对应找到 1′及 1″,可以想出是一个带有圆角的底板Ⅰ的投影。由 2′对应找到 2 及 2″,是一块梯形立板Ⅱ,位于底板Ⅰ的上方后面,并与之平齐。由 3″对应 3 及 3′,是一块三角形的肋板Ⅲ,位于底板Ⅰ的上方立板Ⅱ的前方。整个物体左右对称,这就读懂了图,想象出支座的完整形状。

【例 4-2】　读支架投影图,如图 4-21 所示。

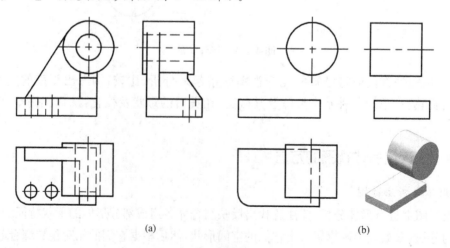

(a)　　　　　　　　　　　　　(b)

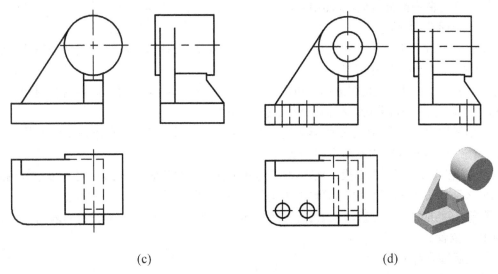

(c)　　　　　　　　　　　　　　(d)

图4-21　读支架投影图

通过分线框,对投影,可得出支架主要是由底板、圆柱体和两块支承板四部分叠加而成,如图4-21(b)、(c)所示。四部分的相对位置及表面连接关系在正面投影和侧面投影上反映得很清楚,在图4-21(c)中可看出两块支承板和圆柱表面相交与相切处的投影,圆柱体和底板上切割出圆孔和圆角等细部在图4-21(d)中分析,底板的形状特征在水平投影反映很清楚。这样就把支架看清楚了,最后想象出如立体图所示的形状。

分解形体往往是从一些较大的线框入手来确定基本形体的,可能在大线框里还有些小线框,这些小线框可留在明确了主体形状后再去处理。在分解基本形体时,要注意它们的组合形式,按叠加、切割或综合方式灵活掌握,以便于想出基本形体的形状。

2. 用线面分析法读图

对一些复杂的组合体,有时仅用形体分析法还不能读懂,这时可从"线和面"的角度去分析物体的形状。根据线、面的投影特性,分析投影图中的每条线段、每一个封闭线框的含义,判断其形状和位置,这种方法称为线面分析法。如图4-22所示,投影图中每一图线和封闭线框可具有这样一些含义:

每条图线(直线或曲线,实线或虚线)可能为下列几何元素的投影:

① 垂直于投影面的平面(如图中A);

② 垂直于投影面的曲面(如图中B);

③ 两个面的交线(如图中C);

④ 曲面的投影轮廓线(如图中D)。

每一封闭线框可能表示:

① 一个平面(如图中E);

② 一个曲面(如图中F);

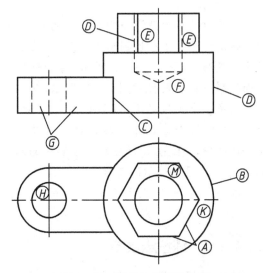

图4-22　图线和线框的含义

③ 平面与曲面的复合面(如图中 *G*);

④ 一个通孔(如图中 *H*)。

另外,任何相邻的两个封闭线框,一定是两个不同表面的投影,在位置上必分高低、前后、左右,如图中 *M* 在上,*K* 在下等。

线面分析法读图一般是在形体分析的基础上进行,所以读图时仍然是分线框对投影,但要充分利用"类似形"进行分析。线面分析法读图步骤是:

① 划线框、分表面。在已知图形上选定几个封闭的线框,把线框看作是立体上其一个表面的一个投影(这种线框内不得有粗实线)。

② 按线框、对投影。根据投影规律,对应地找出各表面的其他投影:要么是一个边数相同的线框,要么是一条具有积聚性的线,即"若无类似型,必有积聚性",绝无第三种可能。

③ 想表面的形状和位置。根据各种位置面的投影特性,确定线框所表示的表面是什么形状,在什么位置。

④ 最后综合起来想整体。

【例 4 - 3】 已知立体的正面和侧面投影,想象出立体的形状并补画出水平投影,如图 4 - 23 所示。

在正面投影上有三个线框 1'、2' 及 3',由线框对投影,按"高平齐"正面投影中四边形线框 2' 对应侧面投影中线 2″,可想出它是立体上侧垂面的投影。同理 1' 对应 1″,3' 对应 3″,可知它们都是立体上正平面的投影,侧面投影中有两个线框 4″和 5″,线框 4″对应正面投影线段 4',而线框 5″对应正面投影斜线 5',它们分别为立体上侧平面和正垂面的投影。

由给出的正面投影和侧面投影的轮廓,可想出立体是由长方体经切割形成,可先画出长方体的水平投影,如图 4 - 23(a)所示,由于线框 5″的正面投影对应积聚性的斜线 5',所以,其水平投影一定是一个五边的类似形,如图 4 - 23(b)所示。同理四边形 2' 的水平投影也一定是一个类似的四边形,而线框 3' 对应水平投影中的水平方向的线 3,如图 4 - 23(c)所示。

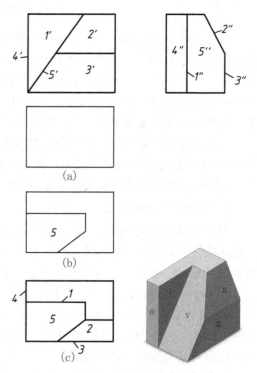

图 4 - 23 切割形体

综合上述,可知此立体是由一个长方体经正平面、正垂面和侧垂面切割形成的,如图 4 - 23 所示。

4.4.3 综合法读图

读图过程不是一成不变的,有时可相互交织进行,在方法上形体分析法和线面分析法也是相辅相成的。在读图的过程中要把投影分析与空间想象紧密结合在一起,对于复杂的物体可能会经过假设—否定—再假设—再否定的几次反复才能读懂。现举例说明。

【例4-4】 根据如图4-24所示的压板主、俯视图,补画左视图。

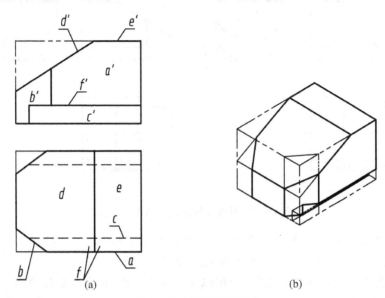

图4-24 压板读图分析

分析 对照主视图和俯视图初步分析,可以知道这个组合体是在长方体的形体上经过一些切割后形成的,因此其读图主要运用线面分析法。

从图4-24(a)的俯视图可知,该压板前后是对称的。在图4-24(a)主视图中有三个封闭的线框 a'、b'、c',对应俯视图中压板前半部的三个平面 A、B、C 的积聚成直线的投影 a、b、c。不难看出,A 和 C 是正平面,B 是铅垂面。再分析俯视图中两个封闭线框 d 和 e,对应主视图中两个平面 D 和 E 的积聚成直线的投影 d' 和 e'。显然,D 是正垂面,E 是水平面;而压板前半部在虚线之前的封闭线框 f,对应主视图中平面 F 的积聚成直线的投影 f',也明显表示 F 是水平面。由上面的分析可知,压板是一长方体,其左端被三个平面截切(正垂面 D、铅垂面 B 及其后方的对称面),底部则分别被前后对称的平面(前面是正平面 C 和水平面 F)截切,如图4-25所示。

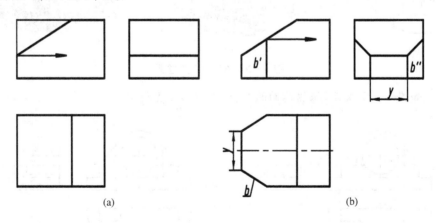

(a)   (b)

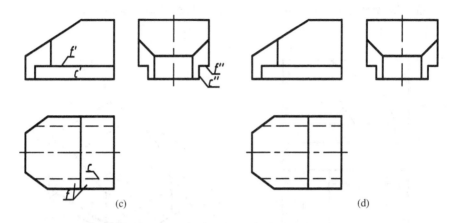

图 4-25　补画压板左视图的作图步骤

作图　如图 4-25 所示，根据前面的分析，逐步画出左视图。

【例 4-5】　根据如图 4-26(a)所示的主、俯视图，补画左视图。

分析　从图 4-26(a)主、俯视图看出该组合体左右对称，组成组合体的三个基本形体中，形体 1 的基本形状是半圆柱，左右两边和前上方均被切去一块，形体 2 的基本形状为倒放的 U 形柱体，中间有与半圆柱面同轴线的圆孔(注意圆孔有一部分切入了形体 1 上方)，形体 3 为左右对称的肋板，如图 4-26(b)所示。根据这三个基本形体及它们的相对位置，可以想象出组合体的形状，如图 4-26(c)所示。

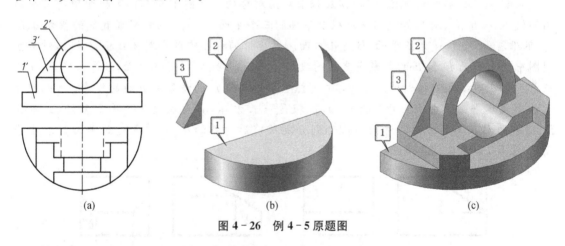

(a)　　　　　　　　　　　　　(b)　　　　　　　　　　　　　(c)

图 4-26　例 4-5 原题图

作图　如图 4-27 所示，根据前面的分析，逐步画出左视图。

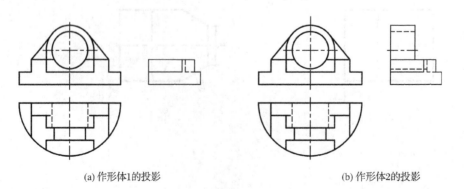

(a) 作形体1的投影　　　　　　　　　　　　(b) 作形体2的投影

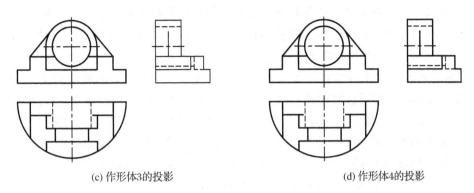

(c) 作形体3的投影　　　　　　　　　　　　(d) 作形体4的投影

图 4－27　例 4－5 的解题步骤

4.5　组合体的尺寸标注

视图只能表示组合体的形状,而各形体的真实大小及其相互位置,则要靠尺寸来确定。标注组合体的基本要求是正确、完整和清晰。

4.5.1　尺寸标注要正确

所注尺寸应符合"机械制图"国家标注有关尺寸注法的规定,这部分内容已在第 1 章中说明。

4.5.2　尺寸标注要完整

所注尺寸必须能完全确定组成机件的各形体的大小及相对位置,既不能遗漏,也不能重复,每一个尺寸在图中只标注一次。

图样上一般要标注三类尺寸:定形尺寸、定位尺寸和总体尺寸。

1. 定形尺寸——确定组合体各组成部分大小的尺寸

如图 4－28(a)所示,标注组合体的尺寸,仍按形体分析法将组合体分解为若干基本形体,标注出各基本形体的定形尺寸。

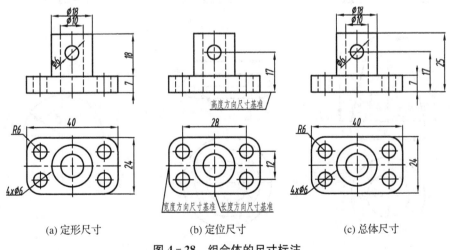

(a) 定形尺寸　　　　　　　　(b) 定位尺寸　　　　　　　　(c) 总体尺寸

图 4－28　组合体的尺寸标注

2. 定位尺寸——确定组合体各组成部分之间相对位置和尺寸

图 4-28(b)标注了底板上四个圆孔轴线在长度方向和宽度方向的定位尺寸以及空心圆柱体前面的小圆孔的轴线在高度方向的定位尺寸。

由于定位尺寸确定相对位置的尺寸，所以在长、宽、高三个方向上，都应该有一个尺寸基准。如图 4-28(b)中以通过圆柱体轴线的侧平面作为长度方向的尺寸基准，按左右对称标注底板上圆柱孔轴线在长度方向的定位尺寸 28；以过圆柱体轴线的正平面作为宽度方向的尺寸基准，按前后对称标注底板上的小圆孔在宽度方向的定位尺寸 12；以底板的底面作为高度方向的尺寸基准，标注空心圆柱体前面小圆孔的轴线在高度上的定位尺寸 17。

3. 总体尺寸——组合体外形的总长、总宽、总高尺寸

如图 4-28(c)所示，为了表示组合体外形的总体大小，标注总长 40、总宽 24 和总高 25。必须注意，如果组合体定形和定位尺寸已经标注完整，若再加注总体尺寸，就会出现多余尺寸或重复尺寸，这时就要对已标注的定形和定位尺寸作适当的调整。如图 4-28(c)中主视图上的高度尺寸，若标注总高尺寸 25，则应减去一个同方向的定形尺寸（图中减去了在图 4-28(a)中标注的圆柱体高度尺寸 18）。

由于标注组合体的尺寸是按形体分析出各基本形体的定形尺寸和确定它们之间的相对位置的定位尺寸，因此，熟悉基本形体的尺寸注法很重要。图 4-29 列出了常见基本形体尺寸注法（其中图(a)为长方体块的两视图）。若将回转体的直径尺寸标注在非圆的视图上，则可以省略其为圆的视图，如图 4-29(c)、(d)、(e)中的俯视图可以省略。图 4-30 是被切割的不完整

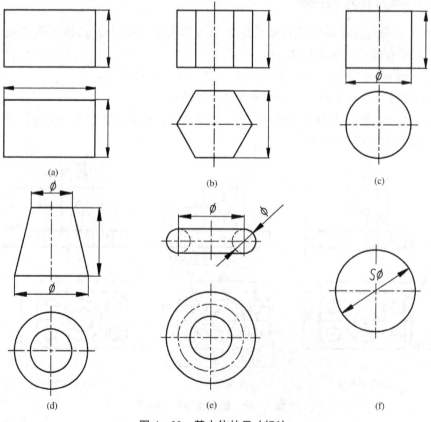

图 4-29 基本体的尺寸标注

基本形体的尺寸标注示例,在图中应该注出截平面的定位尺寸,不能标注截交线的尺寸。图 4-31是一些不应标注底板总长尺寸的图例。

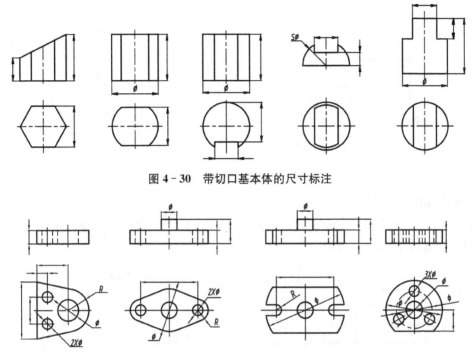

图 4-30 带切口基本体的尺寸标注

图 4-31 不注底板总长的尺寸标注示例

4.5.3 尺寸标注要清晰

标注尺寸时,为了便于读图,还要求标注得清晰,应从下列几个方面加以考虑:

1. 尺寸尽量标注在形状特征明显的视图上

图 4-32(a)表示相叠加的两个同轴圆柱体,并且穿通了一个同轴圆柱孔,直径尺寸宜标注在投影为非圆的视图上。

图 4-32(b)和(c)中,半径尺寸都应注在投影为圆弧的视图上。

图 4-32(d)表示缺口的尺寸应注在反映实形的视图上。

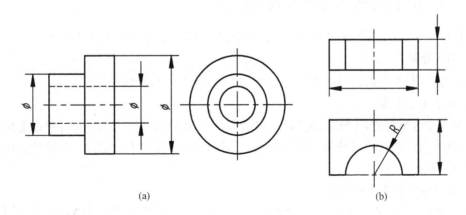

(a)   (b)

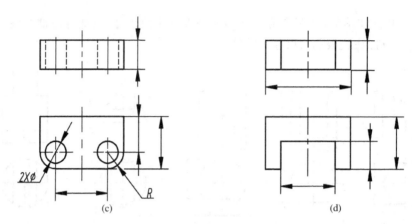

图 4-32　标注形状特征尺寸示例

2. 集中标注

同一基本形体的定形尺寸和有关系的定位尺寸尽量集中标注，并尽量布置在两个视图之间，以便于读图，如图 4-33 所示。

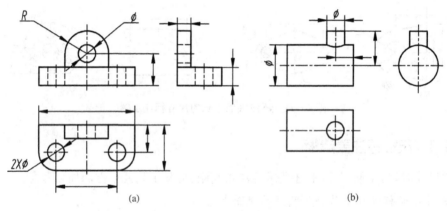

图 4-33　集中标注示例

3. 排列整齐

标注尺寸排列要整齐，如图 4-33(a)中主视图和俯视图右边的尺寸要上下对齐。

4.5.4　标注组合体尺寸的步骤和方法

下面以图 4-34(a)所示的组合体为例，说明组合体尺寸标注的步骤和方法。

1. 形体分析

形体分析，初步考虑各基本形体的定形尺寸，如图 4-34(b)所示。

2. 选定尺寸基准

由形体组合情况看，中间的圆筒是主要结构，故该组合体长度方向的尺寸基准为中间圆筒的轴线，高度方向的尺寸基准为圆筒与底板的公共底面，而宽度方向的尺寸基准即为该组合体的前后对称面。

3. 逐个标注基本体的定位和定形尺寸

图 4-34(c)表示这些基本形体之间的 5 个定位尺寸，可以看到它们都与尺寸基准有关。一般来说，两形体之间在左右、上下、前后方向均应考虑是否有定位尺寸。但在形体之间为简

单的叠加(如肋板与底板的上下叠加)或有公共对称面(如直立空心圆柱与水平空心圆柱在主要方向对称)的情况下,在这些方向上就不再需定位尺寸了。

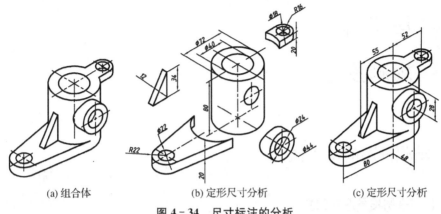

(a) 组合体　　　　　　(b) 定形尺寸分析　　　　　　(c) 定形尺寸分析

图 4-34　尺寸标注的分析

4. 标注总体尺寸

有时物体的端部为同轴线的圆柱和圆孔(如端部的左端、搭子的右端等的选择),则有了定位尺寸后,一般就不再标注总体尺寸,该组合体的总长和总宽就不再注出。

5. 校核

校核的重点是:尺寸是否完整、清晰,有无遗漏或重复;在校核的基础上进行适当的调整。标注过程和结果如图 4-35 所示。

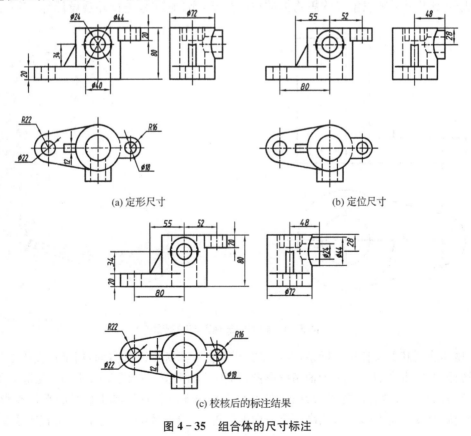

(a) 定形尺寸　　　　　　　　　　　　　(b) 定位尺寸

(c) 校核后的标注结果

图 4-35　组合体的尺寸标注

第 5 章

轴测投影

5.1 轴测投影的基本概念

5.1.1 轴测投影的形成

多面正投影图是工程上应用最广的图形表达方式。但是,每个视图只反映物体的两个尺度,缺乏立体感,需要对照几个视图和运用正投影原理进行阅读,才能想象出物体的形状。如图 5-1(a)所示,正面投影只反映物体的长和高,水平投影只反映物体的长和宽。

图 5-1(b)是图 5-1(a)物体的轴测投影图,很显然,此图只用一个图样来表达物体,是一个单面投影图,它同时能反映物体三个方向的尺度(三个方向表面的形状),而且立体感比较强,但这种图样作图较复杂,而且一般不反映表面实形,所以在工程上常用作辅助图样,借助轴测投影图来想象或构思物体的空间形状,帮助读图,进行外观设计等。

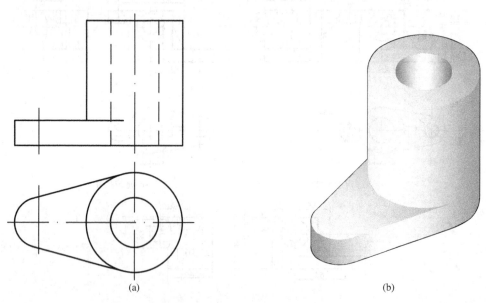

(a)　　　　　　　　　　　　(b)

图 5-1　物体的三视图与轴测图

将物体连同其参考直角坐标系,沿不平行于任何一坐标平面的方向,用平行投影法投射在单一投影面上所得到的图形称为轴测投影图,简称为轴测图。如图 5-2 所示,在适当的位置设置投影面 P,并选取合适的投影方面,在 P 面上作出正方体连同其坐标系的平行投影,就得到一个能同时反映正方体长、宽、高三个方向的尺度,尽管物体的一些表面形状有所改变,但有较强立体感,可以作为帮助读图的辅助性图样。

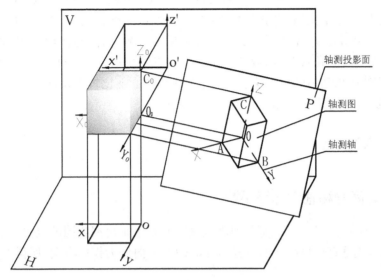

图 5-2　轴测图的基本概念

5.1.2　轴向伸缩系数和轴间角

空间坐标轴 O_0X_0、O_0Y_0、O_0Z_0 在测投影面上的投影 OX、OY、OZ 称为轴测轴,简称为 X、Y、Z 轴。轴测轴上的单位长度与相应坐标轴上的单位长度的比值,分别称为 X、Y、Z 轴的轴向伸缩系数,分别用 p_1、q_1、r_1 表示。从图 5-2 中可以看出

$$p_1 = \frac{OA}{O_0A_0}, q_1 = \frac{OB}{O_0B_0}, r_1 = \frac{OC}{O_0C_0}。$$

轴测轴之间的夹角 $\angle XOY$、$\angle XOZ$、$\angle YOZ$ 称为轴间角。

5.1.3　轴测图的投影规律

由于轴测图是采用平行投影法形成的,因此,它具有平行投影的投影规律,即:
① 物体上互相平行的线段,在轴测图上仍然互相平行。
② 物体上两平行线段或同一直线上的两线段长度之比,在轴测图上保持不变。
③ 物体上平行于轴测轴的线段,在轴测图上的长度等于沿该轴的轴向伸缩系数与该线段长度的乘积。

由此可见,物体表面上平行于各坐标轴的线段,在轴测图上也平行于相应的轴测轴,且只能沿轴测轴的方向、按相应的轴向伸缩系数来度量。

5.1.4　轴测投影的分类

轴测图分为正轴测图和斜轴测图两大类。当投影方向垂直于轴测投影面时,称为正轴测图;当投影方向倾斜于轴测投影面时,称为斜轴测图。

正轴测图根据轴向伸缩系数是否相等,又可分为三种:当三个轴向系数都相等时,称为正等轴测图(简称正等测);其中只有两个轴向伸缩系数相等的,称为正二测图(简称正二测);三个轴

向伸缩系数各不相等，称为正三测图（简称正三测）。同样，斜轴测图也相应地分为三种：斜等轴测图（简称斜等测）、斜二测图（简称斜二测）、斜三测图（简称斜三测）。根据立体感较强，且易于作图的原则，工程中通常采用的是正等测和斜二测。本章只介绍这两种轴测图的画法。

作物体的轴测图时，应先选择画哪一种轴测图，从而确定各轴向伸缩系数和轴间角。轴测轴可根据已确定的轴间角，按表达清晰和作图方便来安排，其中 Z 轴常画成铅垂位置。在轴测图中，用粗实线画出物体的可见轮廓。为了使画出的图形比较明显，通常不画出物体的不可见轮廓，但在必要时，可用虚线画出物体的不可见轮廓。

5.2　正等测

5.2.1　轴间角和轴向伸缩系数

如图 5-3(a)所示，使三条坐标轴对轴测投影面处于倾角都相同的位置，也就是将图中正方体的对角线放成垂直于投影面的位置，并以 A_0O_0 方向作为投影方向，所得到的轴测图就是正等测。

如图 5-3(b)所示，正等测的轴间角都是 120°，各轴向伸缩系数都相等，即 $p_1=q_1=r_1\approx0.82$。为了便于作图，常采用简化系数，即使 $p=q=r=1$。采用简化系数作图时，沿轴向的所有尺寸都用真实长度量取，简捷方便，但画出的图形沿各轴向的长度都放大了约 $1/0.82=1.22$ 倍，并不影响其立体感，因此，通常直接用简化伸缩系数来画正等测轴测图。

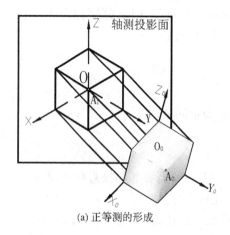

(a) 正等测的形成　　　　　　　　　　(b) 轴间角和简化伸缩系数

图 5-3　正等测

5.2.2　平面立体的正等测画法

下面举例说明正等测图的具体画法。为简化作图，均采用简化伸缩系数。

画轴测图的方法有坐标法、切割法等。通常可按下列步骤作出物体的正等测：

① 对物体进行形体分析，确定坐标轴。

② 作轴测轴，按坐标关系画出物体上的点和线，从而连成物体的轴测图。应该注意在确定轴测轴时，要考虑作图简便，有利于按坐标关系定位和度量，并尽可能减少作图线。

【例 5 - 1】 作出如图 5 - 4 所示正六棱柱的正等测。

分析 确定坐标轴。六棱柱顶面和底面都是处于水平位置的正六边形,可选棱柱的轴线作为 Z 轴,棱柱顶面的中心 O 为原点。

作图 ① 作轴测轴,并在其上量得 1_1、4_1 和 a_1、b_1,如图 5 - 5(a)所示。

② 通过 a_1、b_1 作 X 轴的平行线,量得 2_1、3_1、5_1、6_1,连成顶面,如图 5 - 5(b)所示。

③ 由 6_1、1_1、2_1、3_1 沿 Z 轴量取 h,得 7_1、8_1、9_1、10_1,连接 7_1、8_1、9_1、10_1,如图 5 - 5(c)所示。

④ 加粗可见轮廓线,得到如图 5 - 5(d)所示结果。

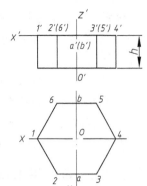

图 5 - 4 正六棱柱的视图

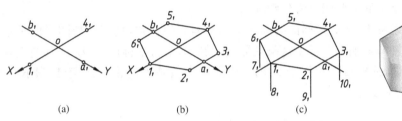

图 5 - 5 正六棱柱正等测的作图步骤

【例 5 - 2】 作出如图 5 - 6(a)所示物体的正等测。

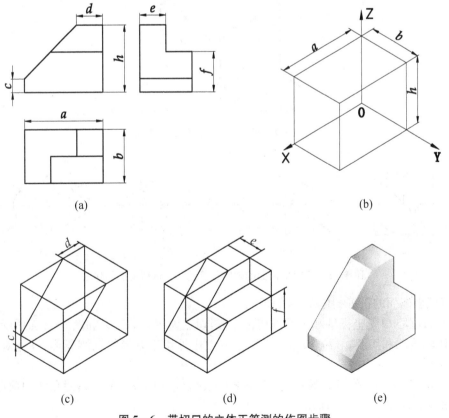

图 5 - 6 带切口的立体正等测的作图步骤

分析 确定坐标轴。该物体可以看成由一个长方体切割而成。左上方被一个正垂面切割,前上方再被一个水平面和一个正平面切割,画图时可先画出完整的长方体,然后画出被切割的部分,确定右后下角为原点。

作图 ① 画轴测轴,按尺寸 a、b、h 作出长方体的正等测,如图 5-6(b)所示。

② 根据尺寸 c 和 d 画出长方体左上角被正垂面切割后的正等测,如图 5-6(c)所示。

③ 再根据尺寸 e 和 f 画出前上方被水平面和正平面切割后的正等测,如图 5-6(d)所示。

④ 擦去作图纸,加深,得到如图 5-6(e)所示结果。

5.2.3 平行于坐标面的圆的正等测画法

平行于坐标平面的圆,其正等轴测图为椭圆。为了简化作图,该椭圆常采用四段圆弧连接近似画出,称之为菱形四心法。图 5-7 画出了正方体表面上三个内切圆的正等测椭圆,它们都可以用图 5-8 所示的菱形四心法分别画出。

从图 5-7 可以看出,平行坐标面的圆的正等测椭圆的长轴,垂直于与圆平面垂直的坐标轴的轴测图(轴测轴);短轴则平行于这条轴测轴。例如,平行坐标面 XOY 的圆的正等测椭圆的长轴垂直于 Z 轴,而短轴则平行于 Z 轴。用简化系数画出的正等测椭圆,其长轴约等于 $1.22d$,短轴约等于 $0.7d$。

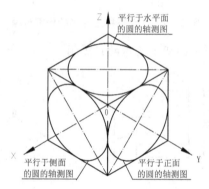

图 5-7 平行坐标面的圆的正等测

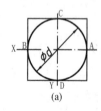 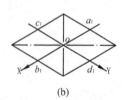 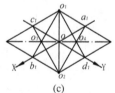 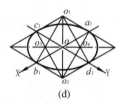

图 5-8 平行坐标面的圆的正等测——近似椭圆的作法

平行于坐标面的正等测作图步骤如下:

① 通过圆心 O 作坐标轴和圆的外切正方形,切点为 A、B、C、D,如图 5-8(a)所示。

② 作轴测轴和切点 a_1、b_1、c_1、d_1,通过这些点作外切正方形的轴测菱形,并作对角线,如图 5-8(b)所示。

③ 过 a_1、b_1、c_1、d_1 作各边的垂线,相交于 O_1、O_2、O_3、O_4,O_1、O_2 即短对角线的顶点,O_3、O_4 在长对角线上,如图 5-8(c)所示。

④ 以 O_1、O_2 为圆心,O_1b_1 为半径,作弧 b_1d_1 和 a_1c_1;以 O_3、O_4 为圆心,O_3b_1 为半径,作弧

a_1d_1 和 b_1c_1,连成近似椭圆,如图 5-8(d)所示。

5.2.4 曲面立体的正等测画法

【例5-3】 作出如图5-9所示轴套的正等测。

分析 确定坐标轴,如图5-9所示,因为轴套的轴线是铅垂线,顶圆和底圆都是水平圆,于是取顶圆的圆心为原点,确定如图5-9所示的坐标轴。

作图 ① 作轴测轴,画出顶面的近似椭圆,再将连接圆弧的圆心下移 h,作底面近似椭圆的可见部分,如图5-10(a)所示。

② 作与两个椭圆相切的圆柱面轴测投影的转向轮廓线及轴孔,如图5-10(b)所示。

③ 由 l 定出 1_1,由 1_1 确定 2_1、3_1,由 2_1、3_1 确定 4_1、5_1。再作平行于轴测轴的所有轮廓线,画全键槽,如图5-10(c)所示。

④ 检查并加深可见轮廓线,即为该轴套的正等测图,如图5-10(d)所示。

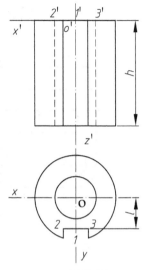

图5-9 轴套的视图

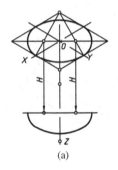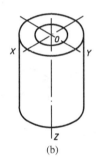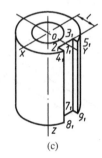

(a)　　　　　(b)　　　　　(c)　　　　　(d)

图5-10 轴套的正等测的作图步骤

【例5-4】 作出如图5-11(a)所示组合体的正等测图。

分析 确定坐标轴,如图5-11所示,组合体由上、下两块板组成,上面一块竖板的顶面是圆柱面,两侧的斜壁与圆柱面相切,中间有一圆柱通孔。底板是一带圆角的长方形板,底板的左右两边有圆柱通孔。

取底板底面的右后点为原点,确定如图中所附加的坐标轴。

作图 ① 作轴测轴,面底板的轮廓;画竖板与底板的交线 1_1、2_1、3_1、4_1;确定竖板后孔口的圆心 B_1,由 B_1 确定前孔口的圆心 A_1,画出竖板圆柱顶部的正等测椭圆,如图5-11(b)所示。

② 由 1_1、2_1、3_1、4_1 诸点作切线,再作右上方的公切线和竖板上的小圆孔,完成竖板的正等测,如图5-11(c)所示。

③ 从底板顶面上圆角的切点作切线的垂线,相交得圆心 C_1、D_1,再分别在切点间作圆弧,得底板顶面圆角的正等测。用同样的方法作底板底面圆角的正等测,然后作右边两圆弧的公切线,如图5-11(d)所示。

④ 确定底板顶面上两个圆孔的圆心,作出这两个孔的正等测近似椭圆,完成底板的正等测,如图5-11(e)所示。

⑤ 擦去作图线,加深,作图结果如图 5-11(f)所示。

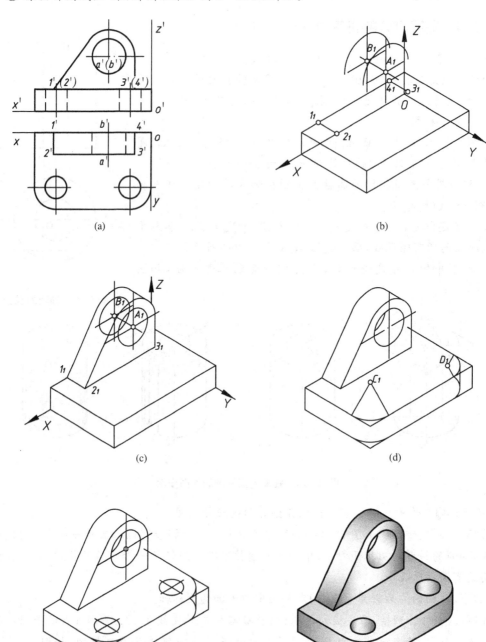

图 5-11 组合体的正等测图

5.3 斜二测

5.3.1 轴间角和轴向伸缩系数

如图 5-12(a)所示,将坐标轴 O_0Z_0 放成铅垂位置,并使坐标面 $X_0O_0Z_0$ 平行于轴测投影面,当投影方向与三个坐标轴都不平行时,形成正面斜轴测图。在这种情况下,轴测轴 X 和 Z 仍为水平方向和铅垂方向,轴向伸缩系数 $p_1=r_1=1$,物体上平行于坐标面 $X_0O_0Z_0$ 的直线、曲线和平面图形在正面斜轴测图中都反映实长和实形;而轴测轴 Y 的方向和轴向伸缩系数 q_1 可随着投影方向的变化而变化,当 $q_1 \neq 1$ 时,即为正面斜二测。

为了作图方便,常用的斜二测的 $\angle XOZ=90°$,$\angle XOY = \angle YOZ = 135°$,$p_1=r_1=1$,$q_1=0.5$,如图 5-12(b)所示。

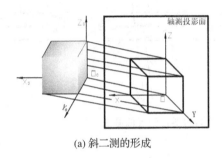

(a) 斜二测的形成   (b) 轴间角和简化伸缩系数

图 5-12 斜二测

5.3.2 平行于坐标面圆的斜二测画法

如图 5-13 所示为正方体表面上三个内切圆的斜二测,正平圆的斜二测,仍是大小相同的圆,水平圆和侧平圆的斜二测是椭圆。

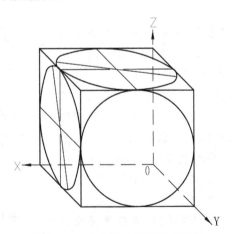

图 5-13 坐标面上的圆的斜二测

作水平圆和侧平圆的斜二测,可用斜二测近似椭圆法画出。下面以水平圆为例,说明其具体步骤:

① 过圆心 O 作轴测轴 X 和 Y。在 X 轴上量取 A、B 点,使 $AB=d$,在 Y 轴上量取 C、D

点,使 $CD=0.5d$,如图 5 - 14(a)所示。过 A、B、C、D 各点分别作 Y 轴和 X 轴的平行线,得外平行四边形。

② 作与 X 轴成 $7°$ 的斜线,即长轴所在位置,其垂线则为短轴所在位置,如图 5 - 14(b)所示。

③ 量取 $O1=O3=d$,分别以 1、3 点为圆心,$1B$、$3A$ 为半径画两段大圆弧,连线 $1B$ 和 $3A$ 与长轴交于 2、4 两点,如图 5 - 14(c)所示。

④ 分别以 2、4 点为圆心,$2A$、$4B$ 为半径作两段小圆弧与大圆弧相接,描深即成近似椭圆,如图 5 - 14(d)所示。

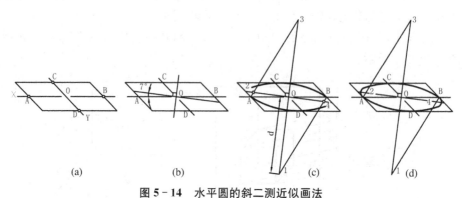

图 5 - 14 水平圆的斜二测近似画法

5.3.3 组合体斜二测的画法

斜二测与正等测的作图方法基本相同,当物体上有比较多的平行于坐标面 $X_0O_0Z_0$ 的圆和曲线时,选用斜二测作图更简便。其画法要点与正轴测类似,仅仅是轴间角和轴向伸缩系数以及椭圆的近似做法不同而已。

【例 5 - 5】 作出填料压盖的斜二测,如图 5 - 15所示。

分析 确定坐标轴。组合体由圆柱和底板叠加而成,并且组合体沿圆柱轴线上下、左右对称。取底板后面的中心为原点,确定图中所附加的坐标轴。

作图 ① 作轴测轴,并在 Y 轴上按 $q_1=0.5$ 确定板前面的中心 a_1 和圆柱最前面的圆心 b_1 以及底板两侧的圆柱面的圆心 c_1、e_1、f_1、h_1,如图 5 - 16(a)所示。

② 以 O_1、a_1 为圆心作出底板中间的圆,以 c_1、e_1、f_1、h_1 为圆心作出两侧圆柱和圆孔,然后作它们的切线,完成底板的斜二测,如图 5 - 16(b)所示。

③ 以 a_1、b_1 为圆心,d_1 为半径作圆,并作两圆的公切线,完成组合前方圆柱的斜二测;以 O_1、b_1 为圆心,d_2 为半径作圆,作出组合体中间圆孔的斜二测,如图 5 - 16(c)所示。

④ 擦去作图线,加深,作图结果如图 5 - 16(d)所示。

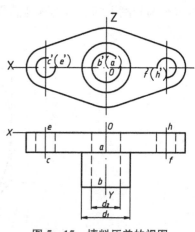

图 5 - 15 填料压盖的视图

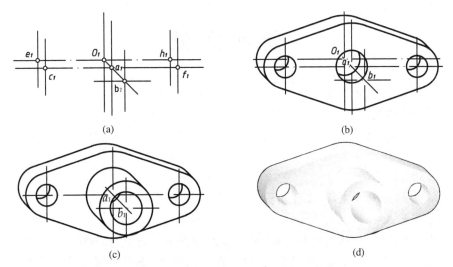

(a)

(b)

(c)

(d)

图 5-16 填料压盖的斜二测的作图步骤

参 考 文 献

[1] 刘朝儒等.机械制图[M].第 4 版.北京:高等教育出版社,2003.

[2] 同济大学制图教研室主编.机械制图[M].北京:高等教育出版社,1998.

[3] 杨裕根,诸世敏主编.现代工程图学[M].第 2 版.北京:北京邮电大学出版社,2005.

[4] 杨裕根,诸世敏主编.现代工程图学习题集[M].第 2 版.北京:北京邮电大学出版社,2005.

[5] 刘潭玉,李新华主编.工程制图[M].长沙:湖南大学出版社,2005.

[6] 王兰美主编.机械制图[M].北京:高等教育出版社,2007.

[7] 王兰美主编.机械制图习题集[M].北京:高等教育出版社,2007.

[8] 何铭新,钱可强主编.机械制图[M].第 4 版.北京:高等教育出版社,1997.

[9] 谭建荣等编.图学基础教程[M].第 2 版.北京:高等教育出版社,2007.

第二部分　实践性习题

　　工程制图是一门实践性很强的课程,需要学生进行大量的练习,以巩固和掌握所学的理论知识,因此,特编写实践性习题部分。

　　本部分的编排顺序与"第一部分　理论知识"的顺序保持一致,相互配合,使教与学相统一,学与练相促进。

第1章 制图的基本知识和基本技能习题

字体工整笔画清楚间隔

均匀排列整齐横平竖直

注意起落结构匀称填满

方格技术制图机械电子

写字和画图都体现了对笔的驾驭

能力一般来说字写得漂亮图就画

得好写一手优美的字会使你充满

自信朋友现在就开始练习写字吧

1-1字体练习		班级		姓名		学号	

第1章　制图的基本知识和基本技能习题

ABCDEFGHIJKLMNOPQRSTUV

WXYZ123456789 0

abcdefgh

ijklmnopqrstuvwxyz αβγφπθ

As is true with any skill, good lettering is developed over time

as a result of conscientious effort

1-2字体练习		班级		姓名		学号	

第1章 制图的基本知识和基本技能习题

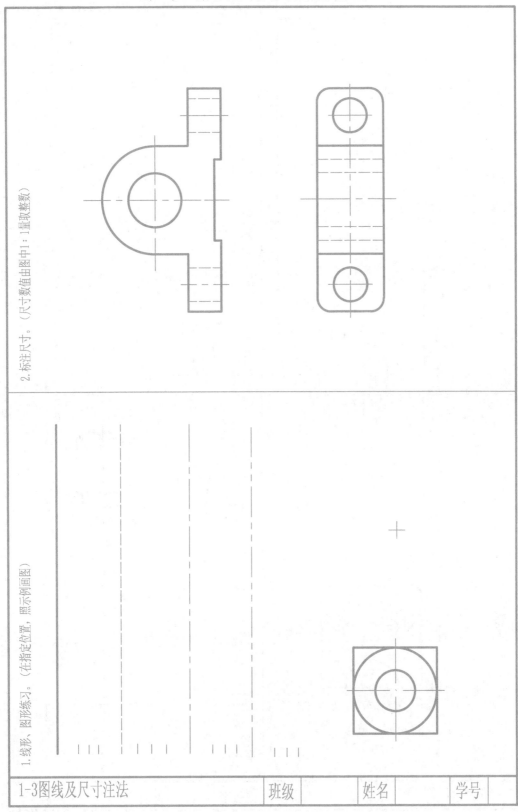

2. 标注尺寸。（尺寸数值由图中量取整数）（图1:1）

1. 线形、图形练习。（在指定位置，照示例画图）

1-3图线及尺寸注法	班级	姓名	学号

第1章　制图的基本知识和基本技能习题

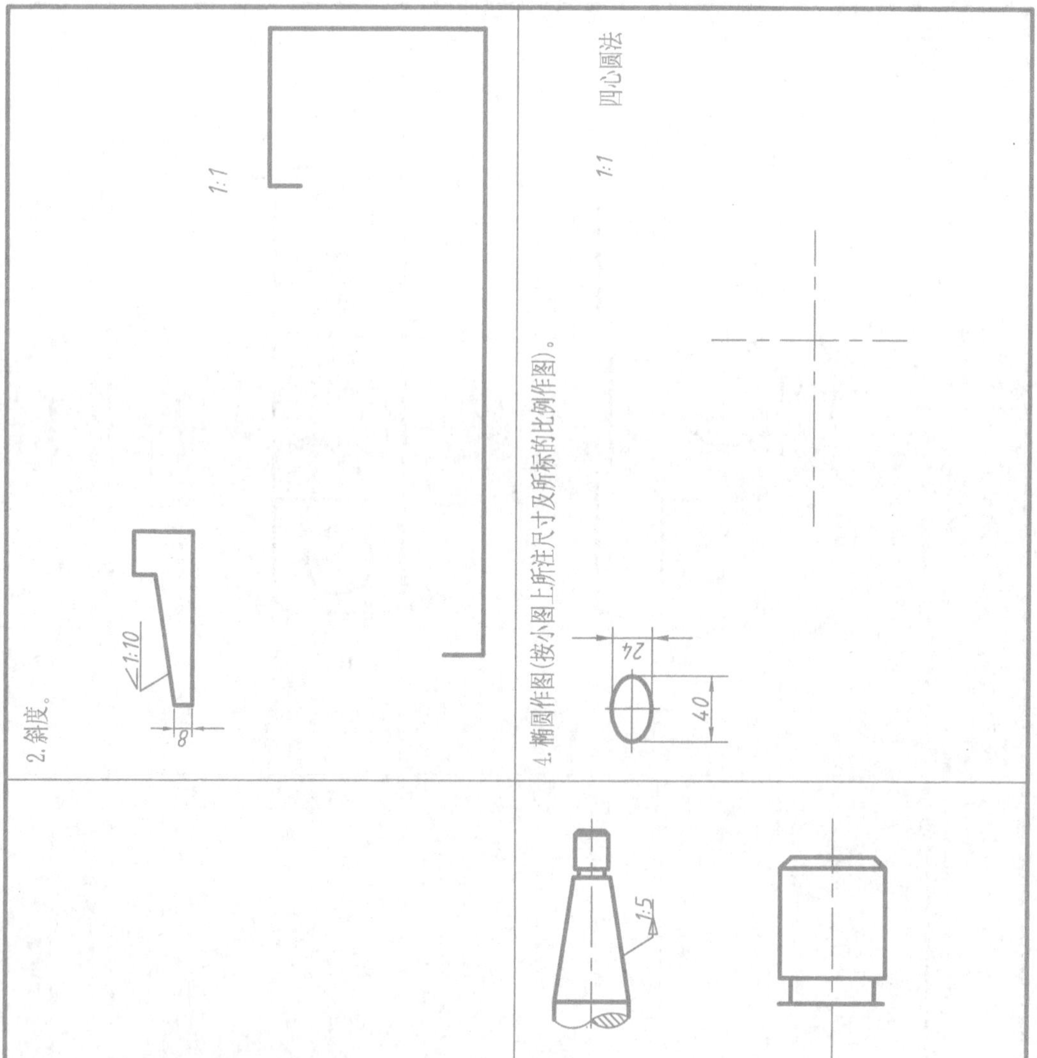

1:1

2. 斜度。

≮1:10

8

4. 椭圆作图（按小图上所注尺寸及所标的比例作图）。

四心圆法

1:1

24

40

1. 标注尺寸（尺寸数字由图中1:1量取取整数）。

3. 锥度。

1:5

1:1

1-4尺寸注法及几何作图

班级　　姓名　　学号

第1章　制图的基本知识和基本技能习题

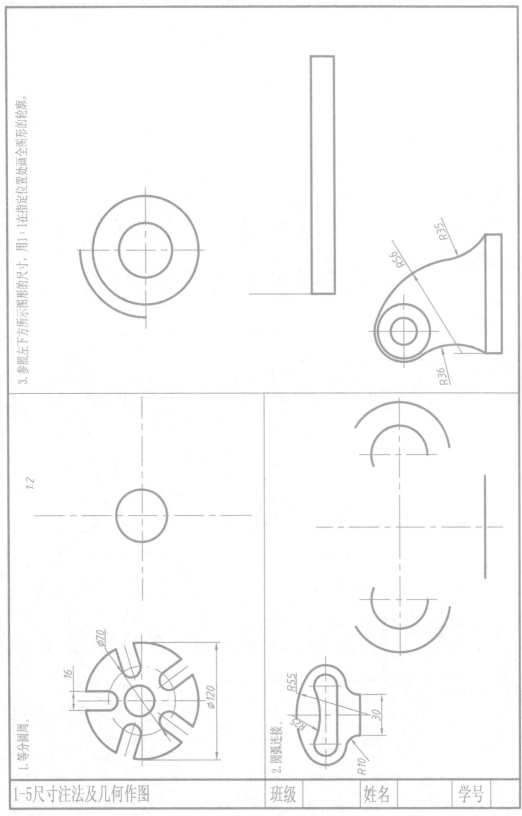

3. 参照左下方所示图形的尺寸，用1：1在指定位置处画全图形的轮廓。

1:2

1. 等分圆周。

∅70

16

∅120

2. 圆弧连接。

R55

R25

30

R10

R56

R35

R36

1-5尺寸注法及几何作图	班级		姓名		学号	

第1章　制图的基本知识和基本技能习题

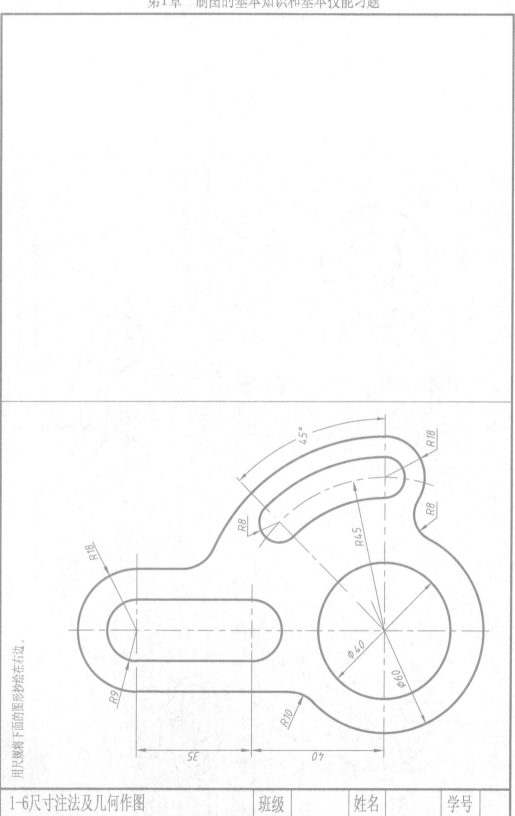

用尺规将下面的图形抄绘在右边。

1-6尺寸注法及几何作图	班级	姓名	学号

第1章 制图的基本知识和基本技能习题

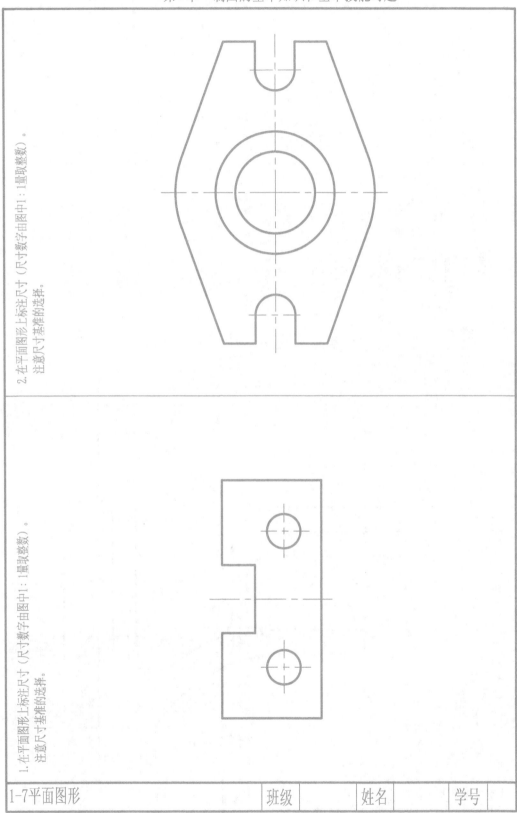

2. 在平面图形上标注尺寸（尺寸数字由图中1：1量取整数）。注意尺寸基准的选择。

1. 在平面图形上标注尺寸（尺寸数字由图中1：1量取整数）。注意尺寸基准的选择。

| 1-7平面图形 | | 班级 | | 姓名 | | 学号 | |

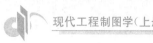

第1章 制图的基本知识和基本技能习题

选择适当的图幅及比例，在图纸上作出下列图形，并标注尺寸。

绘图步骤及注意事项

绘图步骤：
1. 图纸要固定在图板上；
2. 根据几何图形尺寸，并考虑预留标注尺寸的位置，选定适合的图纸；
3. 按尺寸要求，用细实线画出所有图线和图形；
4. 检查无误后，加深粗实线，标注尺寸；
5. 填写标题栏有关内容。

注意事项：
1. 分析几何图形尺寸，确定作图步骤：(1) 画已知线段；(2) 画中间线段；(3) 画连接线段；(4) 连接点（切点）和连接弧中心要轻轻标出，以便涂描时用；
2. 描深时，先描深圆弧，再描深直线段；
3. 图中汉字均写长仿宋体，数字体大小打格子书写；图名用10号字书写，院名（系名）用7号字书写；其余用5号字书写，图中尺寸数字用3.5号字书写。

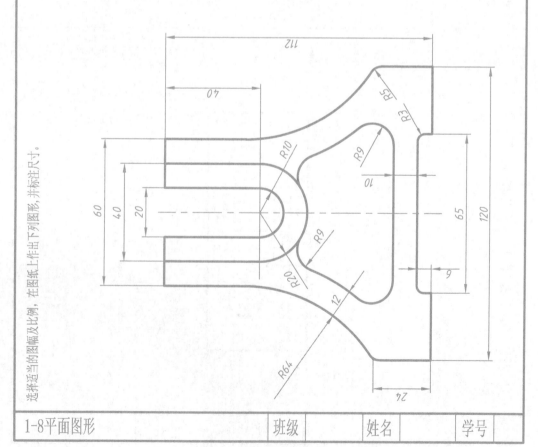

| 1-8平面图形 | | 班级 | 姓名 | 学号 |

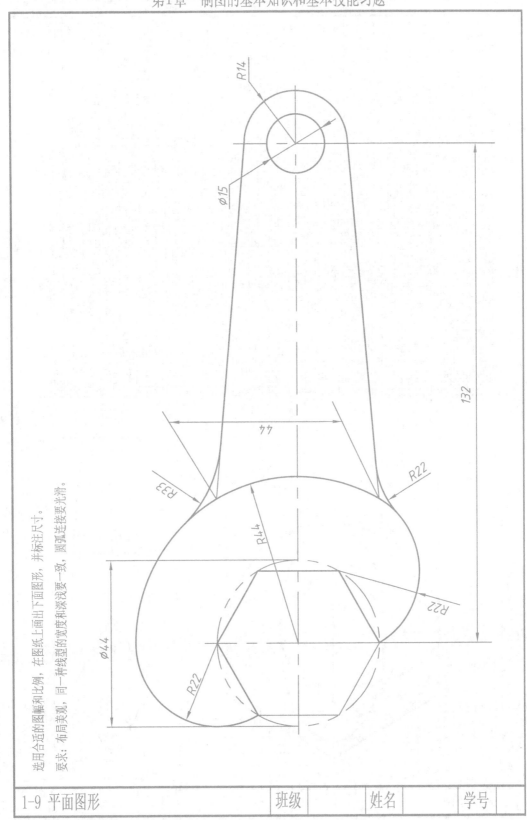

第1章 制图的基本知识和基本技能习题

选用合适的图幅和比例，在图纸上画出下面图形，并标注尺寸。

要求：布局美观，同一种线型的宽度和深浅要一致，圆弧连接要光滑。

R14

Ø15

132

77

R33

R22

R44

R22

Ø44

R22

1-9 平面图形　　　班级　　　姓名　　　学号

第1章　制图的基本知识和基本技能习题

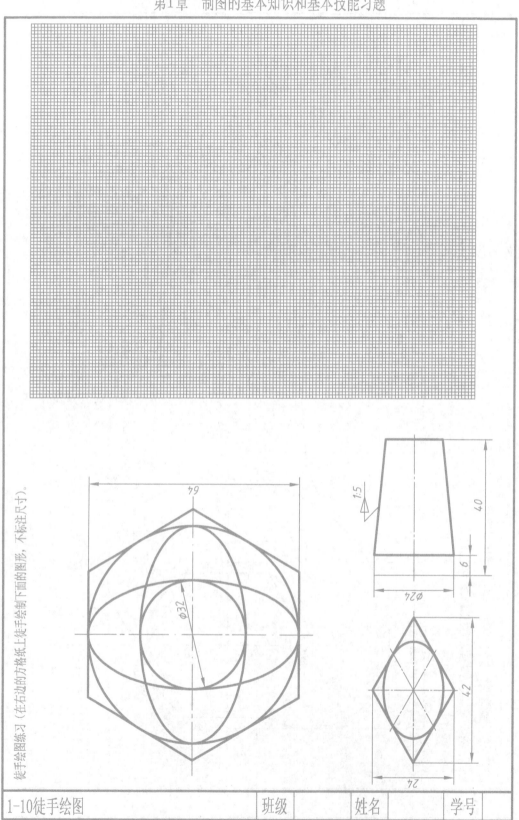

徒手绘图练习（在右边的方格纸上徒手绘制下面的图形，不标注尺寸）。

1-10徒手绘图	班级	姓名	学号

第2章 点、直线、平面的投影习题

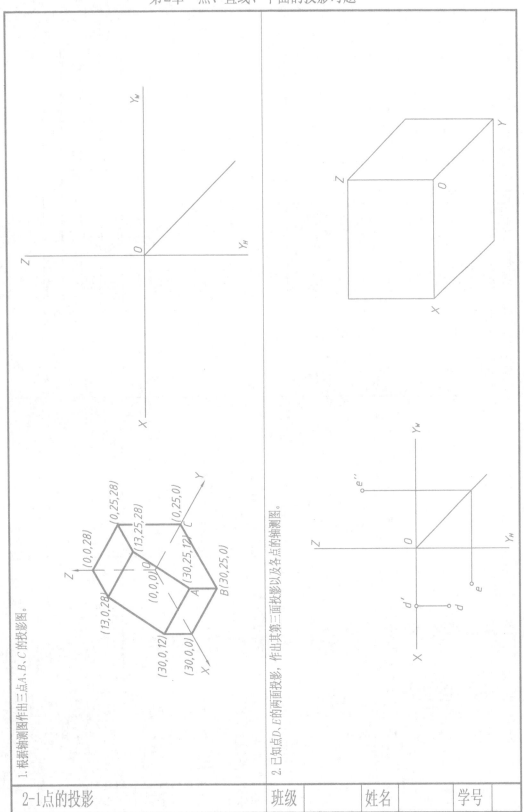

1. 根据轴测图作出三点 A、B、C 的投影图。

2. 已知点 D、E 的两面投影，作出其第三面投影以及各点的轴测图。

2-1点的投影	班级		姓名		学号	

第2章 点、直线、平面的投影习题

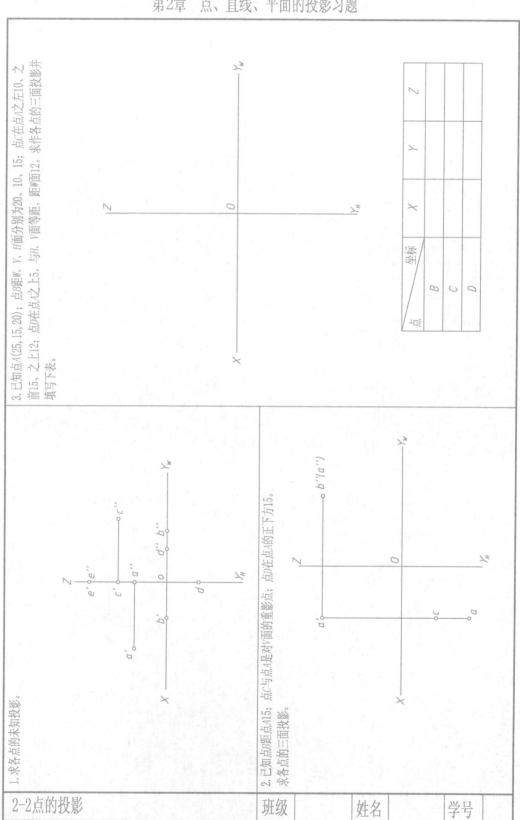

3. 已知点A(25, 15, 20)；点B距W、V、H面分别为20、10、15；点在点A之左10、之前15、之上12；点D在点A之上5、与H、V面等距，距W面12。求作各点的三面投影并填写下表。

坐标\点	X	Y	Z
B			
C			
D			

1. 求各点的未知投影。

2. 已知点B距点A15；点C与点A是对V面的重影点；点D在点A的正下方15。求各点的三面投影。

| 2-2点的投影 | 班级 | 姓名 | 学号 |

第2章　点、直线、平面的投影习题

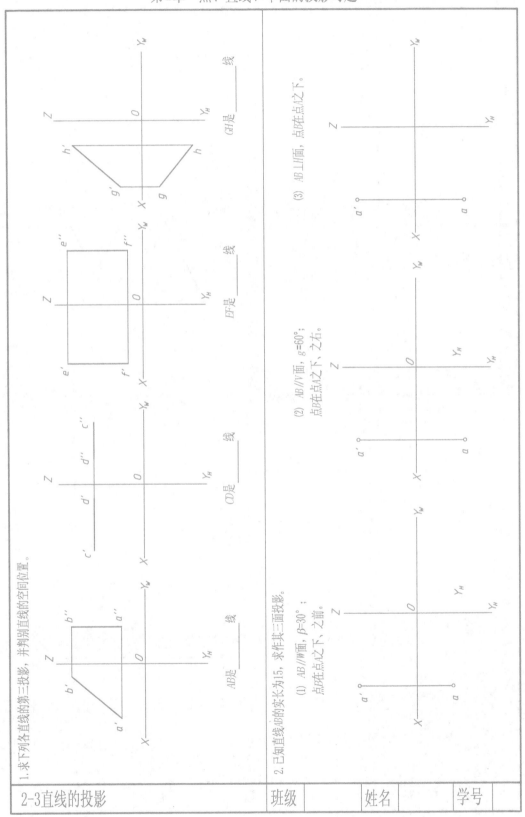

1. 求下列各直线的第三投影，并判别直线的空间位置。

AB是_____线

CD是_____线

EF是_____线

GH是_____线

2. 已知直线AB的实长为15，求作其三面投影。

(1) AB//W面，β=30°；
点B在点A之下、之前。

(2) AB//V面，g=60°；
点B在点A之下、之右。

(3) AB⊥H面，点B在点A之下。

2-3直线的投影	班级	姓名	学号

现代工程制图学(上册)

第2章　点、直线、平面的投影习题

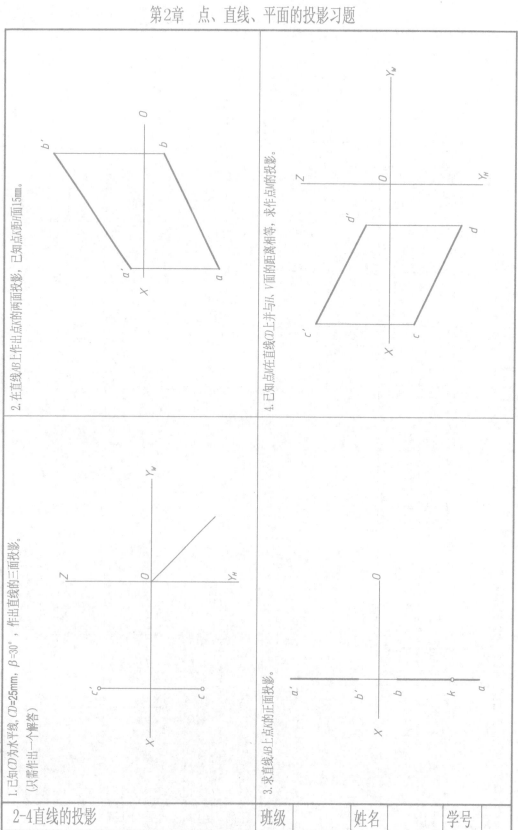

| 2-4直线的投影 | 班级 | 姓名 | 学号 |

1. 已知CD为水平线，CD=25mm，β=30°，作出直线的三面投影。（只需作出一个解答）

2. 在直线AB上作出点K的两面投影，已知点K距V面15mm。

3. 求直线AB上点K的正面投影。

4. 已知点M在直线CD的上方与H、V面的距离相等，求作点M的投影。

第2章 点、直线、平面的投影习题

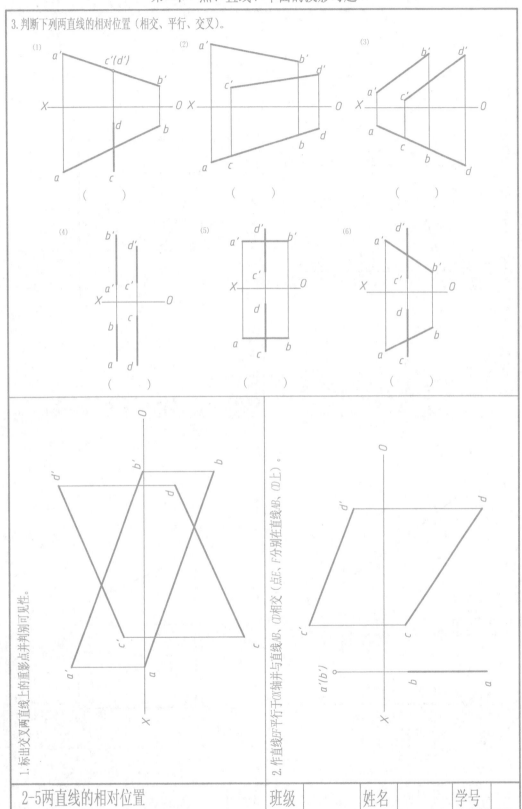

3.判断下列两直线的相对位置（相交、平行、交叉）。

(1)   ( )

(2)   ( )

(3)   ( )

(4)   ( )

(5)   ( )

(6)   ( )

1.标出交叉两直线上的重影点并判别可见性。

2.作直线 EF 平行于 OX 轴并与直线 AB、CD 相交（点E、F分别在直线AB、CD上）。

2-5 两直线的相对位置	班级		姓名		学号	

現代工程制图学(上册)

第2章 点、直线、平面的投影习题

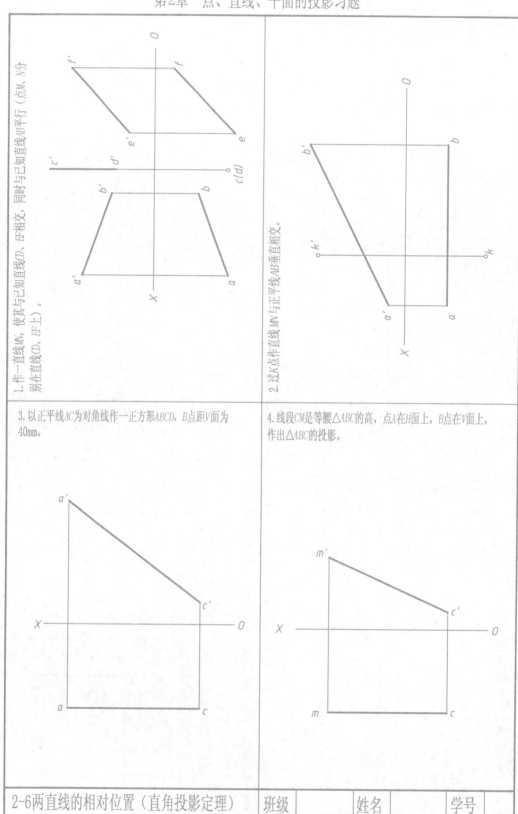

1. 作一直线MN，使其与已知直线CD、EF相交，同时与已知直线AB平行（点M、N分别在直线CD、EF上）。

2. 过K点作直线MN与正平线AB垂直相交。

3. 以正平线AC为对角线作一正方形ABCD，B点距V面为40mm。

4. 线段CM是等腰△ABC的高，点A在H面上，B点在V面上，作出△ABC的投影。

| 2-6两直线的相对位置（直角投影定理） | 班级 | | 姓名 | | 学号 | |

第2章 点、直线、平面的投影习题

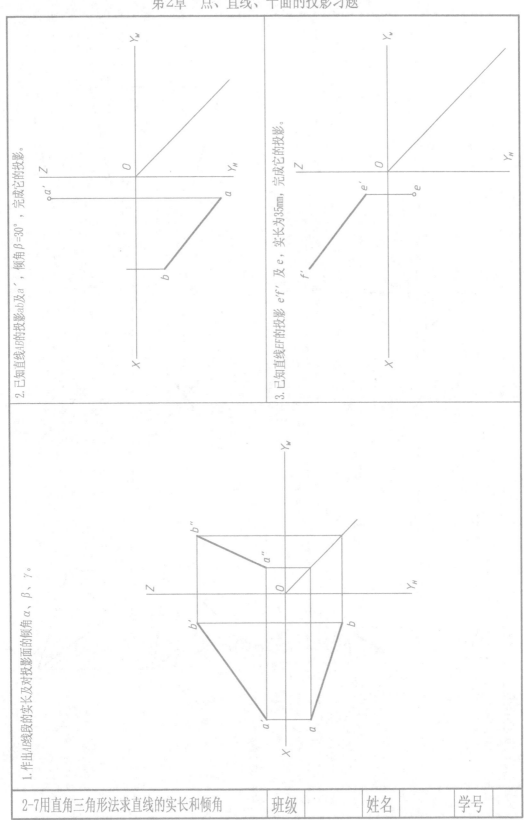

2. 已知直线AB的投影ab及a′，倾角β=30°，完成它的投影。

3. 已知直线EF的投影ef′及e，实长为35mm，完成它的投影。

1. 作出AB线段的实长及对投影面的倾角α、β、γ。

2-7用直角三角形法求直线的实长和倾角	班级		姓名		学号	

第2章 点、直线、平面的投影习题

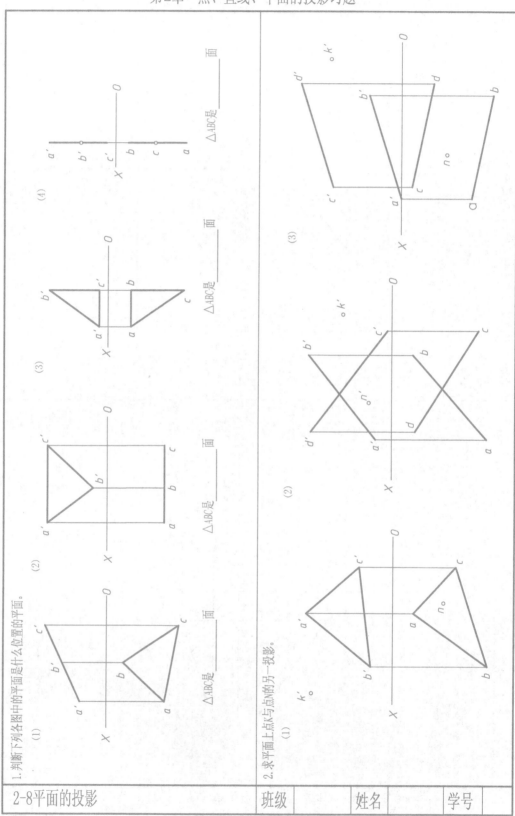

1. 判断下列各图中的平面是什么位置的平面。

(1) △ABC是＿＿＿面

(2) △ABC是＿＿＿面

(3) △ABC是＿＿＿面

(4) △ABC是＿＿＿面

2. 求平面上点K与点N的另一投影。

(1)

(2)

(3)

2-8平面的投影	班级	姓名	学号

第2章 点、直线、平面的投影习题

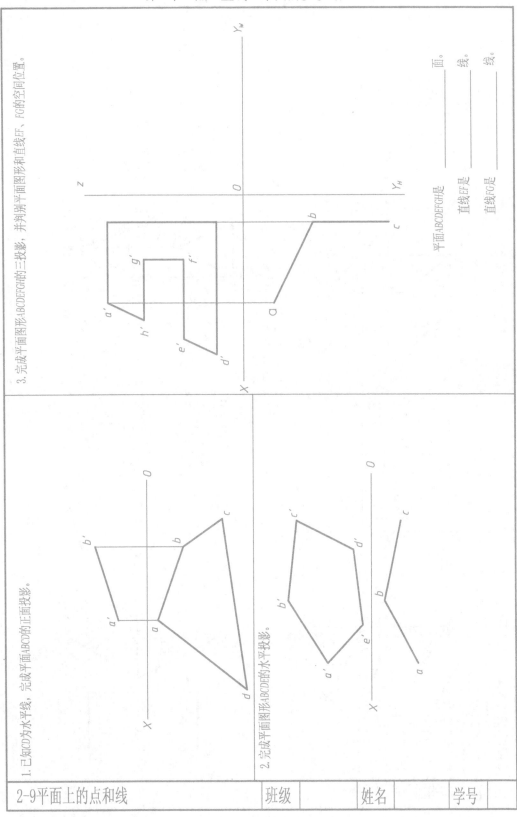

3.完成平面图形ABCDEFGH的三投影,并判别平面图形和直线EF,FG的空间位置。

平面ABCDEFGH是_____面。

直线EF是_____线。

直线FG是_____线。

1.已知CD为水平线,完成平面ABCD的正面投影。

2.完成平面图形ABCDEF的水平投影。

2-9平面上的点和线	班级		姓名		学号	

第2章　点、直线、平面的投影习题

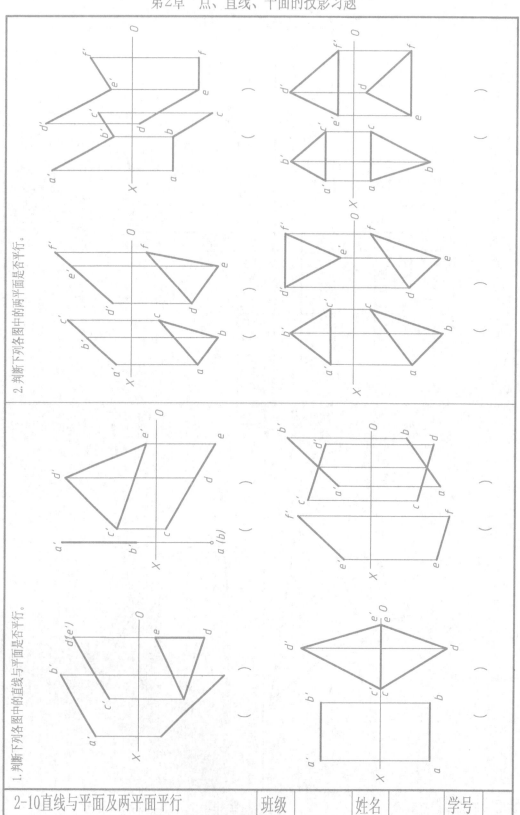

2-10直线与平面及两平面平行 ｜ 班级 ｜ 姓名 ｜ 学号

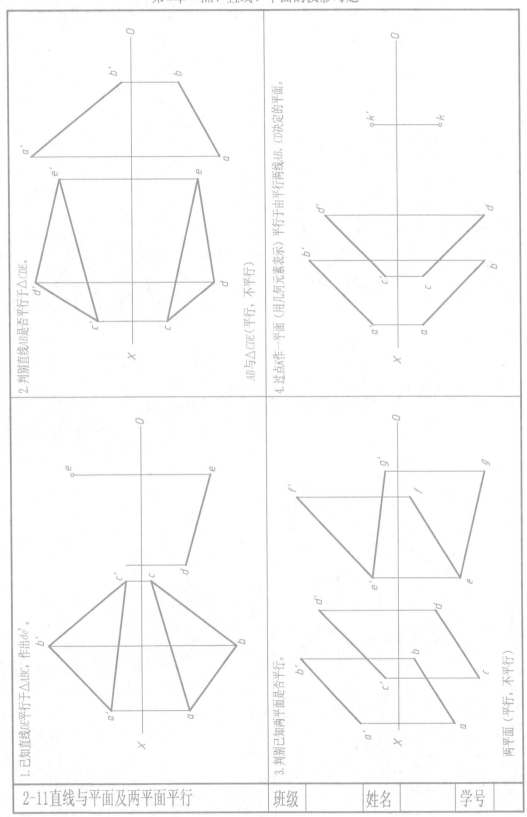

第2章 点、直线、平面的投影习题

2. 判别直线AB是否平行于△CDE。

AB与△CDE（平行、不平行）

4. 过点K作一平面（用几何元素表示）平行于由平行两线AB、CD决定的平面。

1. 已知直线DE平行于△ABC，作出de'。

3. 判别已知两平面是否平行。

两平面（平行、不平行）

2-11直线与平面及两平面平行　班级　姓名　学号

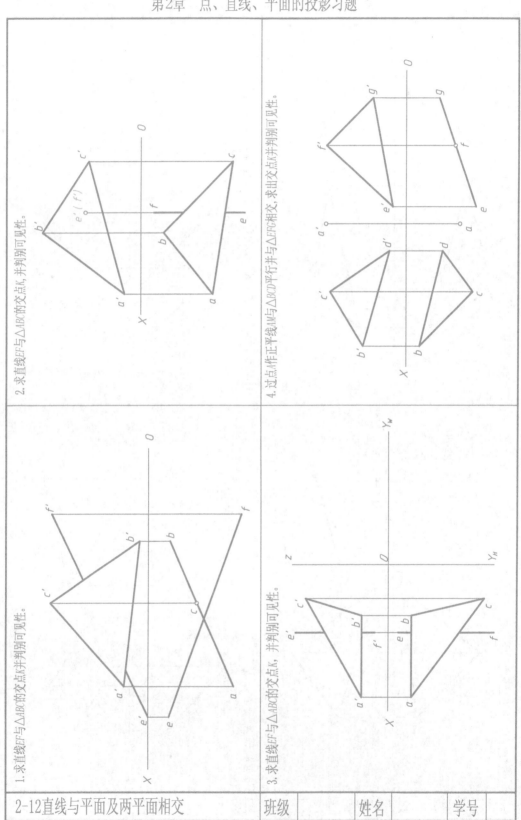

第2章　点、直线、平面的投影习题

1. 求直线EF与△ABC的交点K并判别可见性。

2. 求直线EF与△ABC的交点，并判别可见性。

3. 求直线EF与△ABC的交点K，并判别可见性。

4. 过点A作正平线AM与△BCD平行并与△EFG相交，求出交点K并判别可见性。

2-12直线与平面及两平面相交　　班级　　姓名　　学号

第2章 点、直线、平面的投影习题

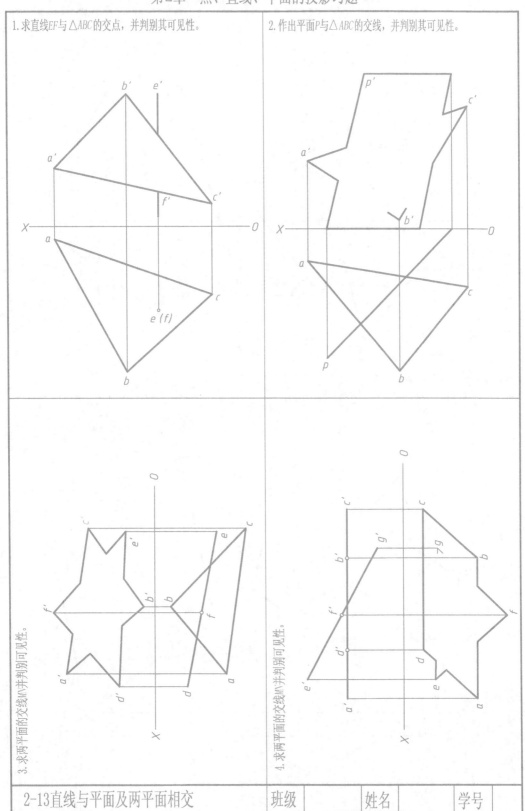

1.求直线EF与△ABC的交点，并判别其可见性。

2.作出平面P与△ABC的交线，并判别其可见性。

3.求两平面的交线MN并判别可见性。

4.求两平面的交线MN并判别可见性。

2-13直线与平面及两平面相交	班级	姓名	学号

第2章 点、直线、平面的投影习题

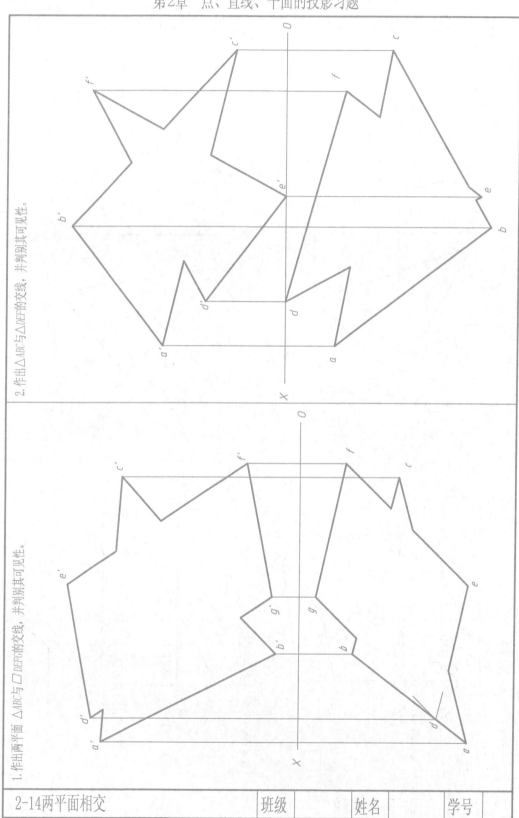

2. 作出△ABC与△DEF的交线，并判别其可见性。

1. 作出两平面 △ABC与□DEFG的交线，并判别其可见性。

2-14两平面相交	班级	姓名	学号

第2章　点、直线、平面的投影习题

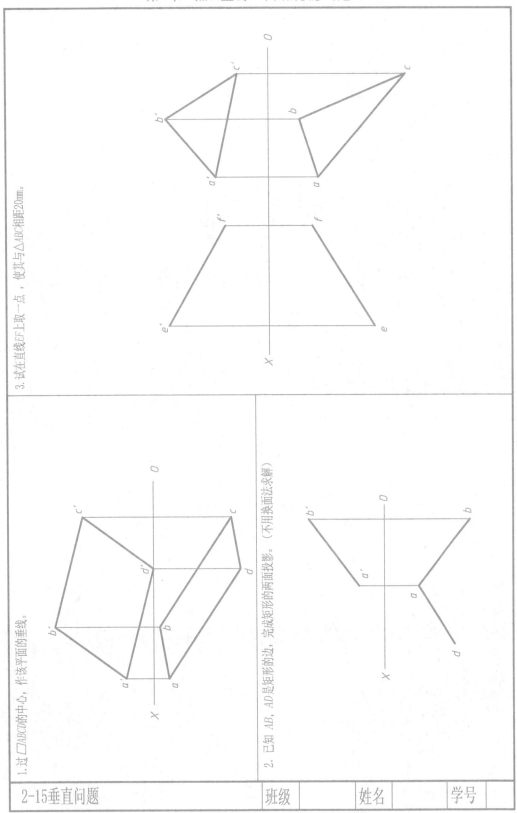

3. 试在直线 *EF* 上取一点，使其与△*ABC* 相距20mm。

1. 过 □*ABCD* 的中心，作该平面的垂线。

2. 已知 *AB*，*AD* 是矩形的边，完成矩形的两面投影。（不用换面法求解）

2-15垂直问题	班级	姓名	学号

第2章　点、直线、平面的投影习题

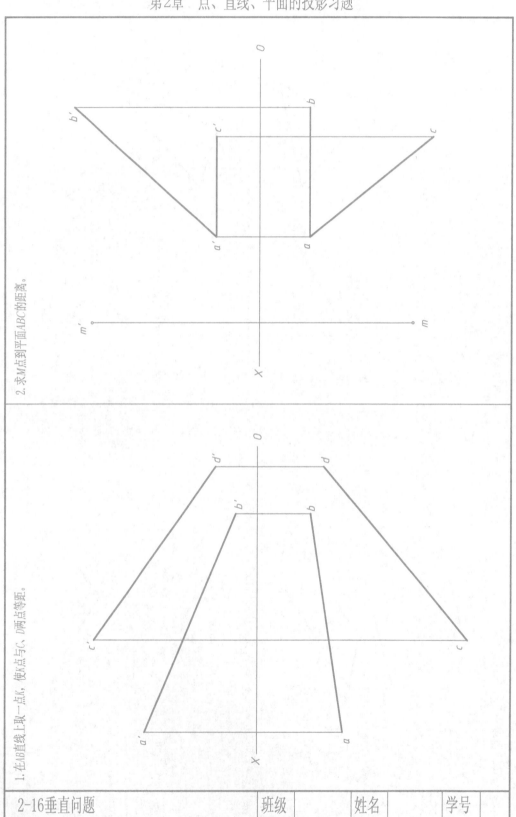

2. 求M点到平面ABC的距离。

1. 在AB直线上取一点K，使K点与C、D两点等距。

2-16垂直问题	班级	姓名	学号

第2章 点、直线、平面的投影习题

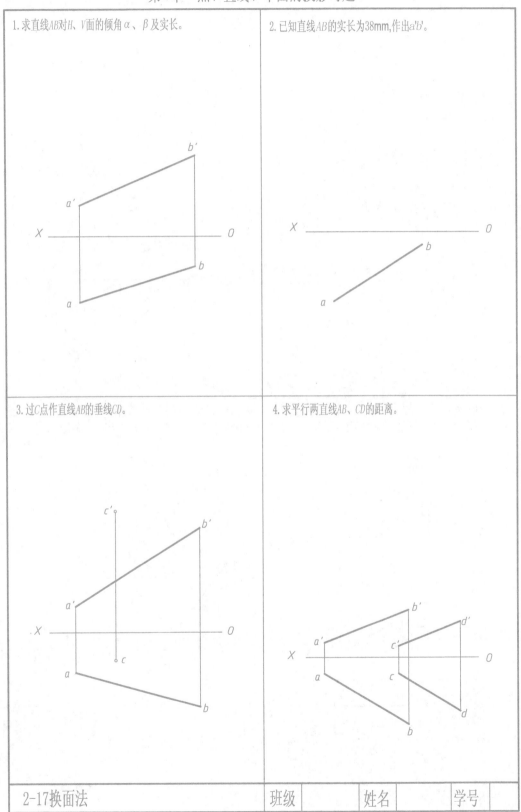

1. 求直线AB对H、V面的倾角α、β及实长。

2. 已知直线AB的实长为38mm,作出a'b'。

3. 过C点作直线AB的垂线CD。

4. 求平行两直线AB、CD的距离。

| 2-17换面法 | 班级 | 姓名 | 学号 | |

第2章　点、直线、平面的投影习题

1.在直线AB上取一点E，使它与C、D两点等距。

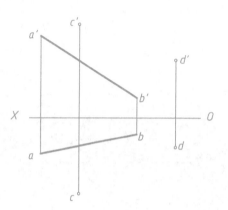

2.求A点到△DEF的距离。

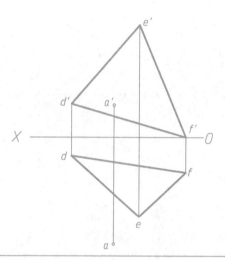

3.正平线AB是正方形ABCD的边，点C在B点的前上方，正方形对V面的倾角β=45°，补全正方形的两面投影。

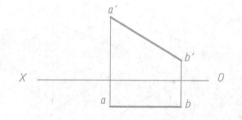

4.求直线EF与△ABC的交点K，并判断可见性。（用变换投影面法）

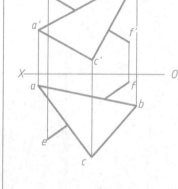

2-18换面法	班级		姓名		学号	

第2章 点、直线、平面的投影习题

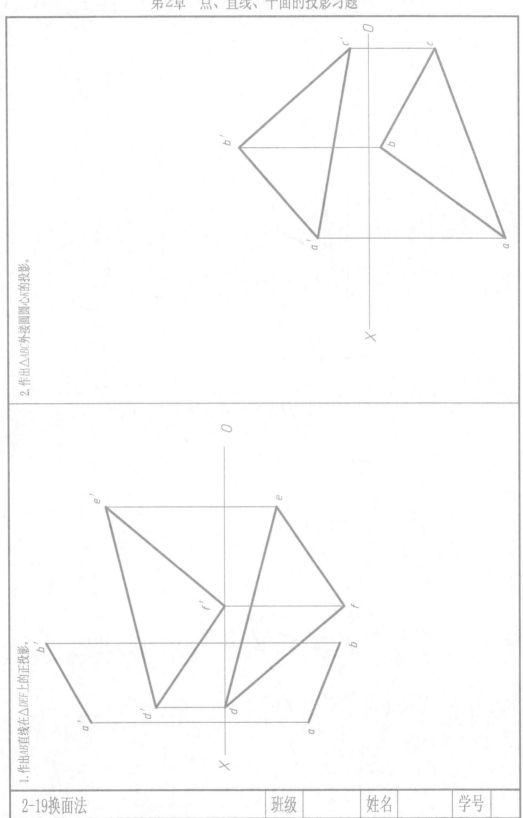

2. 作出△ABC外接圆圆心K的投影。

1. 作出AB直线在△DEF上的正投影。

2-19换面法	班级	姓名	学号

第2章　点、直线、平面的投影习题

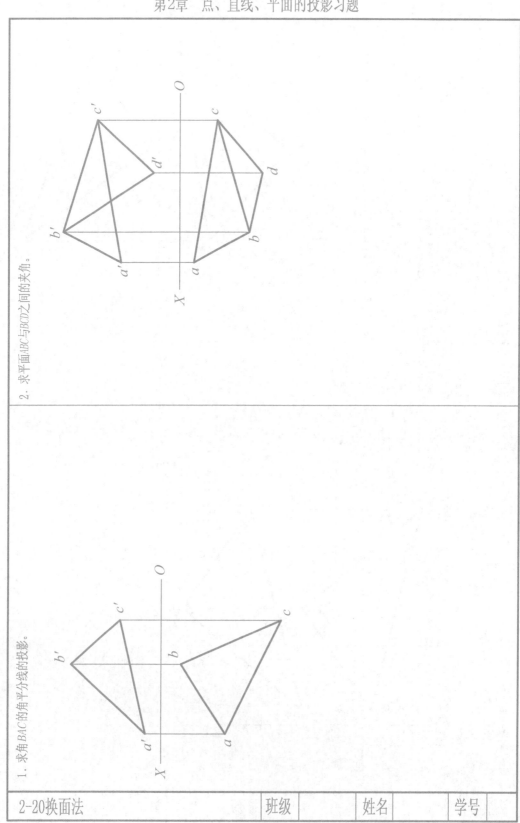

2. 求平面ABC与BCD之间的夹角。

1. 求角BAC的角平分线的投影。

2-20换面法	班级	姓名	学号

第2章 点、直线、平面的投影习题

1. 求交叉两直线 *AB、CD* 的公垂线 *EF* 的投影。

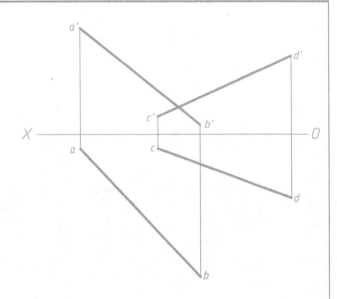

2. 求作飞机挡风屏 *ABCD* 和玻璃面 *CDEF* 的夹角 θ 的真实大小。

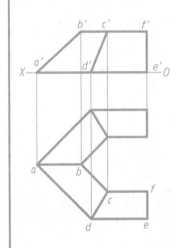

2-21换面法		班级		姓名		学号	

第3章 立体的投影习题

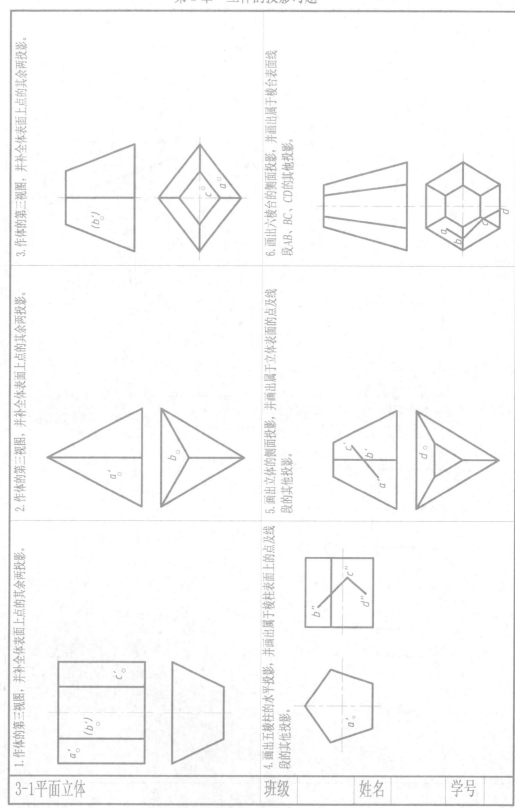

3-1平面立体 | 班级 | 姓名 | 学号

1. 作体的第三视图,并补全体表面上点的其余两投影。

2. 作体的第三视图,并补全体表面上点的其余两投影。

3. 作体的第三视图,并补全体表面上点的其余两投影。

4. 画出五棱柱的水平投影,并画出属于棱柱表面上的点及线段的其他投影。

5. 画出立体的侧面投影,并画出属于立体表面的点及线段的其他投影。

6. 画出六棱台的侧面投影,并画出属于棱台表面线段AB、BC、CD的其他投影。

第3章 立体的投影习题

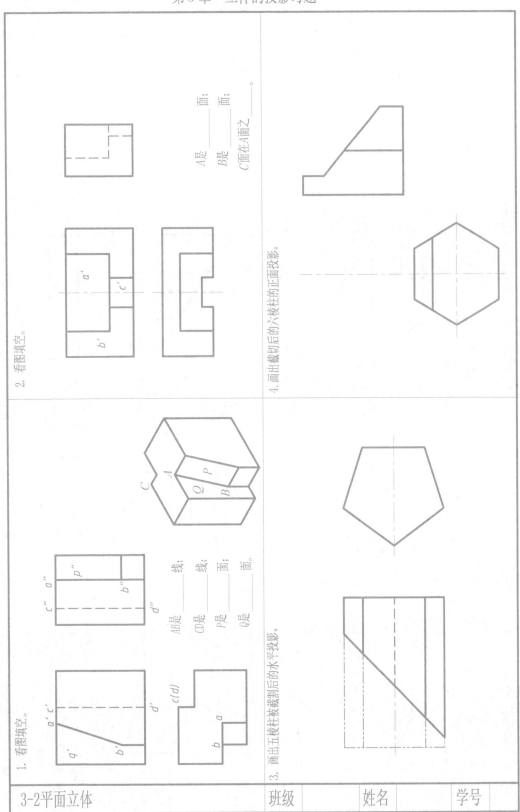

2. 看图填空。

A是_____面;
B是_____面;
C面在A面之_____。

4. 画出截切后的六棱柱的正面投影。

1. 看图填空。

AB是_____线;
CD是_____线;
P是_____面;
Q是_____面。

3. 画出五棱柱被截割后的水平投影。

3-2平面立体	班级	姓名	学号

第3章　立体的投影习题

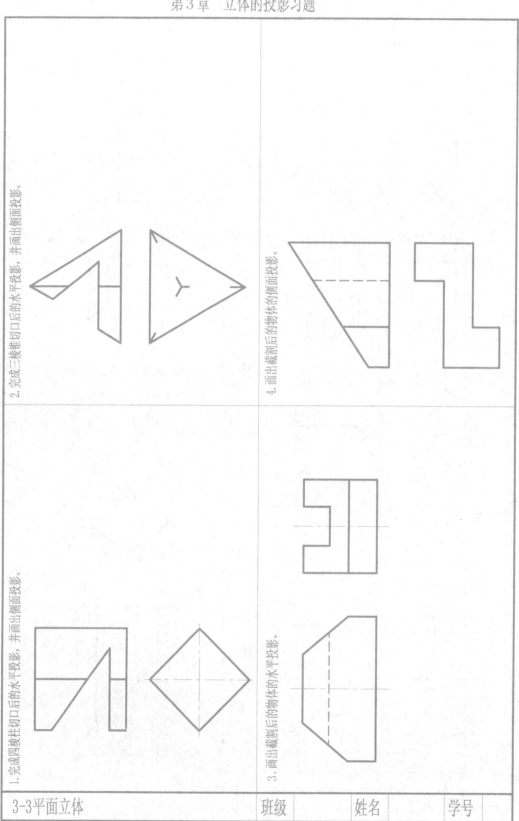

2.完成三棱锥切口后的水平投影，并画出侧面投影。

4.画出截割后的物体的侧面投影。

1.完成四棱柱切口后水平投影，并画出侧面投影。

3.画出截割后的物体的水平投影。

3-3平面立体	班级	姓名	学号	

第3章 立体的投影习题

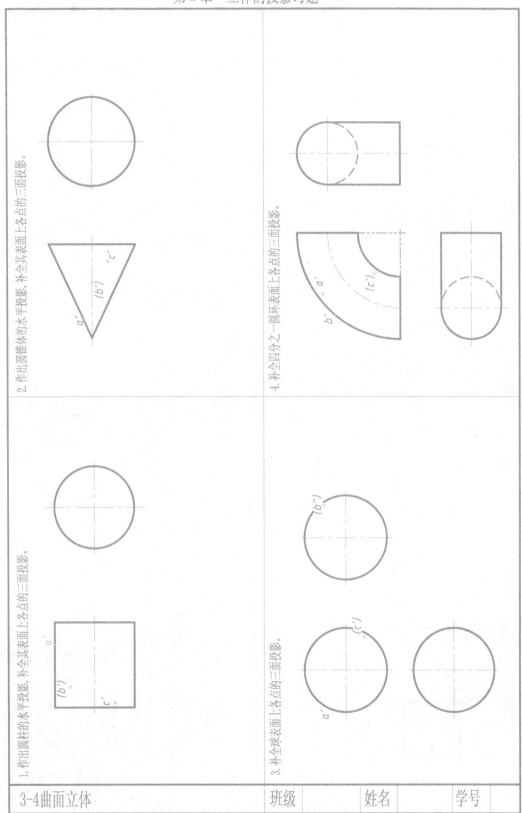

1. 作出圆柱体的水平投影，补全表面上各点的三面投影。

2. 作出圆锥体的水平投影，补全其表面上各点的三面投影。

3. 补全球表面上各点的三面投影。

4. 补全四分之一圆环表面上各点的三面投影。

3-4曲面立体	班级	姓名	学号

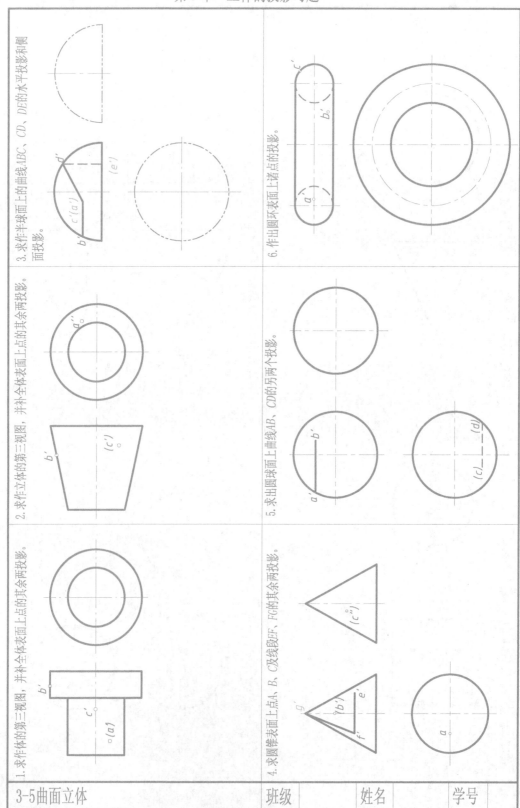

1. 求作体的第三视图，并补全体表面上点的其余两投影。

2. 求作立体的第三视图，并补全体表面上点的其余两投影。

3. 求作半球面上的曲线ABC，CD，DE的水平投影和侧面投影。

4. 求圆锥表面上点A、B、C及线段EF、FG的其余两投影。

5. 求出圆球面上曲线AB，CD的另两个投影。

6. 作出圆环表面上诸点的投影。

| 3-5曲面立体 | | 班级 | 姓名 | 学号 |

第3章 立体的投影习题

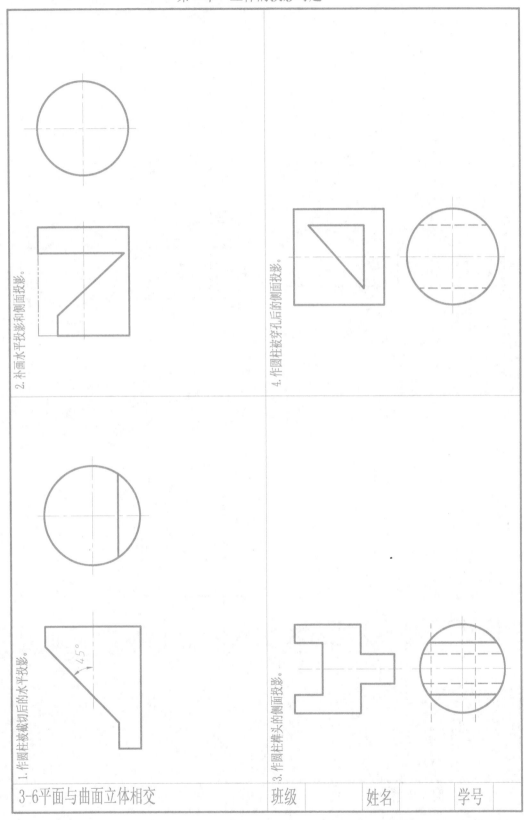

1. 作圆柱被截切后的水平投影。

2. 补画水平投影和侧面投影。

3. 作圆柱榫头的侧面投影。

4. 作圆柱被穿孔后的侧面投影。

| 3-6平面与曲面立体相交 | 班级 | 姓名 | 学号 |

第3章　立体的投影习题

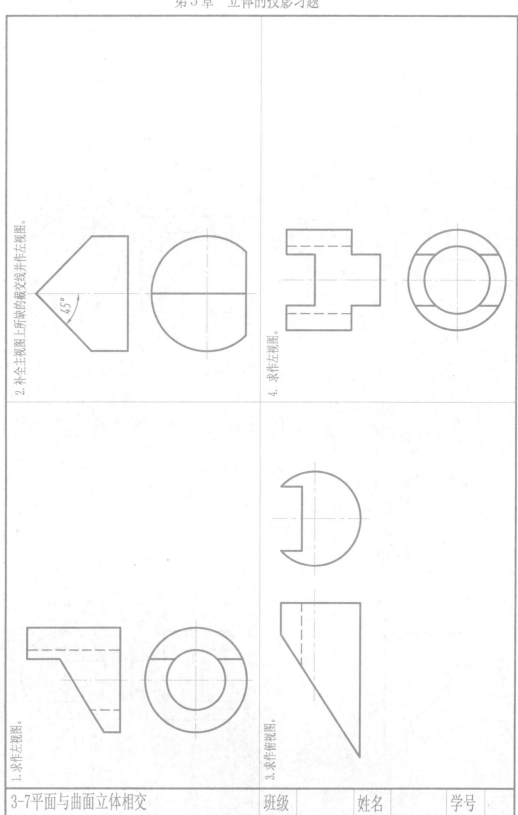

2. 补全主视图上所缺的截交线并作左视图。

4. 求作左视图。

1. 求作左视图。

3. 求作俯视图。

45°

| 3-7平面与曲面立体相交 | 班级 | 姓名 | 学号 |

第3章　立体的投影习题

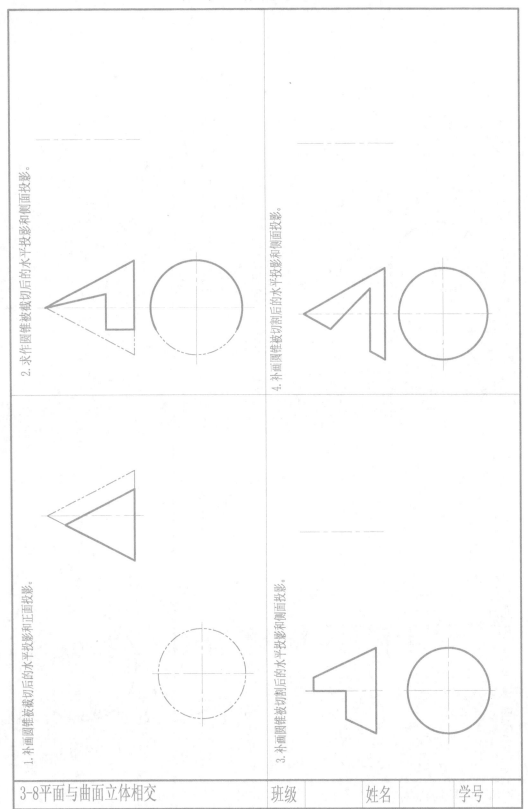

1. 补画圆锥被截切后的水平投影和正面投影。

2. 求作圆锥被截切后的水平投影和侧面投影。

3. 补画圆锥被切割后的水平投影和侧面投影。

4. 补画圆锥被切割后的水平投影和侧面投影。

| 3-8平面与曲面立体相交 | 班级 | 姓名 | 学号 | |

第3章　立体的投影习题

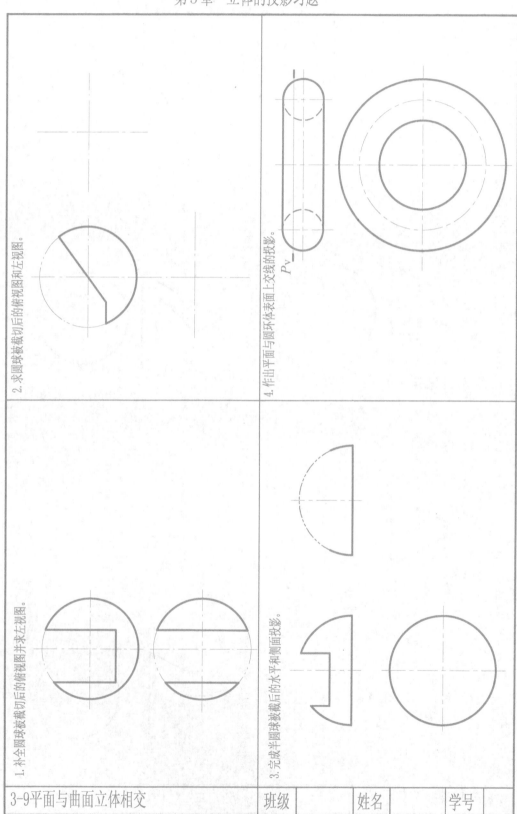

2. 求圆球被截切后的俯视图和左视图。

4. 作出平面与圆环体表面上交线的投影。

P_V

1. 补全圆球被截切后的俯视图并求左视图。

3. 完成半圆球被截截后的水平和侧面投影。

3-9平面与曲面立体相交

| 班级 | | 姓名 | | 学号 |

第3章 立体的投影习题

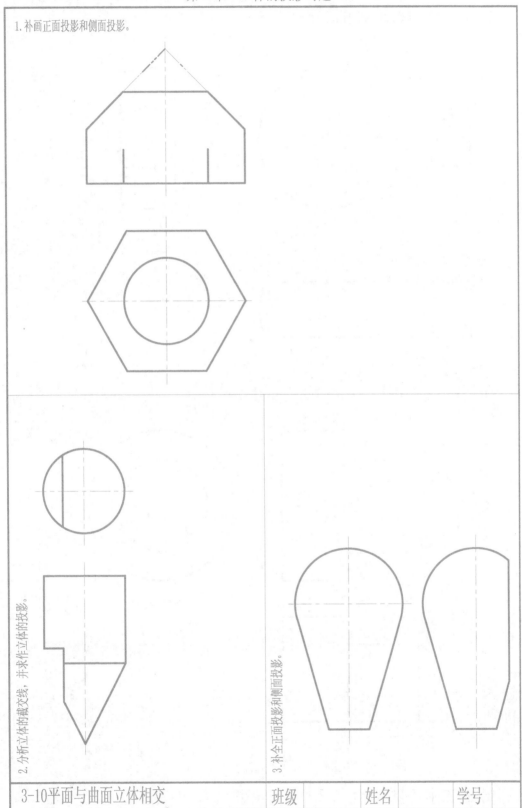

1.补画正面投影和侧面投影。

2.分析立体的截交线，并求作立体的投影。

3.补全正面投影和侧面投影。

3-10平面与曲面立体相交	班级	姓名	学号

第3章　立体的投影习题

作出 a、b 两组合回转体截交线的正面投影并加以比较。

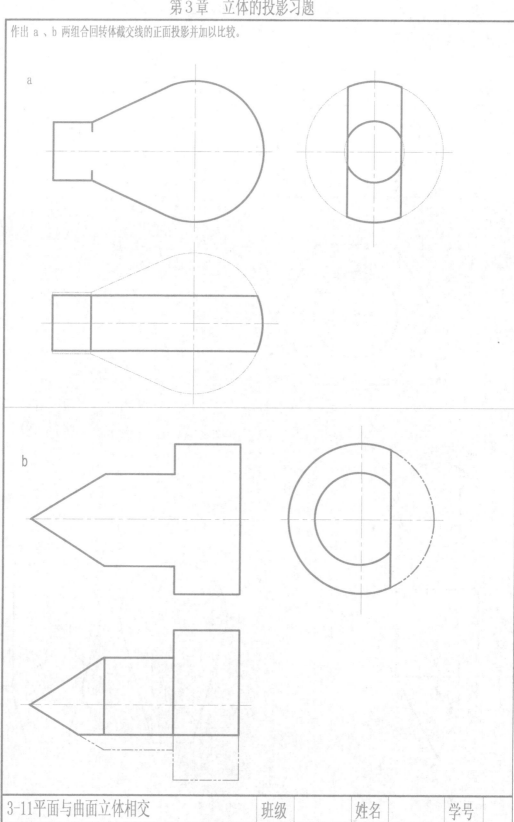

| 3-11平面与曲面立体相交 | 班级 | 姓名 | 学号 |

第3章 立体的投影习题

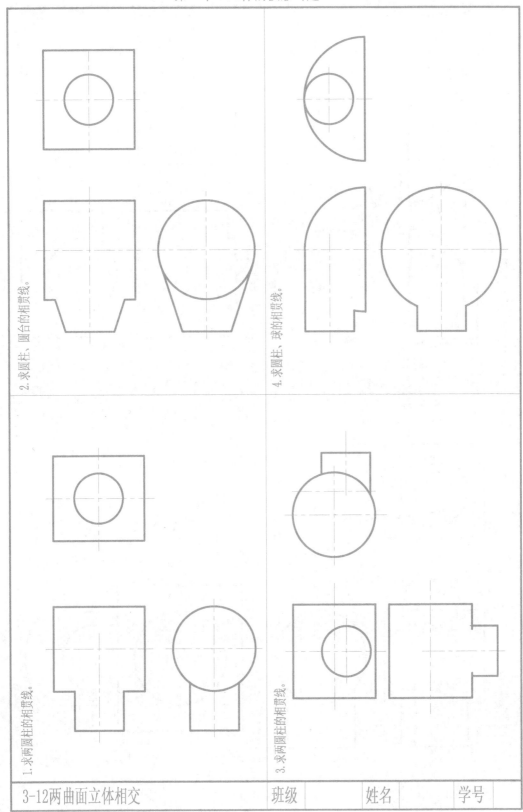

2. 求圆柱、圆台的相贯线。

4. 求圆柱、球的相贯线。

1. 求两圆柱的相贯线。

3. 求两圆柱的相贯线。

| 3-12两曲面立体相交 | 班级 | 姓名 | 学号 |

第3章　立体的投影习题

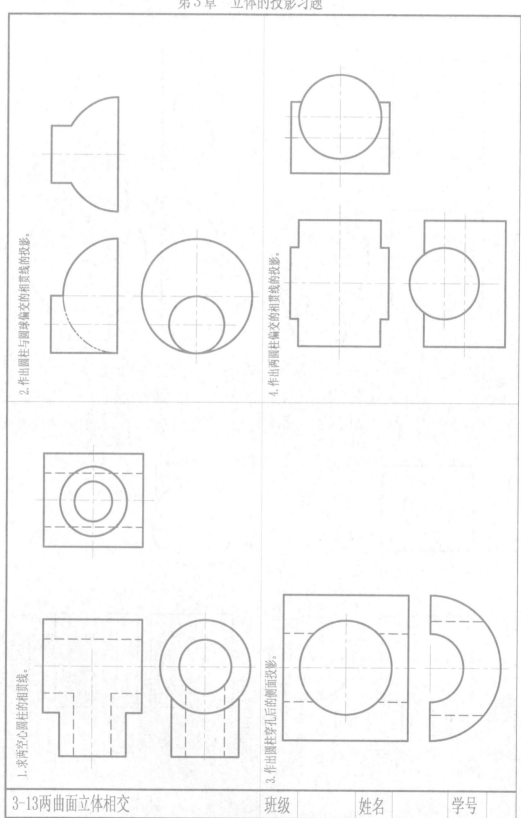

2. 作出圆柱与圆球偏交的相贯线的投影。

4. 作出两圆柱偏交的相贯线的投影。

1. 求两空心圆柱的相贯线。

3. 作出圆柱穿孔后的侧面投影。

| 3-13两曲面立体相交 | 班级 | | 姓名 | | 学号 | |

第3章 立体的投影习题

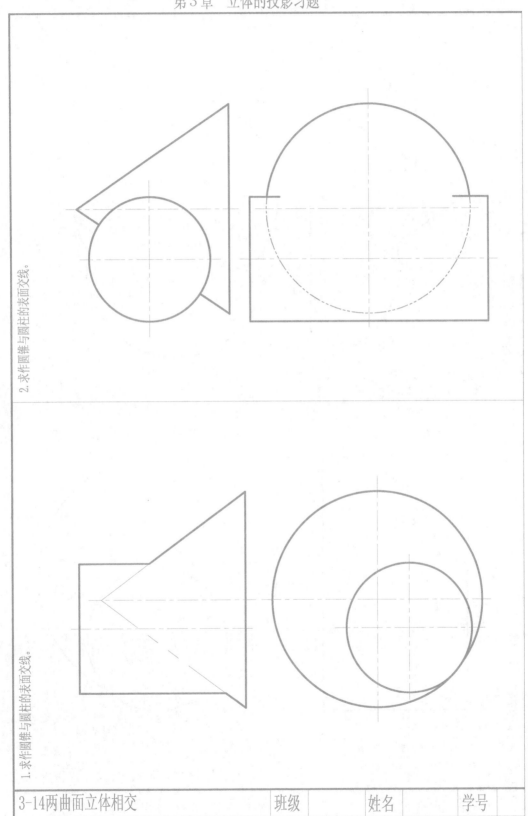

2. 求作圆锥与圆柱的表面交线。

1. 求作圆锥与圆柱的表面交线。

| 3-14两曲面立体相交 | 班级 | 姓名 | 学号 |

第3章　立体的投影习题

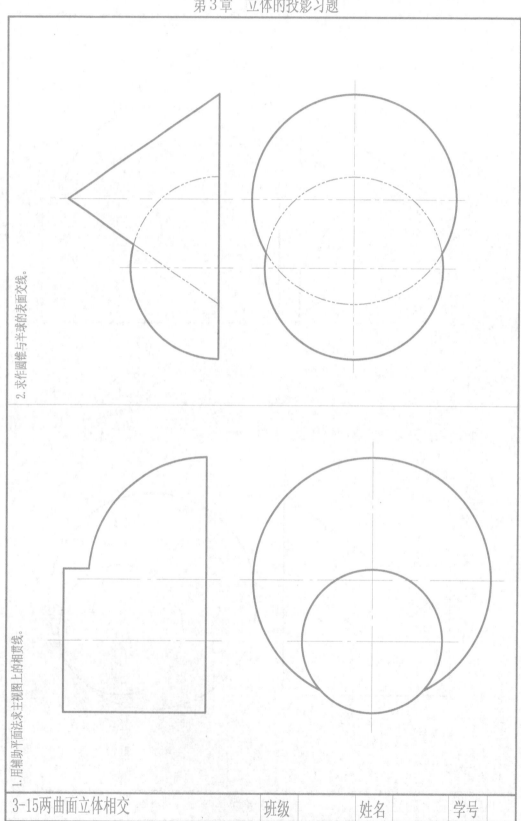

2. 求作圆锥与半球的表面交线。

1. 用辅助平面法求主视图上的相贯线。

3-15两曲面立体相交	班级	姓名	学号

第3章　立体的投影习题

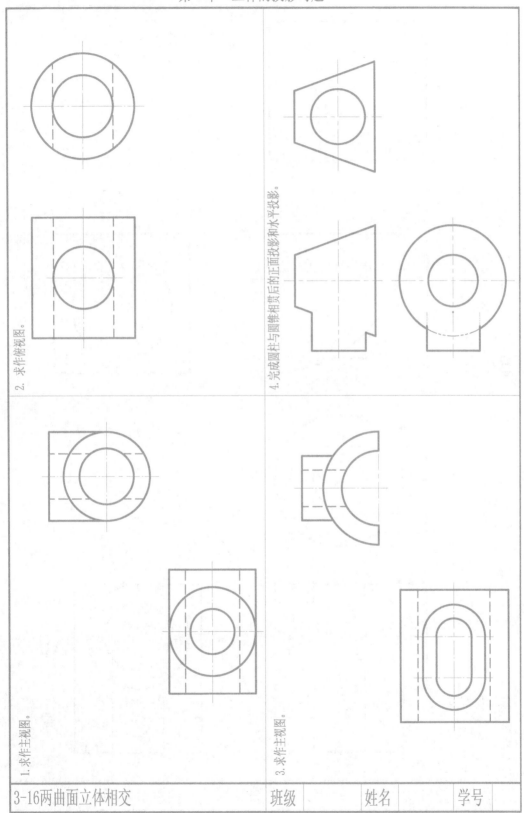

1. 求作主视图。

2. 求作俯视图。

3. 求作主视图。

4. 完成圆柱与圆锥相贯后的正面投影和水平投影。

3-16两曲面立体相交	班级	姓名	学号

第3章 立体的投影习题

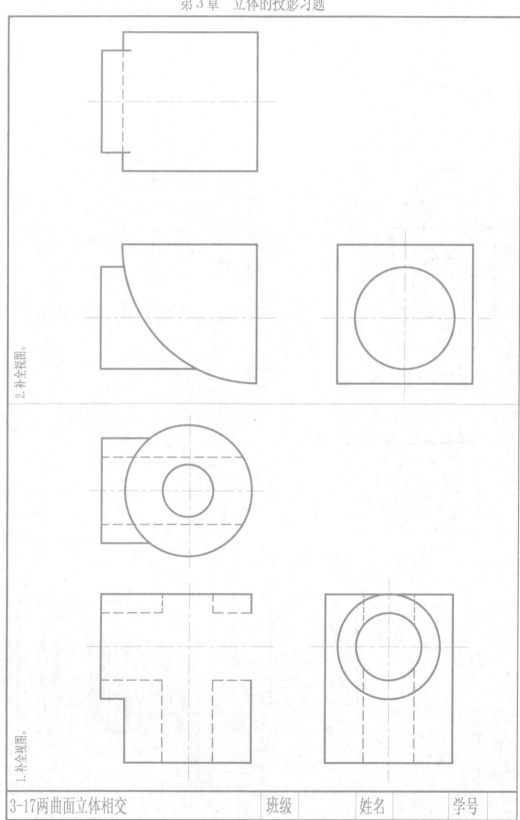

2. 补全视图。

1. 补全视图。

| 3-17两曲面立体相交 | 班级 | 姓名 | 学号 |

第3章 立体的投影习题

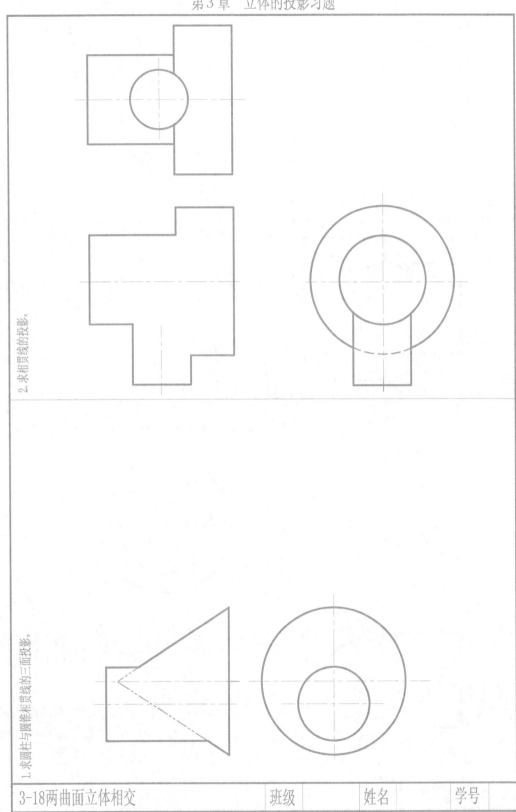

2. 求相贯线的投影。

1. 求圆柱与圆锥相贯线的三面投影。

3-18两曲面立体相交	班级	姓名	学号

第3章　立体的投影习题

1.求作主视图。

2.求作主视图。

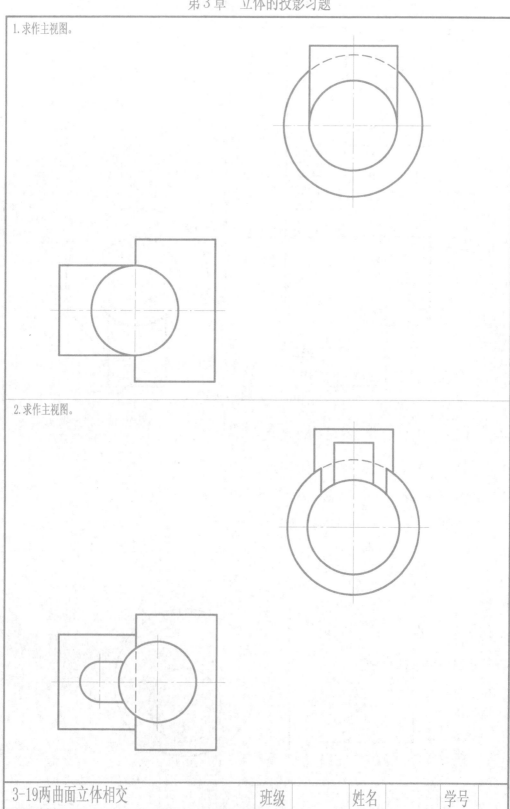

| 3-19两曲面立体相交 | 班级 | 姓名 | 学号 | |

第3章 立体的投影习题

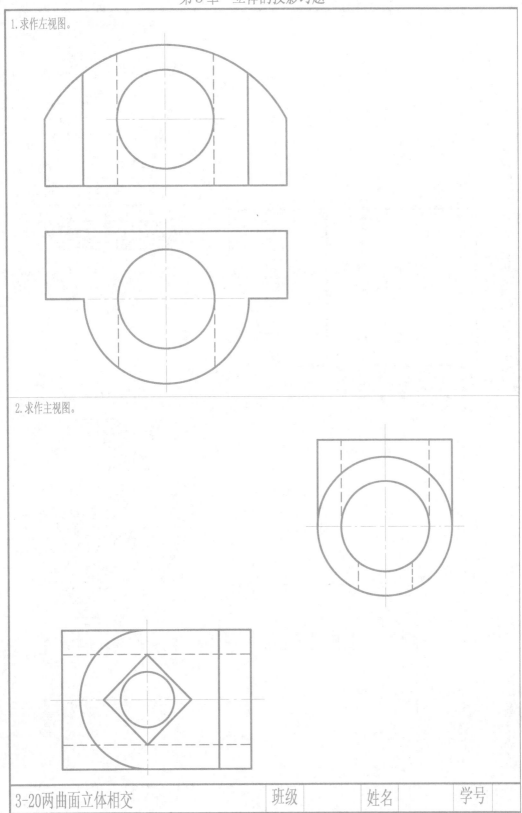

1.求作左视图。

2.求作主视图。

| 3-20两曲面立体相交 | 班级 | 姓名 | 学号 |

第4章 组合体的视图习题

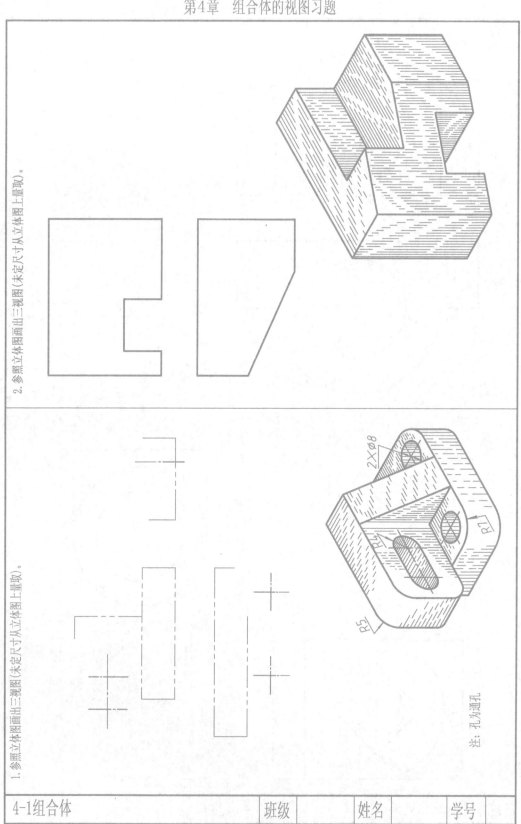

2. 参照立体图画出三视图(未定尺寸从立体图上量取)。

1. 参照立体图画出三视图(未定尺寸从立体图上量取)。

注: 孔为通孔

2×∅8

R4

R1

R5

4-1组合体	班级		姓名		学号	

第4章　组合体的视图习题

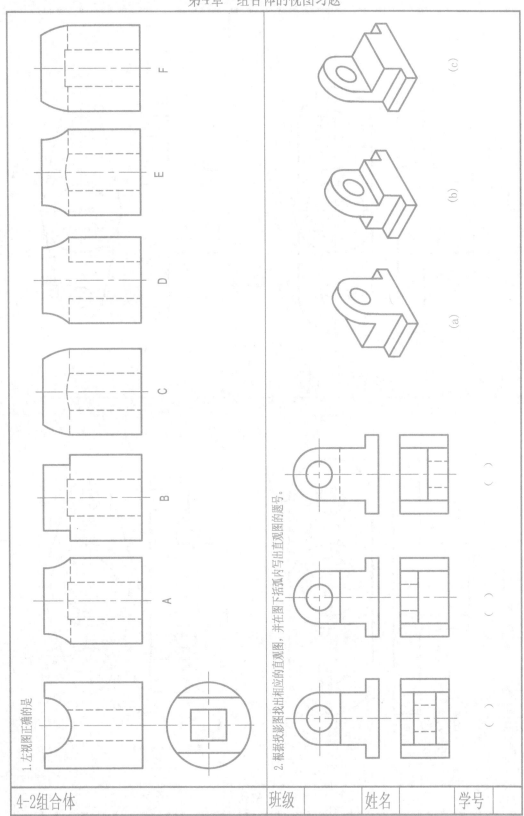

1. 左视图正确的是

2. 根据投影图找出相应的直观图，并在图下括弧内写出直观图的题号。

| 4-2组合体 | 班级 | 姓名 | 学号 |

第4章　组合体的视图习题

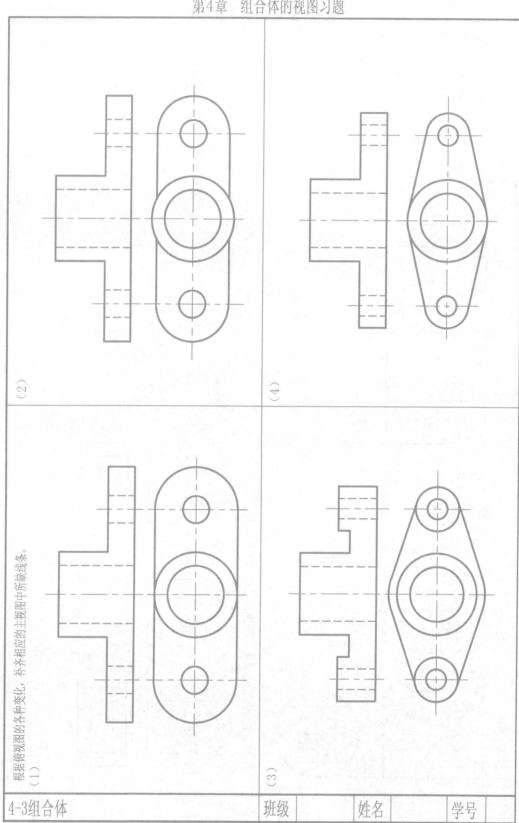

根据俯视图的各种变化，补齐相应的主视图中所缺线条。

（1）　　（2）　　（3）　　（4）

| 4-3组合体 | 班级 | | 姓名 | | 学号 | |

第4章 组合体的视图习题

（补主、左视图）

（补主、左视图）

（2）

（4）

补齐视图中所缺的线。

（1）

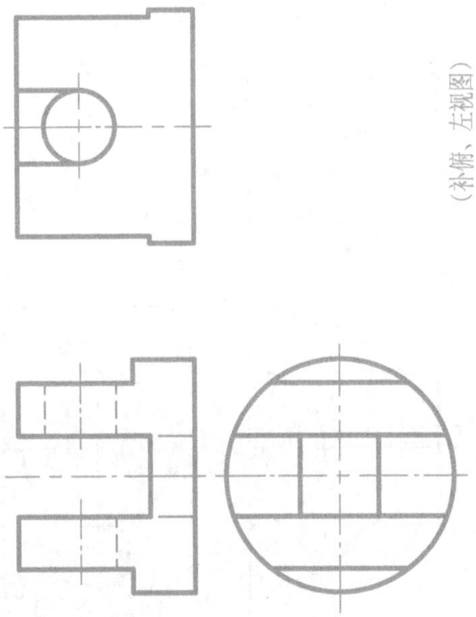

（补俯、左视图）

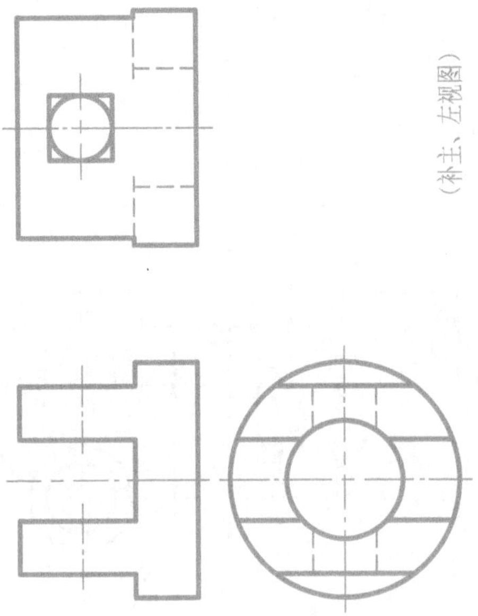

（补主、左视图）

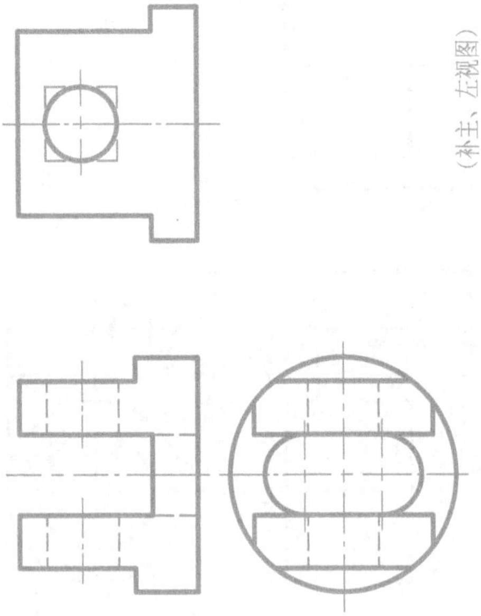

（3）

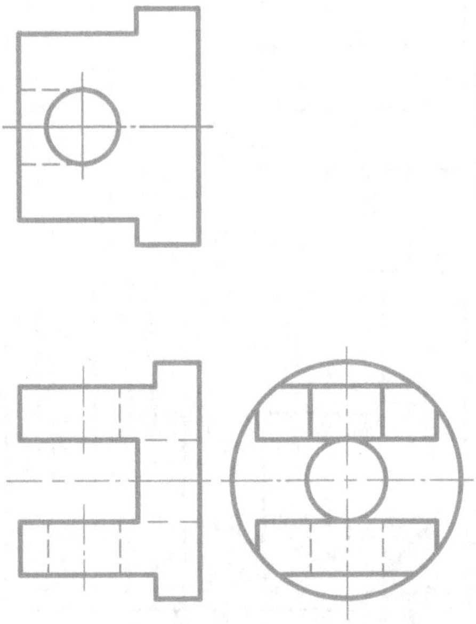

| 4-4组合体 | 班级 | 姓名 | 学号 | |

第4章　组合体的视图习题

（2）

（4）

补全视图中的漏线。

（1）

（3）

4-5组合体	班级		姓名		学号	

第4章 组合体的视图习题

1.求作左视图。

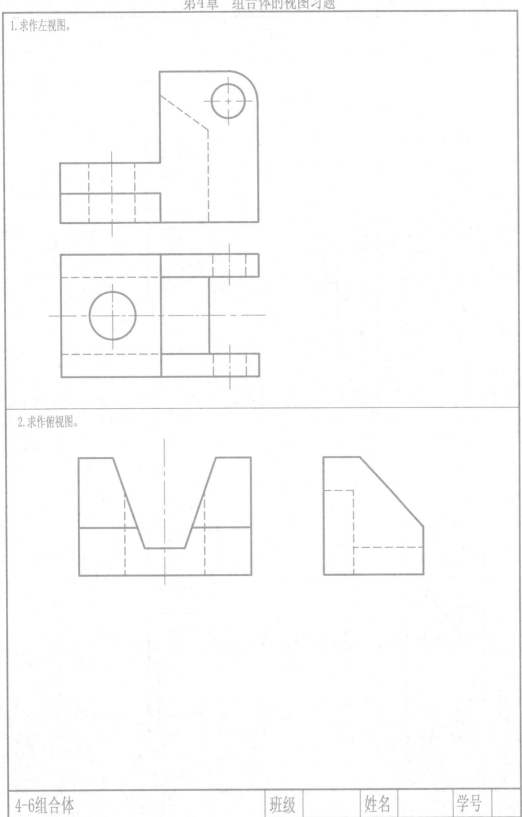

2.求作俯视图。

| 4-6组合体 | 班级 | 姓名 | 学号 |

第4章　组合体的视图习题

（2）

（4）

（1）

（3）

根据组合体的两投影，补画出第三视图。

4-7组合体　　　　　　　班级　　　　姓名　　　　学号

第4章 组合体的视图习题

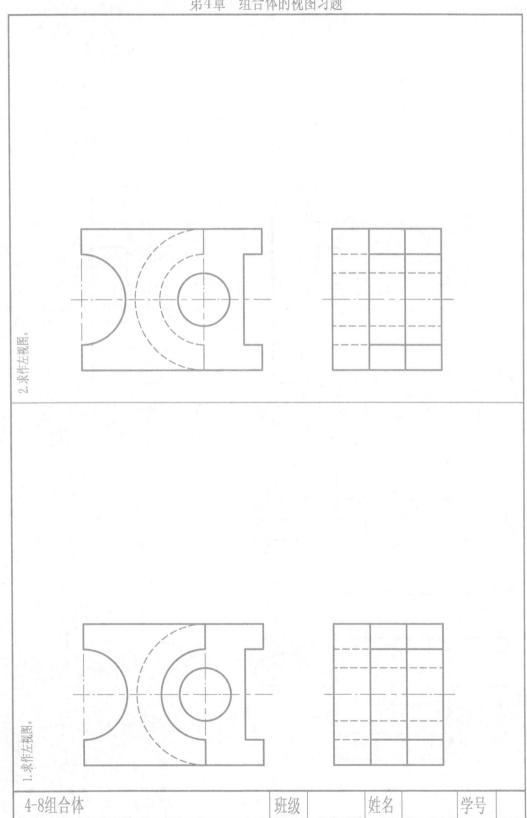

2. 求作左视图。

1. 求作左视图。

4-8组合体		班级		姓名		学号	

第4章　组合体的视图习题

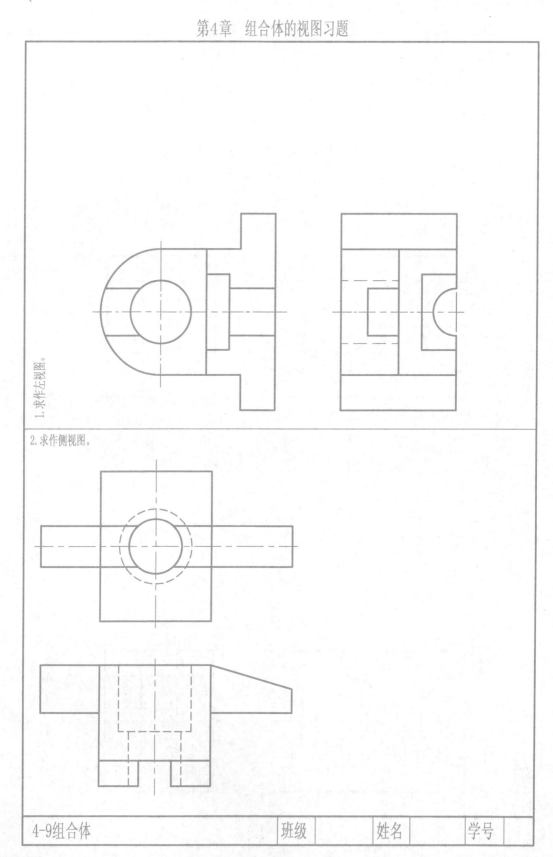

1.求作左视图。

2.求作侧视图。

4-9组合体	班级	姓名	学号	

第4章　　组合体的视图习题

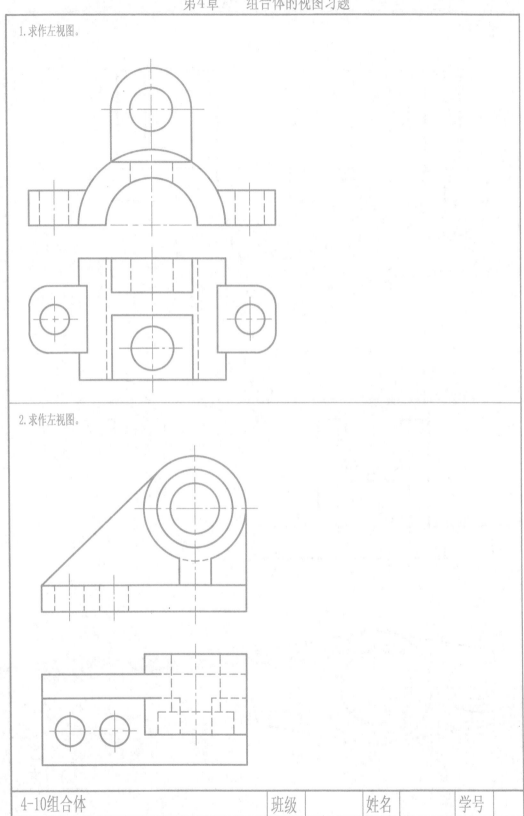

1.求作左视图。

2.求作左视图。

4-10组合体	班级	姓名	学号

第4章 组合体的视图习题

1.求作俯视图。

2.求作左视图。

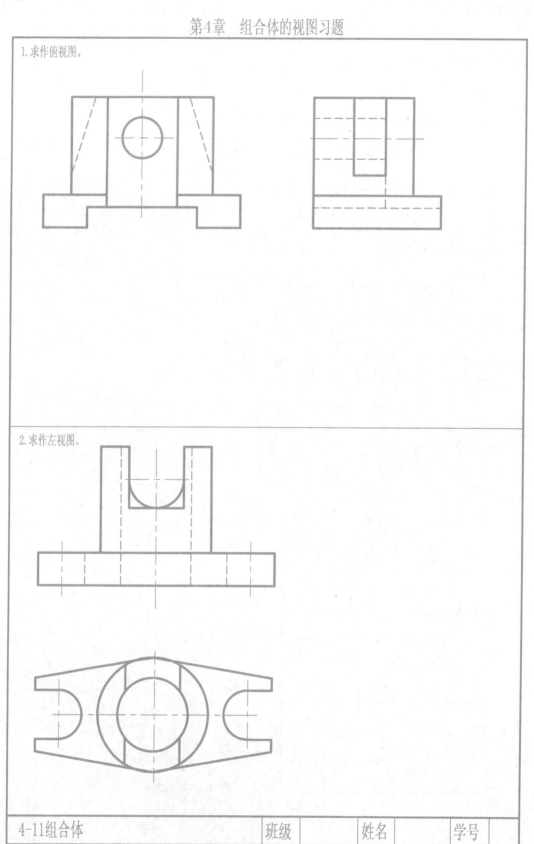

4-11组合体	班级	姓名	学号

第4章 组合体的视图习题

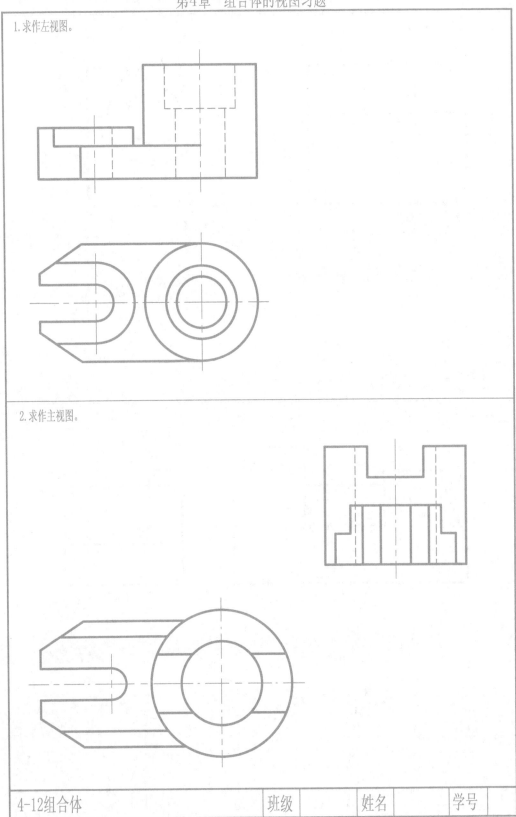

1.求作左视图。

2.求作主视图。

4-12组合体	班级		姓名		学号	

第4章　组合体的视图习题

1.求作俯视图。

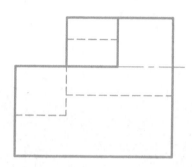

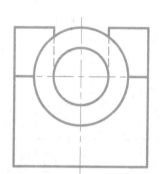

2.求作俯视图。

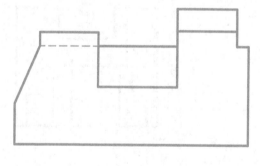

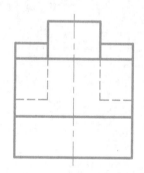

| 4-13组合体 | 班级 | 姓名 | 学号 | |

第4章　组合体的视图习题

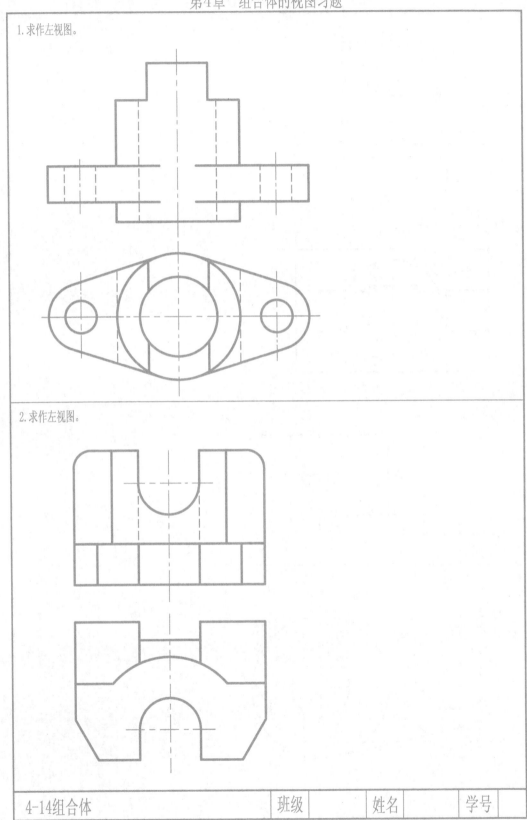

1.求作左视图。

2.求作左视图。

| 4-14组合体 | 班级 | | 姓名 | | 学号 | |

第4章　组合体的视图习题

1.求作左视图。

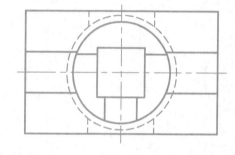

2.求作左视图。

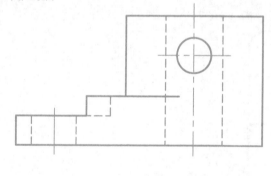

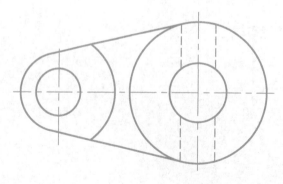

4-15组合体	班级	姓名	学号

第4章 组合体的视图习题

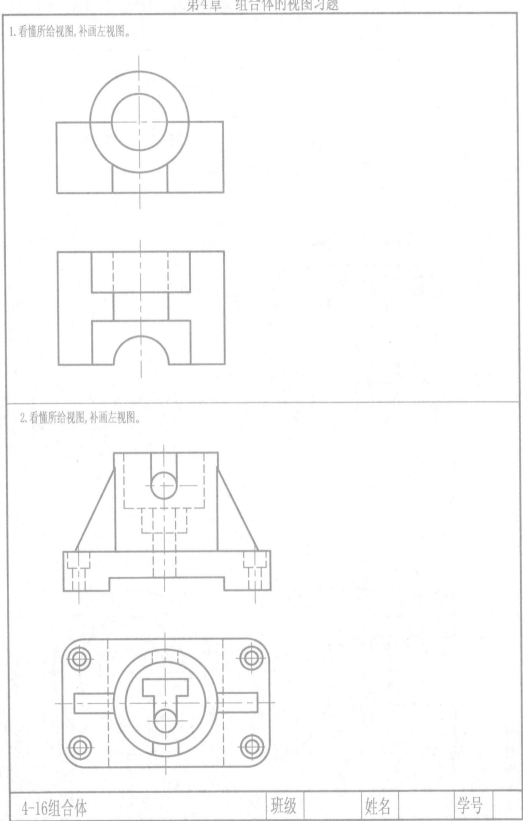

1.看懂所给视图,补画左视图。

2.看懂所给视图,补画左视图。

4-16组合体	班级	姓名	学号

第4章　组合体的视图习题

1.求作主视图。

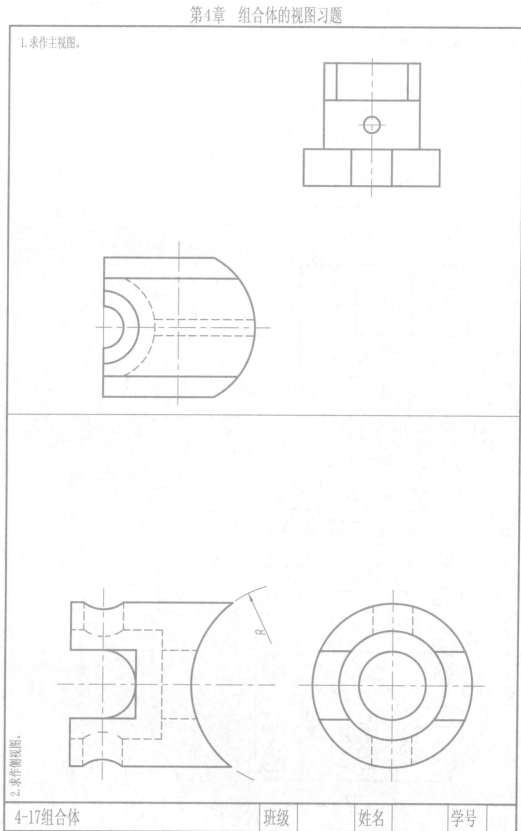

2. 求作侧视图。

| 4-17组合体 | 班级 | 姓名 | 学号 |

第4章　组合体的视图习题

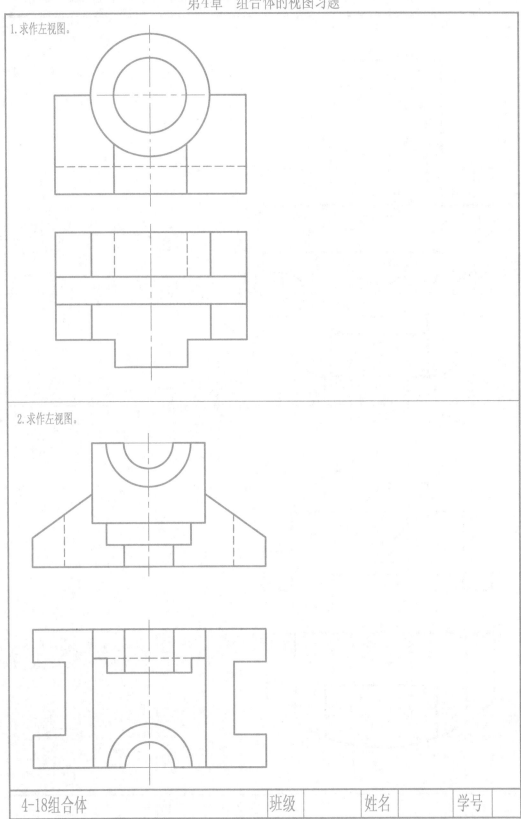

1.求作左视图。

2.求作左视图。

| 4-18组合体 | | 班级 | | 姓名 | | 学号 | |

第4章　组合体的视图习题

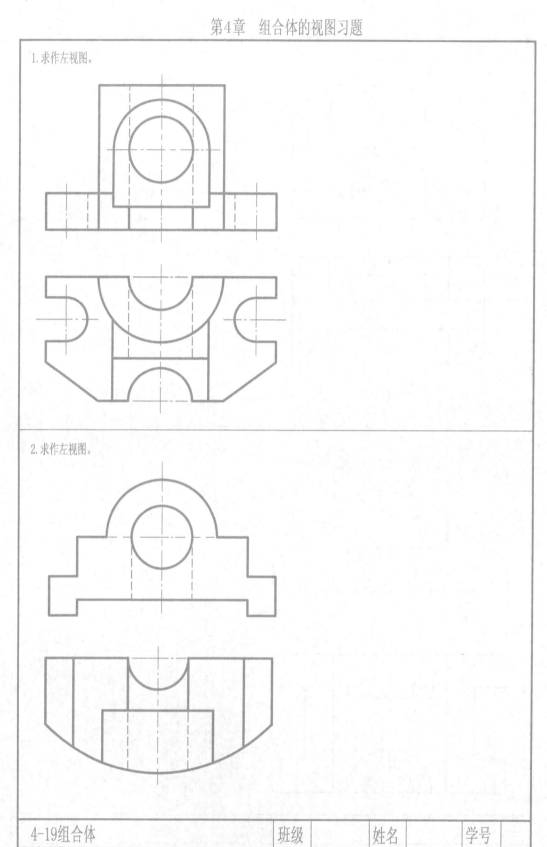

1.求作左视图。

2.求作左视图。

4-19组合体	班级		姓名		学号	

第4章 组合体的视图习题

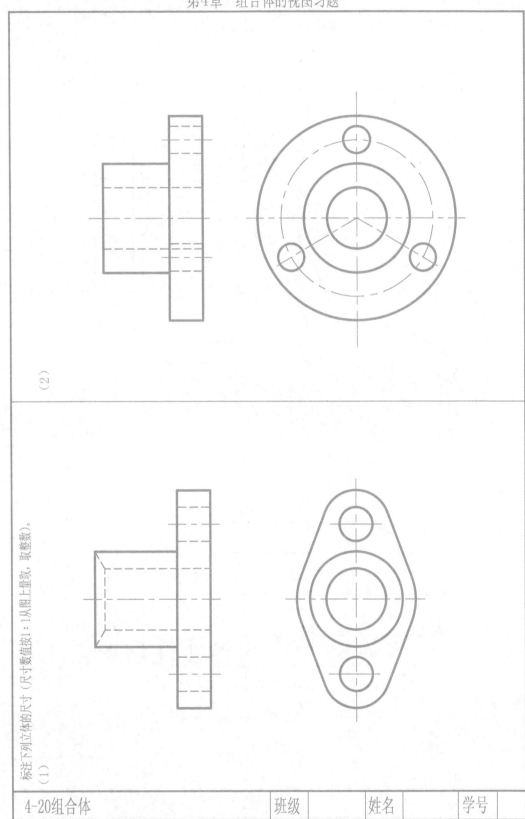

标注下列立体的尺寸（尺寸数值按1:1从图上量取，取整数）。

（1）

（2）

4-20组合体	班级	姓名	学号

第4章 组合体的视图习题

1.根据立体图和俯视图按尺寸画出三视图，并标注尺寸。（用A3图纸，比例2：1）

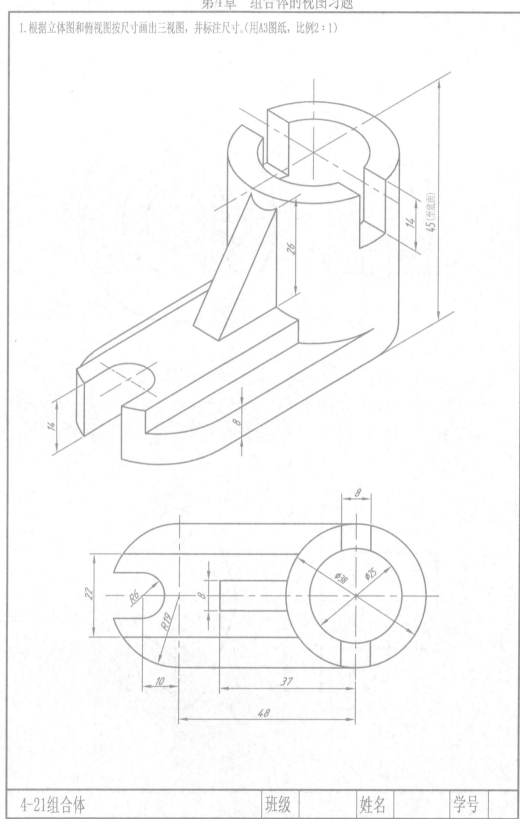

4-21组合体	班级	姓名	学号

第4章　组合体的视图习题

1.根据立体图和俯视图按尺寸画出三视图，并标注尺寸。（用A3图纸，比例1∶1）

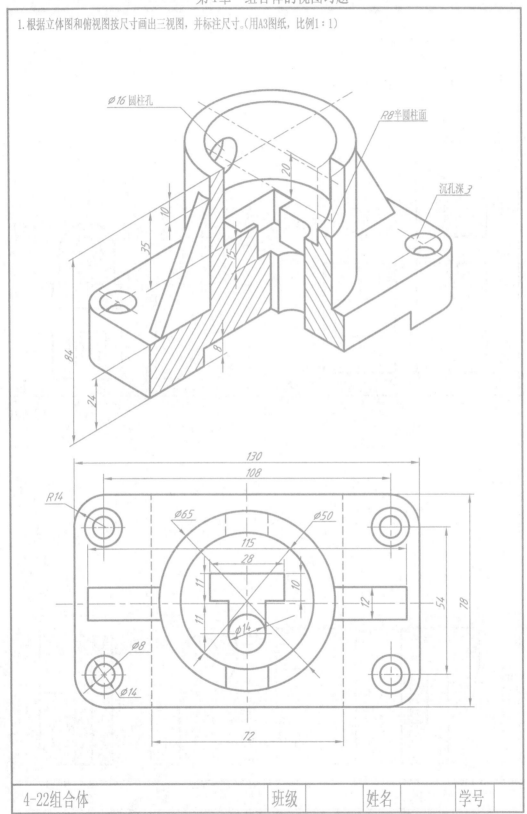

| 4-22组合体 | 班级 | 姓名 | 学号 |

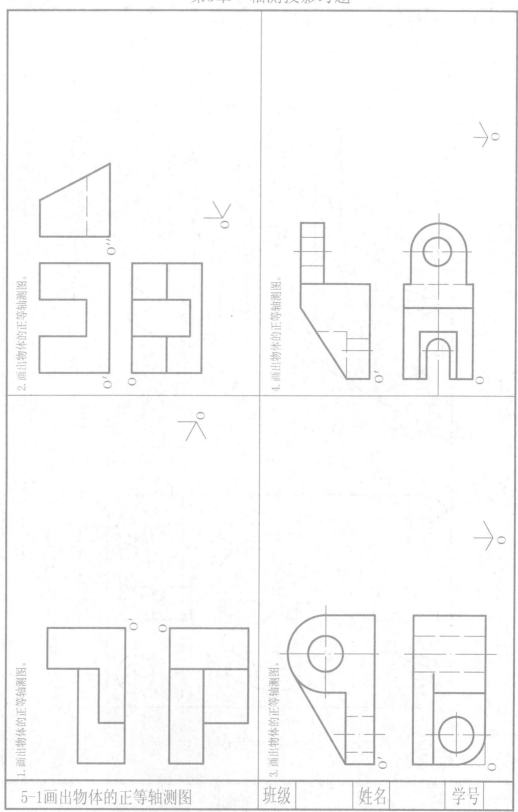

第5章　轴测投影习题

1. 画出物体的正等轴测图。

2. 画出物体的正等轴测图。

3. 画出物体的正等轴测图。

4. 画出物体的正等轴测图。

5-1画出物体的正等轴测图	班级		姓名		学号	

第5章 轴测投影习题

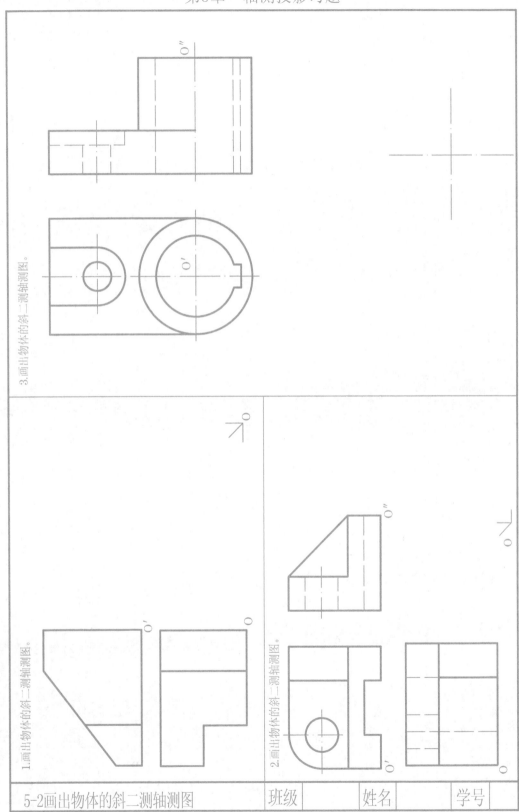

3.画出物体的斜二测轴测图。

1.画出物体的斜二测轴测图。

2.画出物体的斜二测轴测图。

5-2画出物体的斜二测轴测图	班级	姓名	学号

第三部分　参考答案

第1章　制图的基本知识和基本技能习题答案

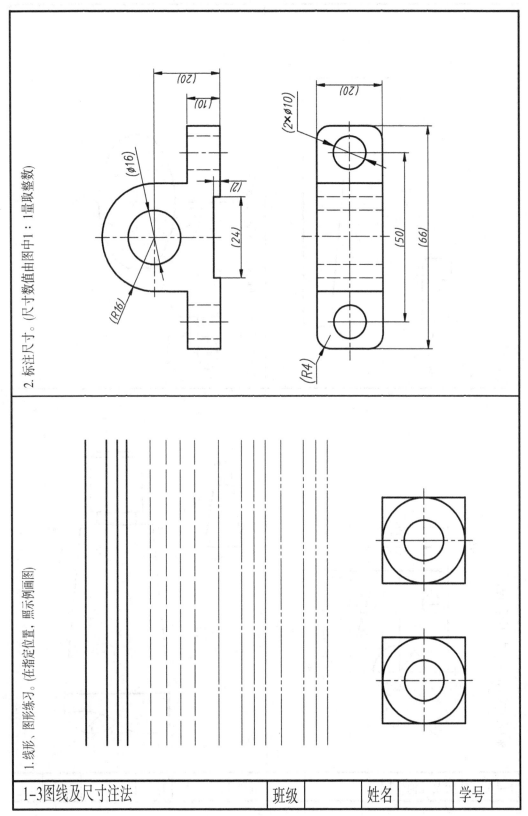

2. 标注尺寸。(尺寸数值由图中1：1量取整数)

1. 线形、图形练习。(在指定位置，照示例画图)

1-3图线及尺寸注法	班级	姓名	学号

第1章　制图的基本知识和基本技能习题答案

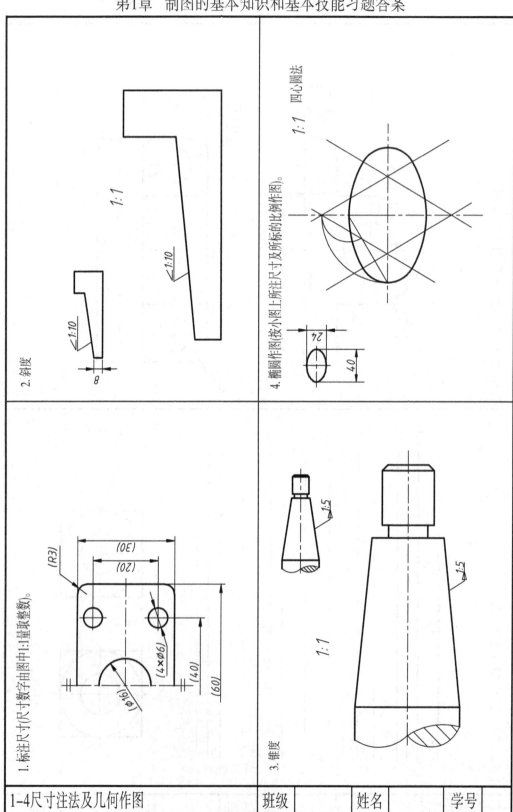

2. 斜度

1:1

1:10

1:10

8

4. 椭圆作图(按小图上所注尺寸及所标的比例作图)。

四心圆法

1:1

24

40

1. 标注尺寸(尺寸数字由图中1:1量取整数)。

(R3)

(30)

(20)

(4×Φ9)

(Φ16)

(40)

(60)

3. 锥度

1:5

1:5

1:1

| 1-4尺寸注法及几何作图 | 班级 | | 姓名 | | 学号 | |

第1章 制图的基本知识和基本技能习题答案

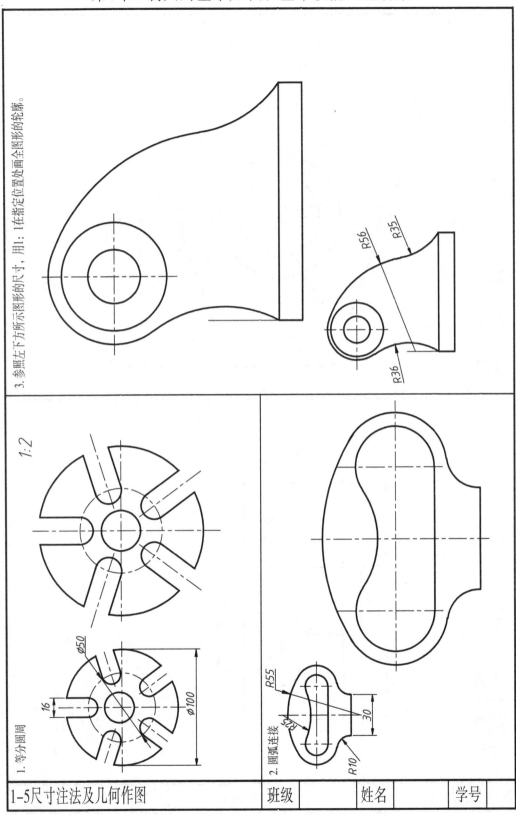

3. 参照左下方所示图形的尺寸，用1：1在指定位置处画全图形的轮廓。

R56
R35
R36

1:2

1. 等分圆周

Ø50
16
Ø100

2. 圆弧连接

R55
R25
30
R10

1-5尺寸注法及几何作图	班级	姓名	学号

第1章 制图的基本知识和基本技能习题答案

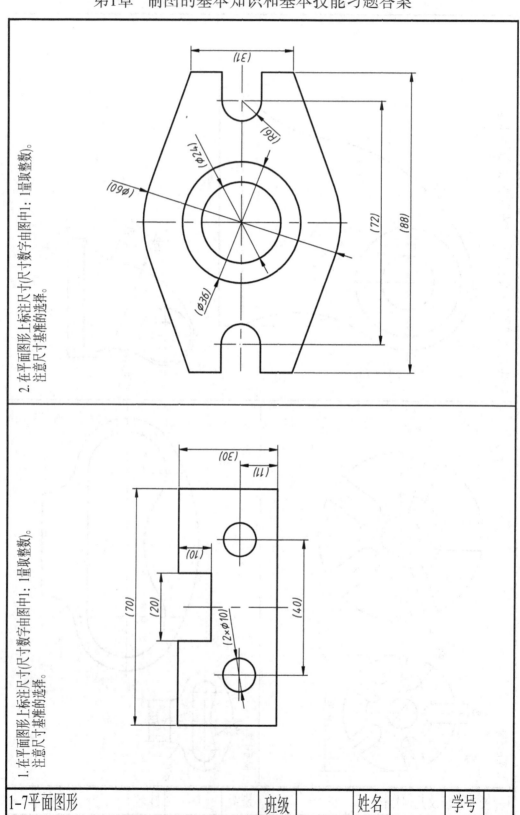

2. 在平面图形上标注尺寸(尺寸数字由图中1：1量取整数)。注意尺寸基准的选择。

1. 在平面图形上标注尺寸(尺寸数字由图中1：1量取整数)。注意尺寸基准的选择。

1-7平面图形	班级	姓名	学号

第1章　制图的基本知识和基本技能习题答案

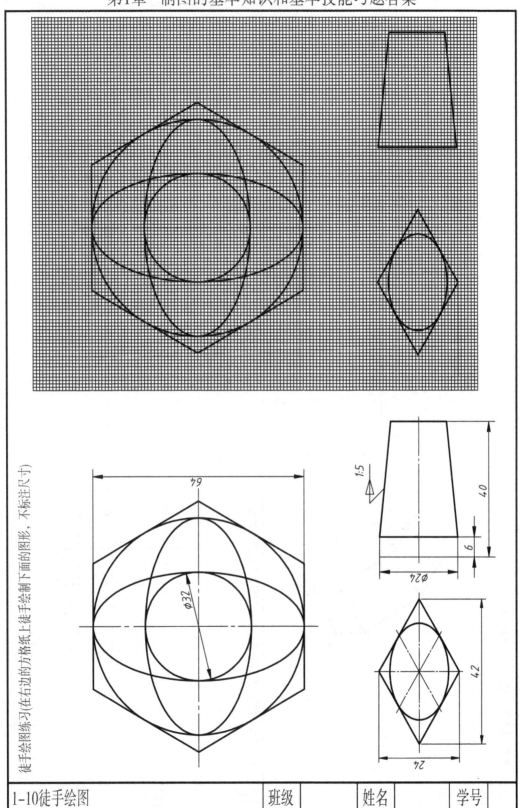

第2章　点、直线、平面的投影习题答案

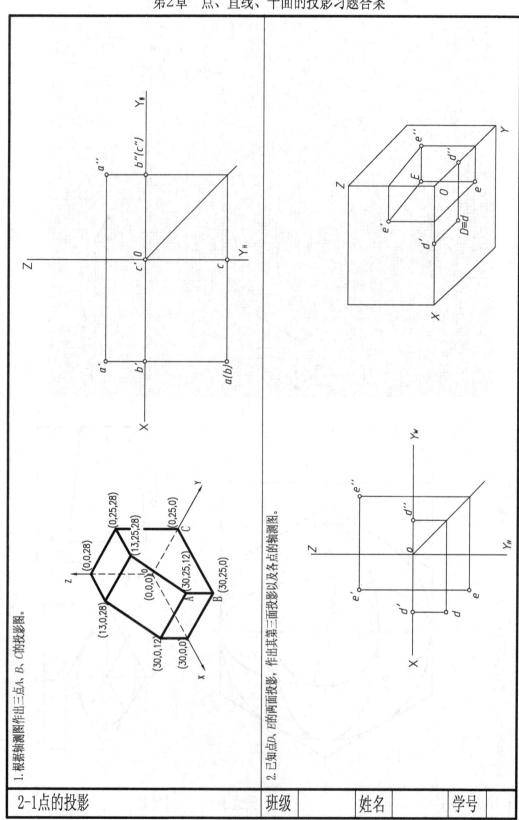

1. 根据轴测图作出三点A、B、C的投影图。

2. 已知点D、E的两面投影，作出其第三面投影以及各点的轴测图。

2-1点的投影	班级	姓名	学号

第2章 点、直线、平面的投影习题答案

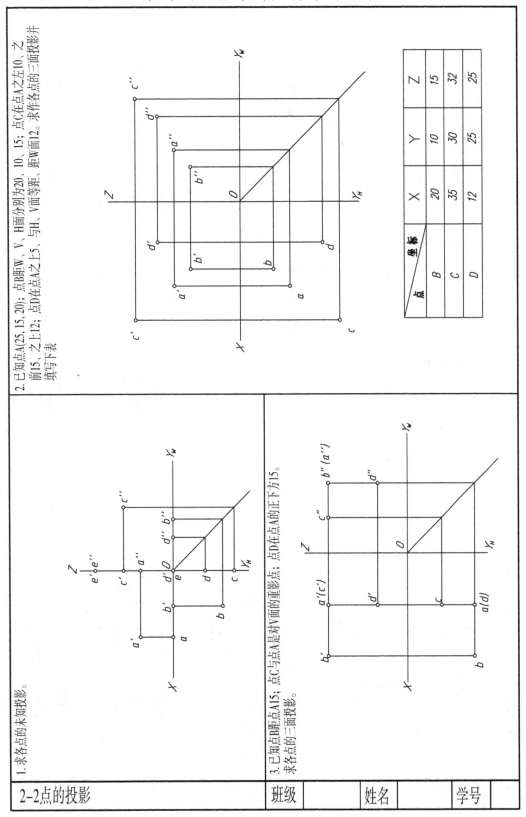

2. 已知点A(25, 15, 20); 点B距W、V、H面分别为20、10、15; 点C在点A之左10、之前15、之上12; 点D在点A之上5, 与H、V面等距, 距W面12。求作各点的三面投影并填写下表

坐标 点	X	Y	Z
B	20	10	15
C	35	30	32
D	12	25	25

1. 求各点的未知投影。

3. 已知点B距点A15; 点C与点A是对V面的重影点; 点D在点A的正下方15。求各点的三面投影。

2-2点的投影	班级	姓名	学号

現代工程制图学（上册）

第2章 点、直线、平面的投影习题答案

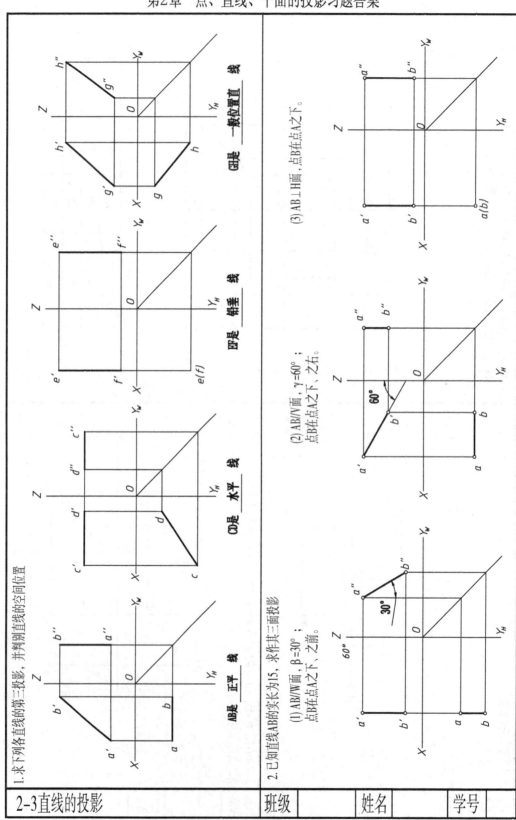

1.求下列各直线的第三投影，并判别直线的空间位置

GH是 一般位置直 线

EF是 铅垂 线

CD是 水平 线

AB是 正平 线

2.已知直线AB的实长为15，求作其三面投影

(1) AB//W面，β=30°；
点B在点A之下，之前。

(2) AB//V面，γ=60°；
点B在点A之下，之右。

(3) AB⊥H面，点B在点A之下。

2-3直线的投影

班级	姓名	学号

228

第2章　点、直线、平面的投影习题答案

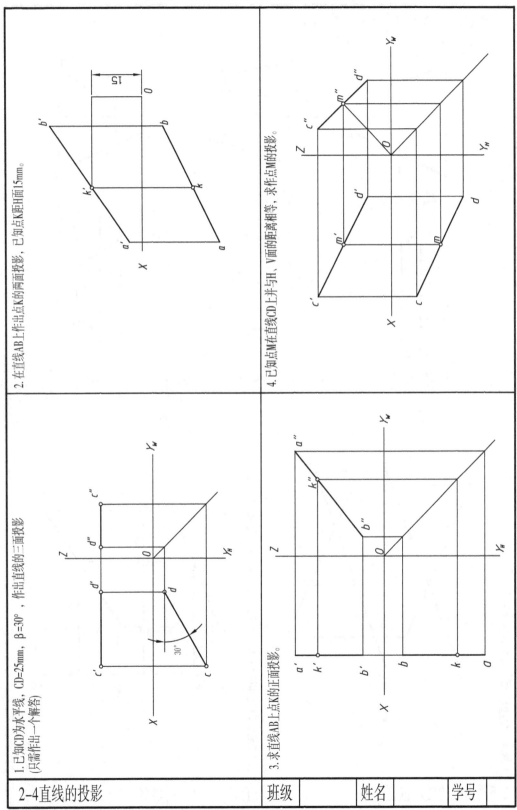

1.已知CD为水平线，CD=25mm，β=30°，作出直线的三面投影（只需作出一个解答）

2.在直线AB上作出点K的两面投影，已知点K距H面15mm。

3.求直线AB上点K的正面投影。

4.已知点M在直线CD上并与H、V面的距离相等，求作点M的投影。

| 2-4直线的投影 | 班级 | 姓名 | 学号 |

第2章　点、直线、平面的投影习题答案

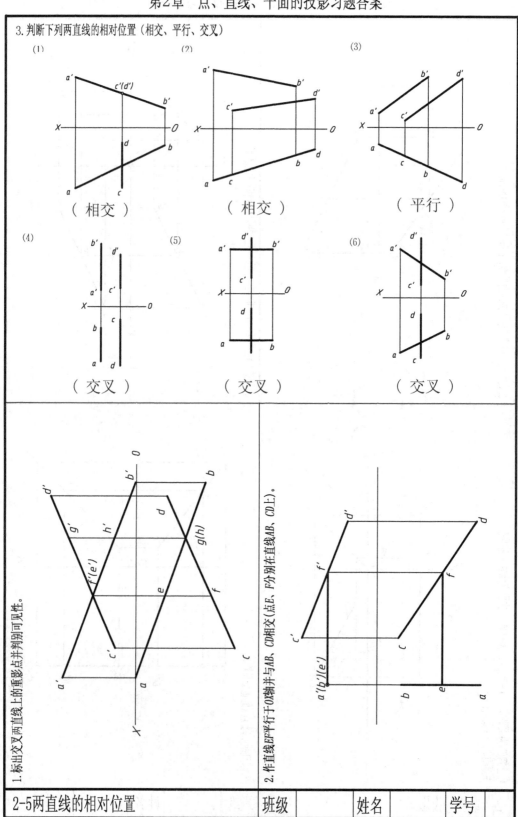

3.判断下列两直线的相对位置（相交、平行、交叉）

(1) （相交）

(2) （相交）

(3) （平行）

(4) （交叉）

(5) （交叉）

(6) （交叉）

1.标出交叉两直线上的重影点并判别可见性。

2.作直线EF平行于OX轴并与AB、CD相交（点E、F分别在直线AB、CD上）。

2-5两直线的相对位置	班级	姓名	学号

第2章　点、直线、平面的投影习题答案

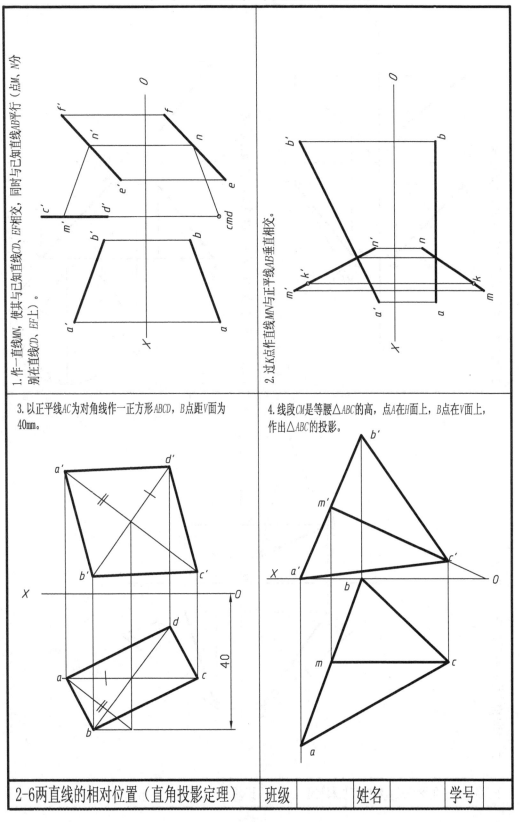

1.作一直线MN，使其与已知直线CD、EF相交，同时与已知直线AB平行（点M、N分别在直线CD、EF上）。

2.过K点作直线MN与正平线AB垂直相交。

3.以正平线AC为对角线作一正方形ABCD，B点距V面为40mm。

4.线段CM是等腰△ABC的高，点A在H面上，B点在V面上，作出△ABC的投影。

| 2-6两直线的相对位置（直角投影定理） | 班级 | | 姓名 | | 学号 | |

第2章 点、直线、平面的投影习题答案

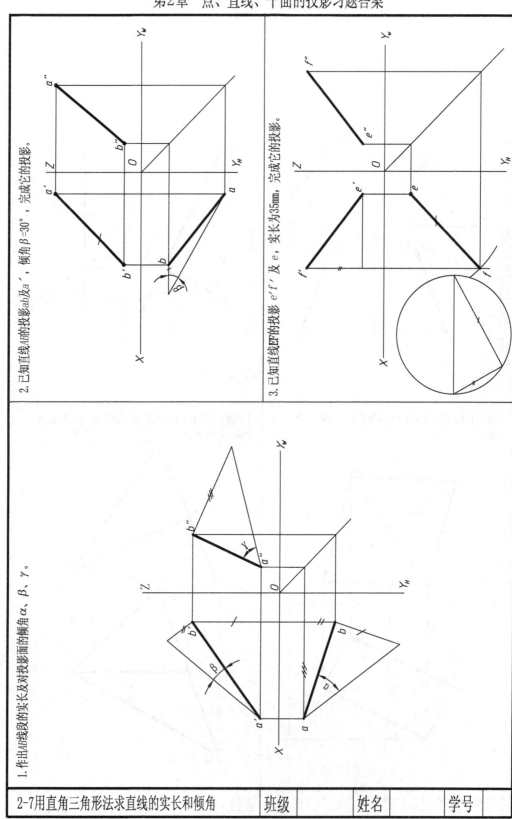

2. 已知直线AB的投影ab及a′，倾角β=30°，完成它的投影。

3. 已知直线EF的投影e′f′及e，实长为35mm，完成它的投影。

1. 作出AB线段的实长及对投影面的倾角α、β、γ。

2-7用直角三角形法求直线的实长和倾角	班级	姓名	学号

第2章　点、直线、平面的投影习题答案

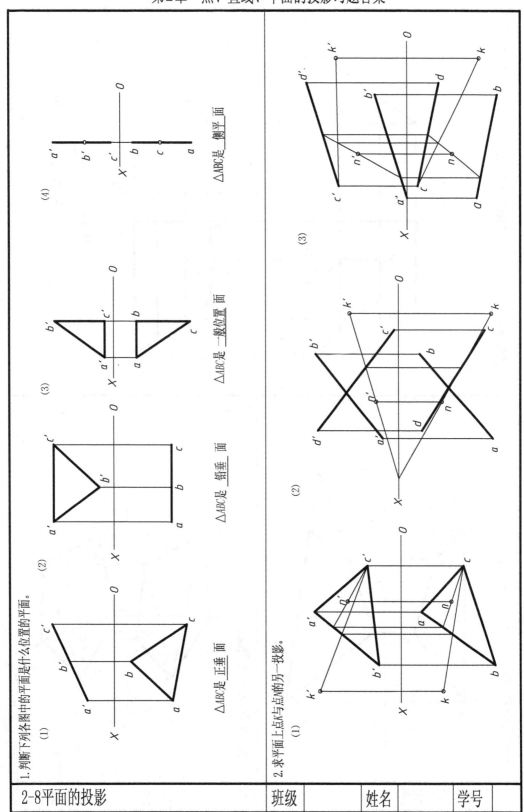

1.判断下列各图中的平面是什么位置的平面。

(1) △ABC是 __正垂__ 面

(2) △ABC是 __铅垂__ 面

(3) △ABC是 __一般位置__ 面

(4) △ABC是 __侧平__ 面

2.求平面上点K与点N的另一投影。

(1)

(2)

(3)

| 2-8平面的投影 | 班级 | 姓名 | 学号 | |

第2章　点、直线、平面的投影习题答案

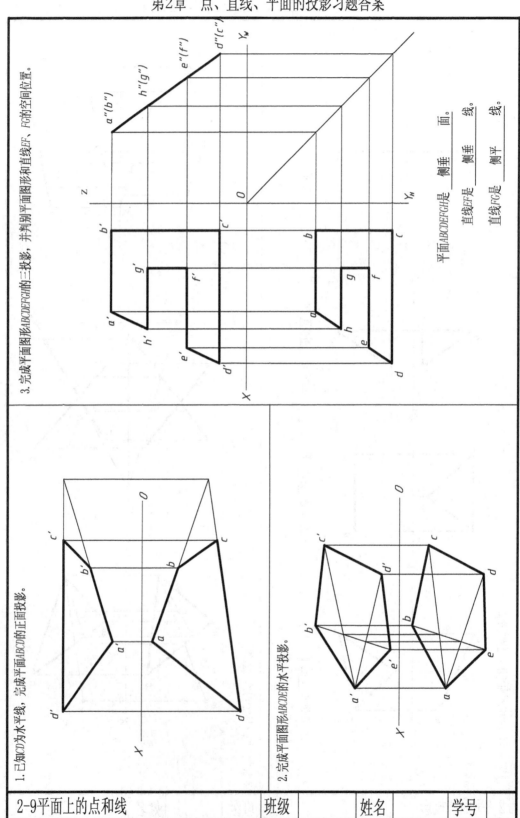

3. 完成平面图形ABCDEFGH的三投影，并判别平面图形和直线EF，FG的空间位置。

平面ABCDEFGH是 ___侧垂___ ___面___。

直线EF是 ___侧垂___ ___线___。

直线FG是 ___侧平___ ___线___。

1. 已知CD为水平线，完成平面ABCD的正面投影。

2. 完成平面图形ABCDE的水平投影。

2-9平面上的点和线	班级	姓名	学号

第2章 点、直线、平面的投影习题答案

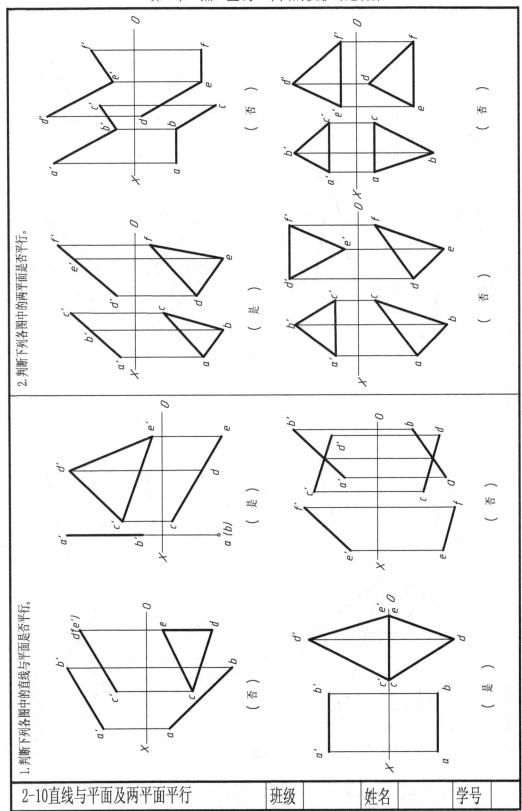

1.判断下列各图中的直线与平面是否平行。

2.判断下列各图中的两平面是否平行。

| 2-10直线与平面及两平面平行 | 班级 | 姓名 | 学号 |

第2章 点、直线、平面的投影习题答案

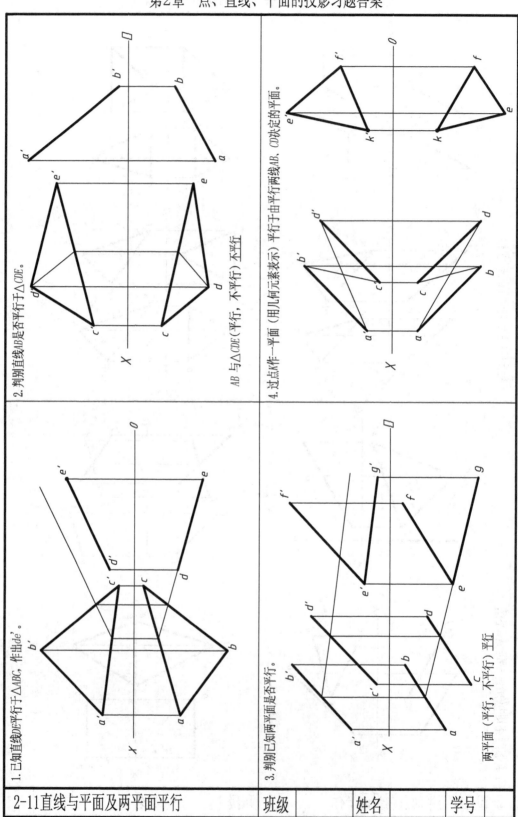

2. 判断直线AB是否平行于△CDE。

AB 与△CDE（平行，不平行）不平行。

4. 过点K作一平面（用几何元素表示）平行于由平行两线AB、CD决定的平面。

1. 已知直线DE平行于△ABC，作出de'。

3. 判别已知两平面是否平行。

两平面（平行，不平行）平行

2-11直线与平面及两平面平行	班级	姓名	学号

第2章　点、直线、平面的投影习题答案

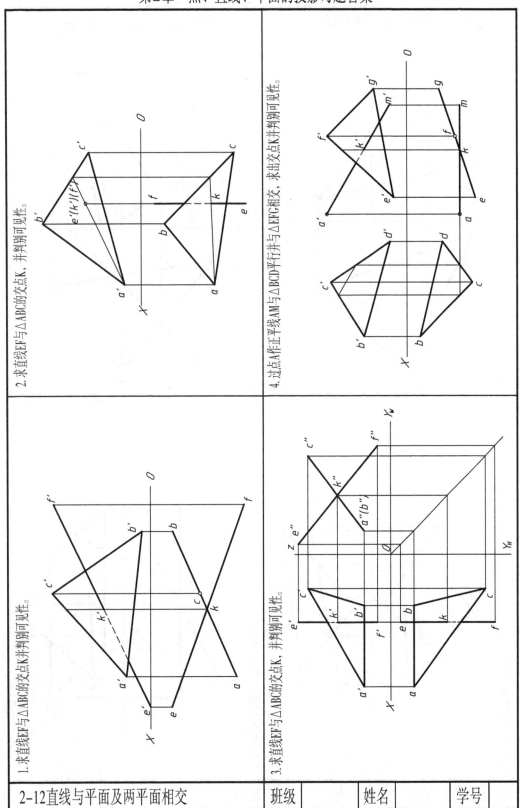

2. 求直线EF与△ABC的交点K，并判别可见性。

4. 过点A作正平线AM与△BCD平行并与△EFG相交，求出交点K并判别可见性。

1. 求直线EF与△ABC的交点K并判别可见性。

3. 求直线EF与△ABC的交点K，并判别可见性。

2-12直线与平面及两平面相交	班级		姓名		学号	

第2章 点、直线、平面的投影习题答案

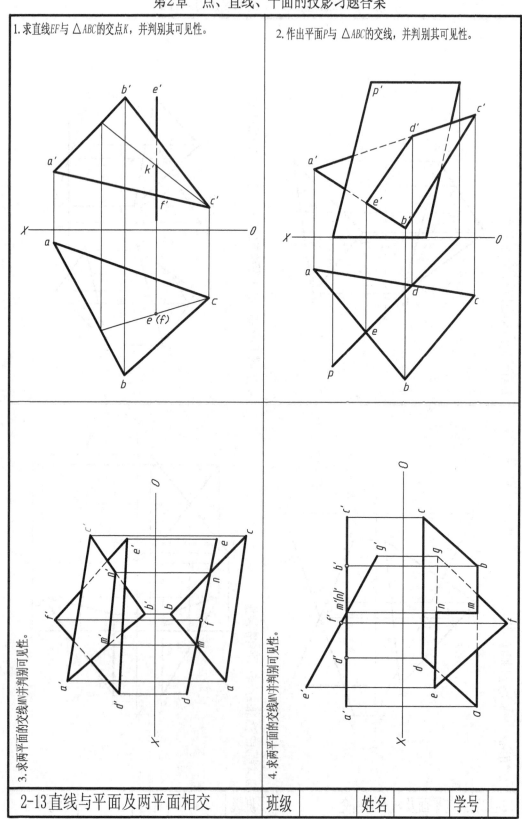

1. 求直线EF与△ABC的交点K，并判别其可见性。

2. 作出平面P与△ABC的交线，并判别其可见性。

3. 求两平面的交线MN并判别可见性。

4. 求两平面的交线MN并判别可见性。

2-13直线与平面及两平面相交	班级	姓名	学号

第2章 点、直线、平面的投影习题答案

2. 作出△ABC与△DEF的交线，并判别其可见性。

1. 作出两平面 △ABC与▱DEFG的交线，并判别其可见性。

2-14两平面相交	班级	姓名	学号

第2章　点、直线、平面的投影习题答案

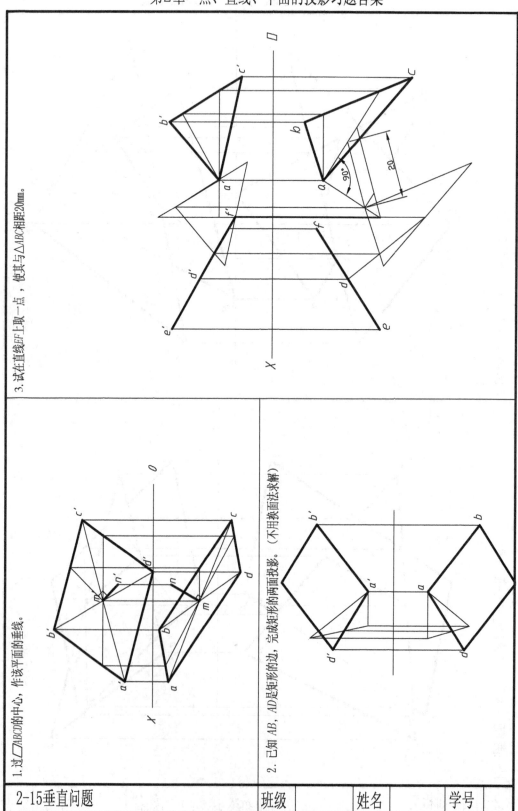

3. 试在直线EF上取一点，使其与△ABC相距20mm。

1. 过▱ABCD的中心，作该平面的垂线。

2. 已知 AB，AD是矩形的边，完成矩形的两面投影。（不用换面法求解）

| 2-15垂直问题 | 班级 | 姓名 | 学号 |

第2章　点、直线、平面的投影习题答案

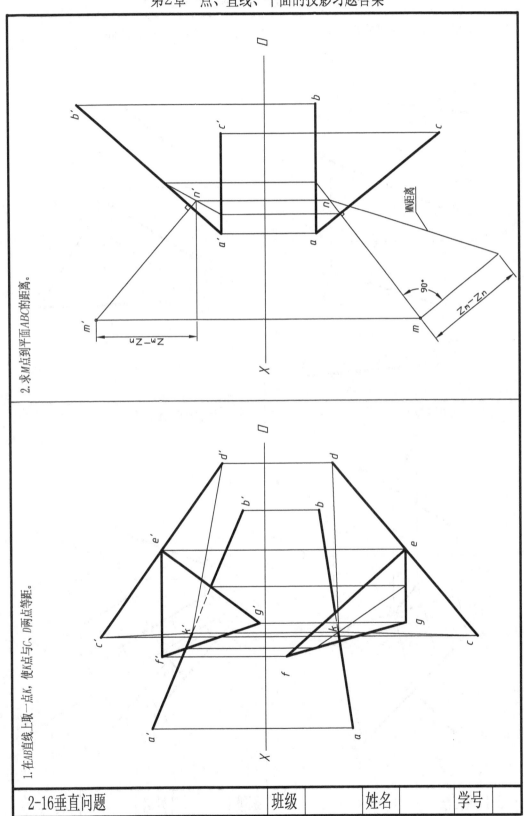

2.求M点到平面ABC的距离。

1.在AB直线上取一点K，使K点与C、D两点等距。

| 2-16垂直问题 | 班级 | 姓名 | 学号 |

第2章　点、直线、平面的投影习题答案

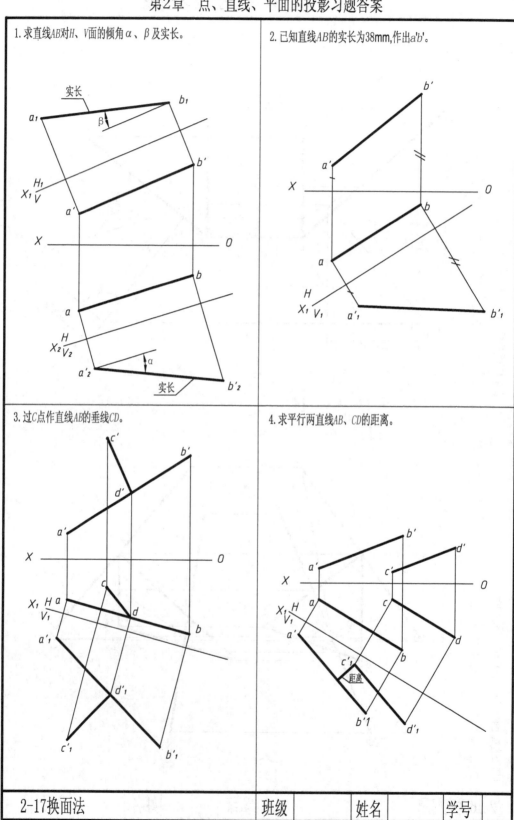

1. 求直线AB对H、V面的倾角α、β及实长。

2. 已知直线AB的实长为38mm,作出a'b'。

3. 过C点作直线AB的垂线CD。

4. 求平行两直线AB、CD的距离。

2-17换面法	班级	姓名	学号

第2章 点、直线、平面的投影习题答案

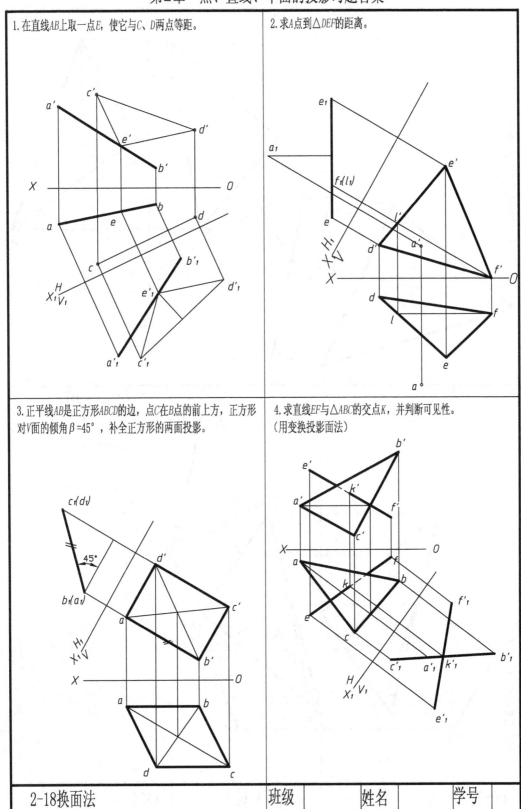

1. 在直线AB上取一点E, 使它与C、D两点等距。

2. 求A点到△DEF的距离。

3. 正平线AB是正方形ABCD的边, 点C在B点的前上方, 正方形对V面的倾角β=45°, 补全正方形的两面投影。

4. 求直线EF与△ABC的交点K, 并判断可见性。
（用变换投影面法）

| 2-18换面法 | 班级 | 姓名 | 学号 |

第2章　点、直线、平面的投影习题答案

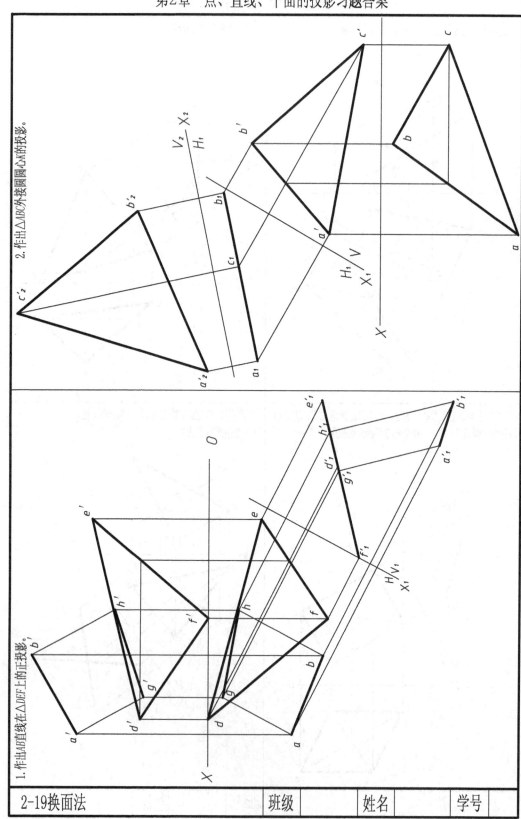

2. 作出△ABC外接圆圆心OK的投影。

1. 作出AB直线在△DEF上的正投影。

| 2-19换面法 | 班级 | 姓名 | 学号 |

第2章　点、直线、平面的投影习题答案

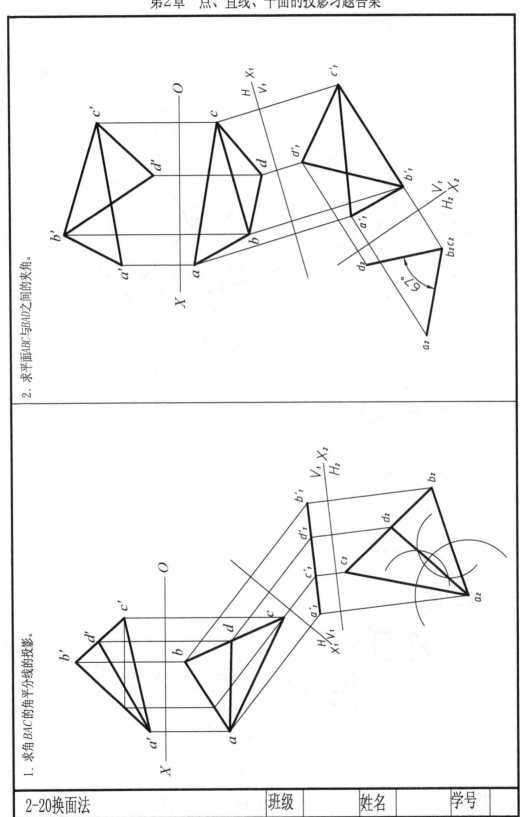

2. 求平面ABC与BAD之间的夹角。

1. 求角BAC的角平分线的投影。

2-20换面法	班级	姓名	学号

第2章　点、直线、平面的投影习题答案

1.求交叉两直线AB、CD的公垂线EF的投影。

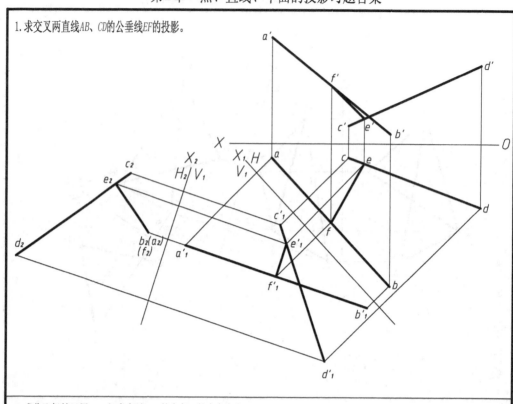

2.求作飞机挡风屏ABCD和玻璃面CDEF的夹角θ的真实大小。

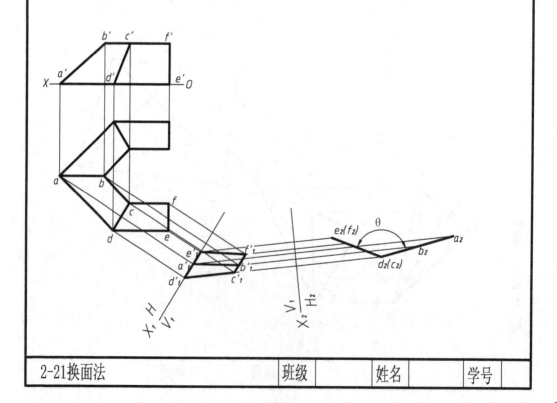

| 2-21换面法 | 班级 | 姓名 | 学号 |

第3章　立体的投影习题答案

3. 作体的第三视图，并补全体表面上点的其余两投影。

6. 画出六棱台的侧面投影，并画出属于棱合表面线段AB、CD、BC的其他投影。

2. 作体的第三视图，并补全体表面上点的其余两投影。

5. 画出立体的侧面投影，并画出属于立体表面的点及线段的其他投影。

1. 作体的第三视图，并补全体表面上点的其余两投影。

4. 画出五棱柱的水平投影，并画出属于棱柱表面上的点及线段的其他投影。

3-1平面立体	班级	姓名	学号

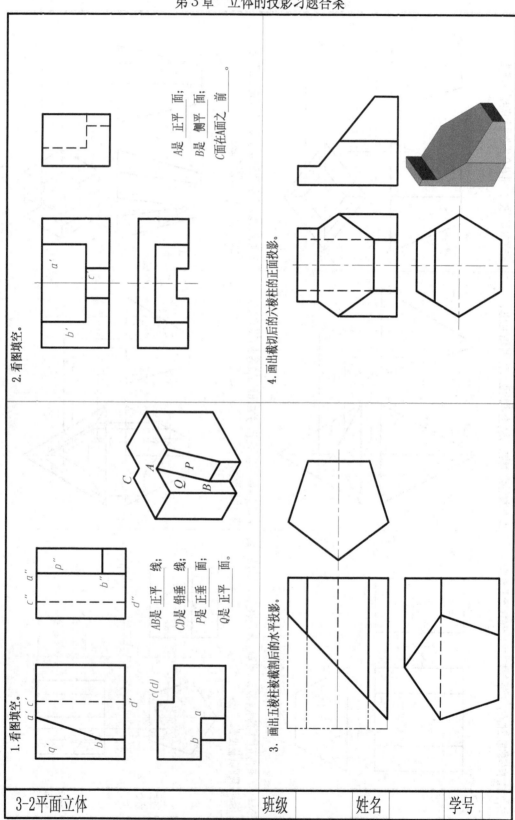

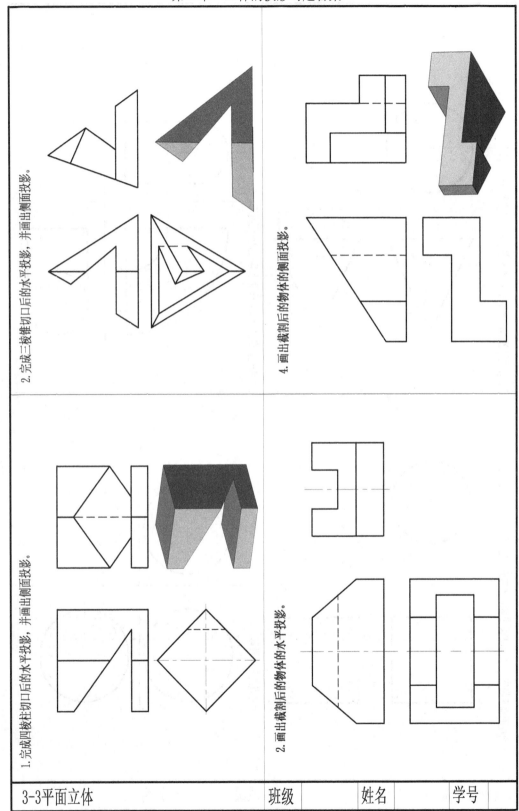

第3章　立体的投影习题答案

2.完成三棱锥切口后的水平投影，并画出侧面投影。

4.画出截割后的物体的侧面投影。

1.完成四棱柱切口后的水平投影，并画出侧面投影。

2.画出截割后的物体的水平投影。

| 3-3平面立体 | 班级 | 姓名 | 学号 |

第3章　立体的投影习题答案

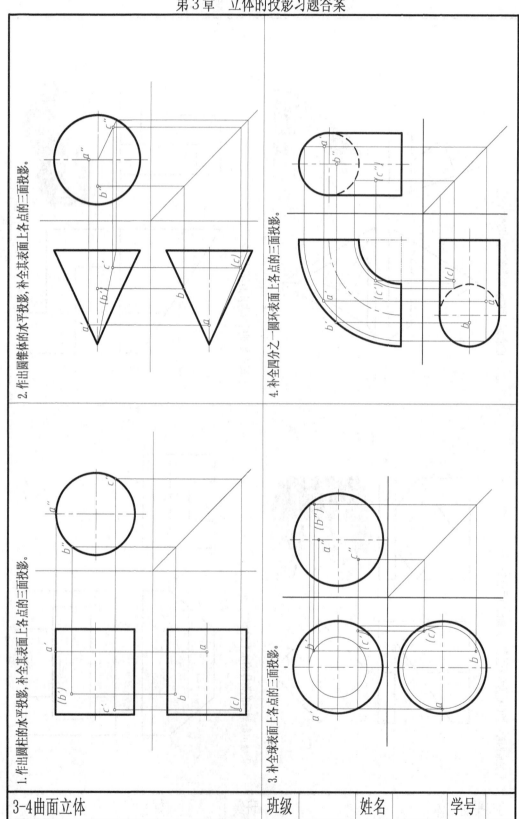

1. 作出圆柱的水平投影，补全其表面上各点的三面投影。

2. 作出圆锥体的水平投影，补全其表面上各点的三面投影。

3. 补全球表面上各点的三面投影。

4. 补全四分之一圆环表面上各点的三面投影。

3-4曲面立体		班级	姓名	学号

第3章 立体的投影习题答案

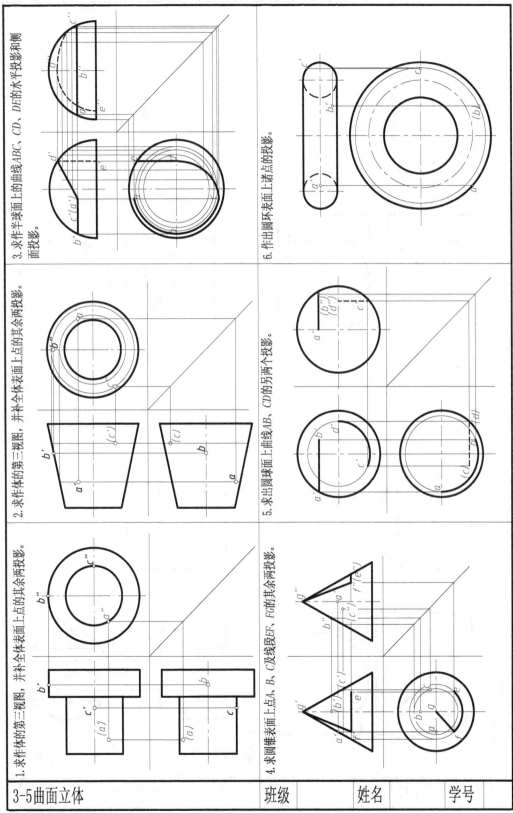

3. 求作半球面上的曲线ABC、CD、DE的水平投影和侧面投影。

6. 作出圆环表面上诸点的投影。

2. 求作体的第三视图，并补全体表面上点的其余两投影。

5. 求出圆球面上曲线AB、CD的另两个投影。

1. 求作体的第三视图，并补全体表面上点的其余两投影。

4. 求圆锥表面上点A、B、C及线段EF、FG的其余两投影。

3-5曲面立体	班级	姓名	学号

第3章　立体的投影习题答案

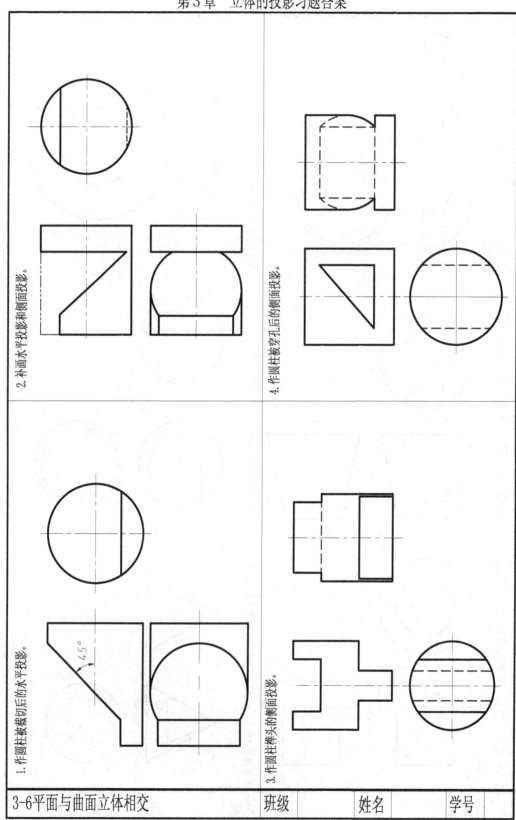

1. 作圆柱被截切后的水平投影。

2. 补画水平投影和侧面投影。

3. 作圆柱榫头的侧面投影。

4. 作圆柱被穿孔后的侧面投影。

3-6平面与曲面立体相交　　班级　　姓名　　学号

第3章 立体的投影习题答案

2. 补全主视图上所缺的截交线并作左视图。

4. 求作左视图。

1. 求作左视图。

3. 求作俯视图。

3-7平面与曲面立体相交	班级	姓名	学号

第3章　立体的投影习题答案

2. 求作圆锥被截切后的水平投影和侧面投影。

4. 补画圆锥被切割后的水平投影和侧面投影。

1. 补画圆锥被截切后的水平投影和正面投影。

3. 补画圆锥被切割后的水平投影和侧面投影。

3-8平面与曲面立体相交	班级	姓名	学号

第3章 立体的投影习题答案

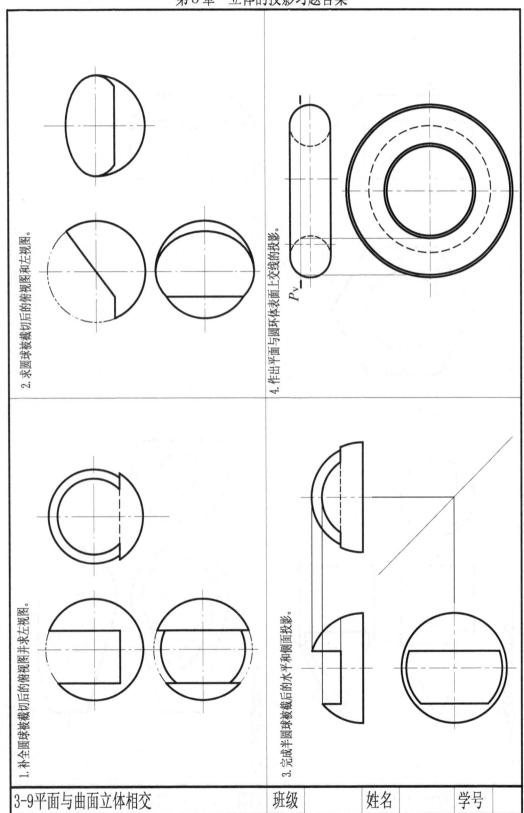

2. 求圆球被截切后的俯视图和正视图。

4. 作出平面与圆环体表面上交线的投影。

1. 补全圆球被截切后的俯视图并求左视图。

3. 完成半圆球被截切后的水平和侧面投影。

3-9平面与曲面立体相交	班级	姓名	学号

第3章　立体的投影习题答案

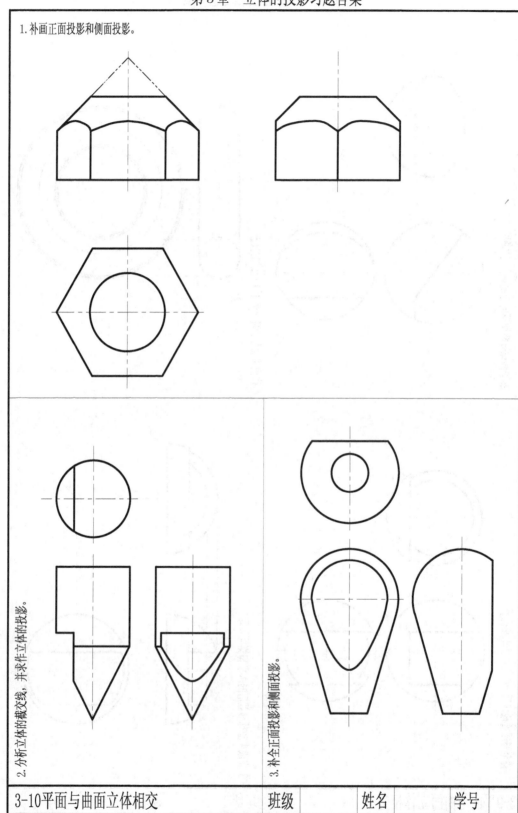

1. 补画正面投影和侧面投影。

2. 分析立体的截交线，并求作立体的投影。

3. 补全正面投影和侧面投影。

| 3-10平面与曲面立体相交 | 班级 | 姓名 | 学号 |

第3章　立体的投影习题答案

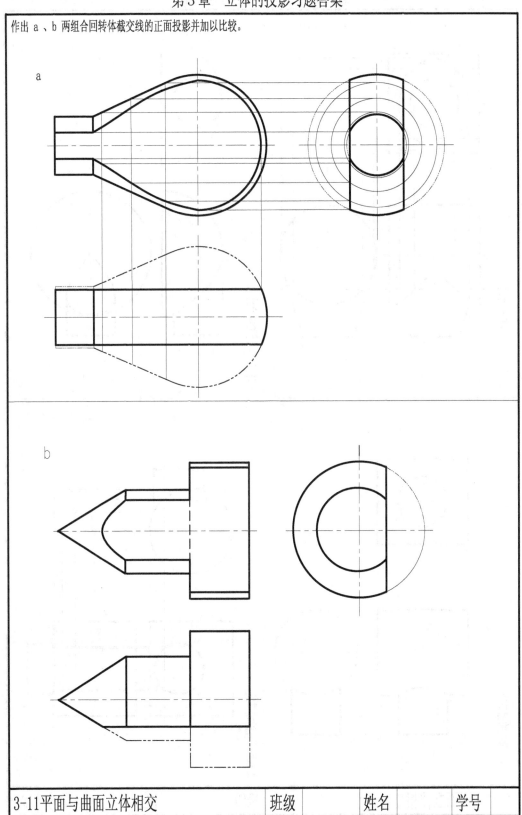

作出 a、b 两组合回转体截交线的正面投影并加以比较。

3-11平面与曲面立体相交	班级	姓名	学号

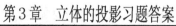

第3章 立体的投影习题答案

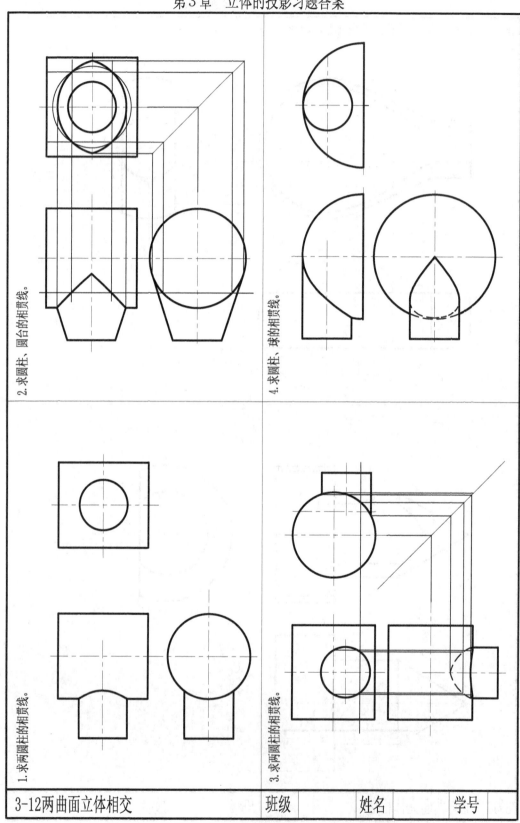

2. 求圆柱、圆台的相贯线。

4. 求圆柱、球的相贯线。

1. 求两圆柱的相贯线。

3. 求两圆柱的相贯线。

3-12两曲面立体相交	班级	姓名	学号

第3章　立体的投影习题答案

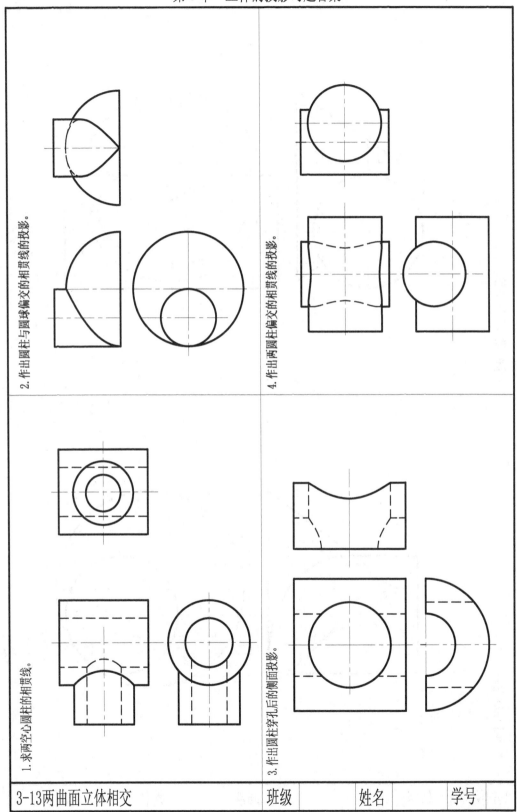

2. 作出圆柱与圆球偏交的相贯线的投影。

4. 作出两圆柱偏交的相贯线的投影。

1. 求两空心圆柱的相贯线。

3. 作出圆柱穿孔后的侧面投影。

3-13两曲面立体相交	班级	姓名	学号

第3章　立体的投影习题答案

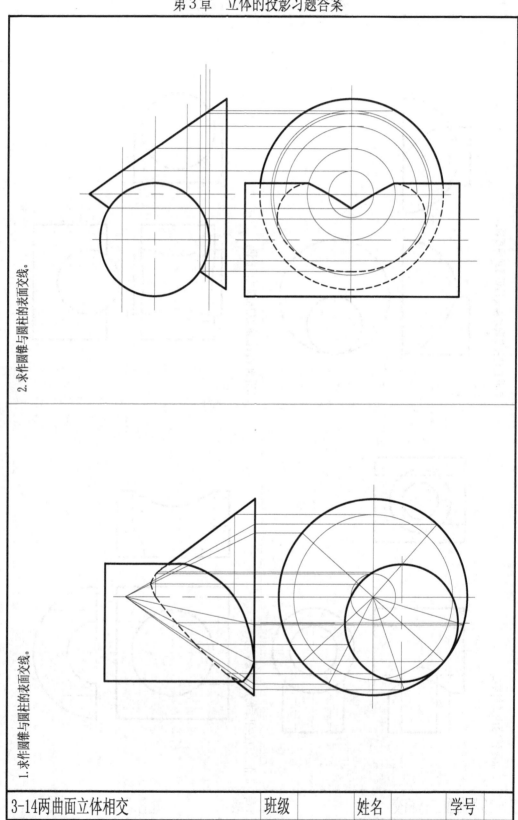

2.求作圆锥与圆柱的表面交线。

1.求作圆锥与圆柱的表面交线。

| 3-14两曲面立体相交 | 班级 | 姓名 | 学号 |

第3章 立体的投影习题答案

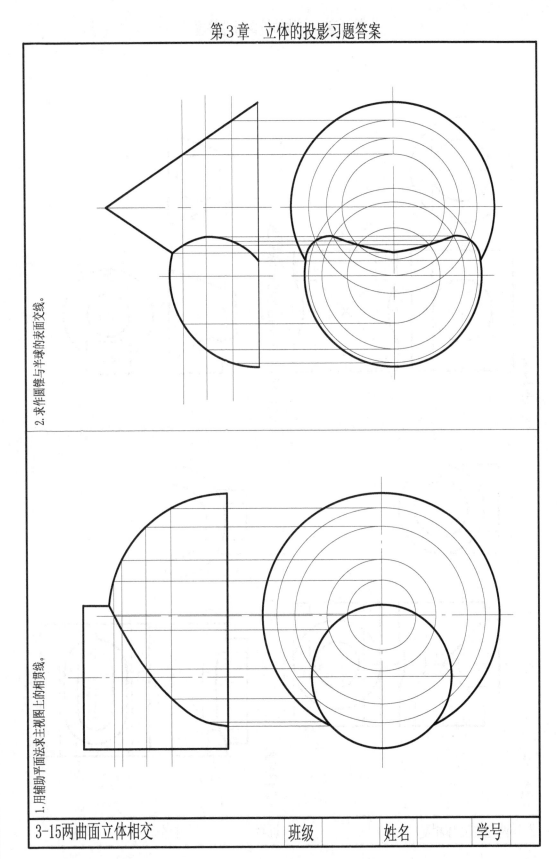

2. 求作圆锥与半球的表面交线。

1. 用辅助平面法求主视图上的相贯线。

| 3-15两曲面立体相交 | 班级 | 姓名 | 学号 |

第3章　立体的投影习题答案

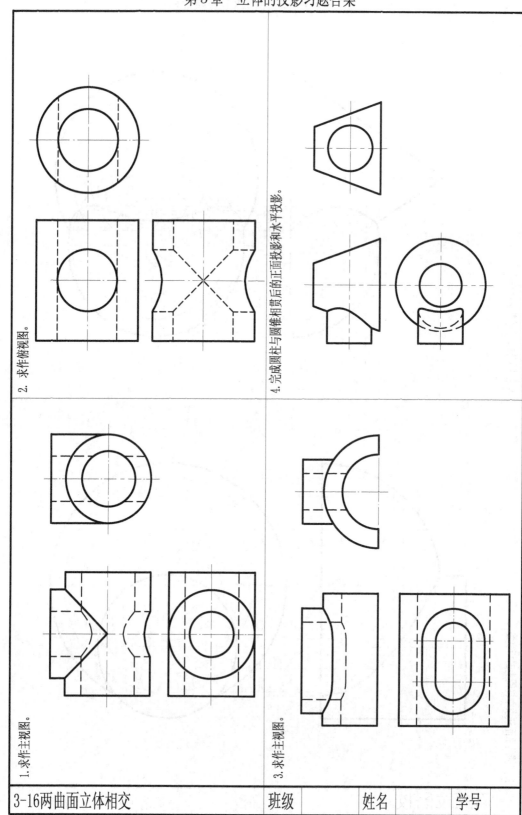

2. 求作俯视图。

4. 完成圆柱与圆锥相贯后的正面投影和水平投影。

1. 求作主视图。

3. 求作主视图。

3-16两曲面立体相交	班级	姓名	学号	

第3章 立体的投影习题答案

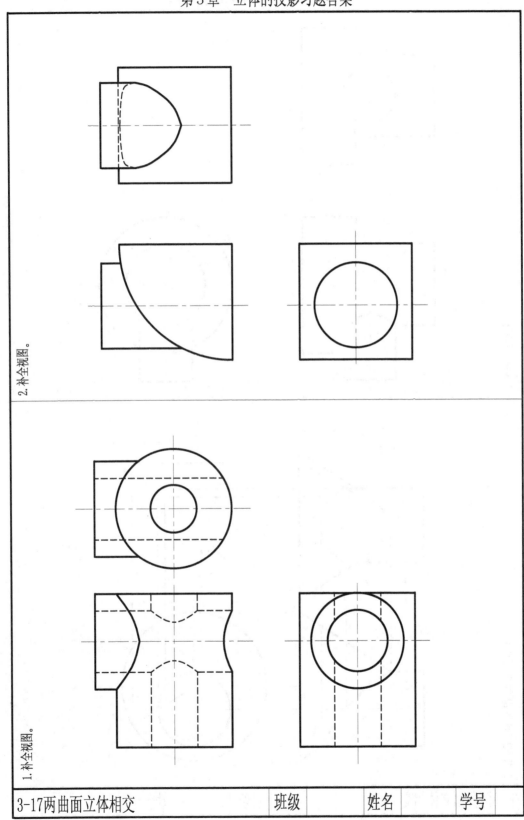

2. 补全视图。

1. 补全视图。

| 3-17两曲面立体相交 | 班级 | 姓名 | 学号 |

第3章 立体的投影习题答案

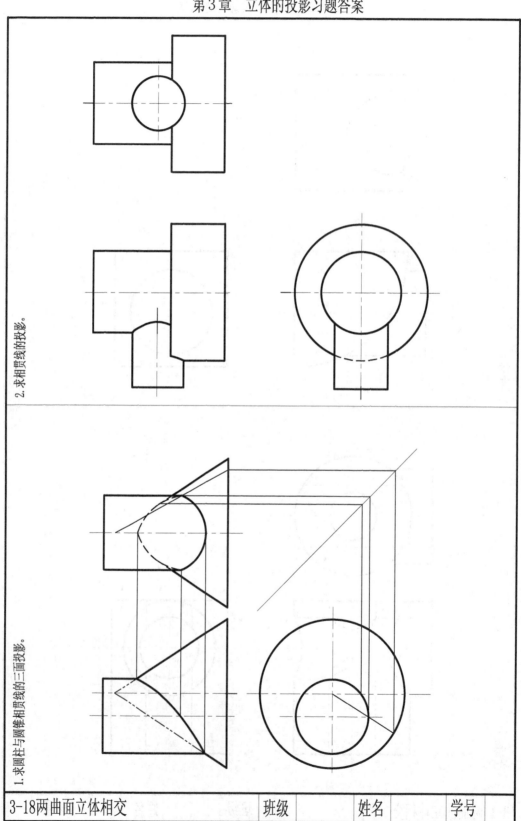

2. 求相贯线的投影。

1. 求圆柱与圆锥相贯线的三面投影。

| 3-18两曲面立体相交 | 班级 | | 姓名 | | 学号 | |

第3章 立体的投影习题答案

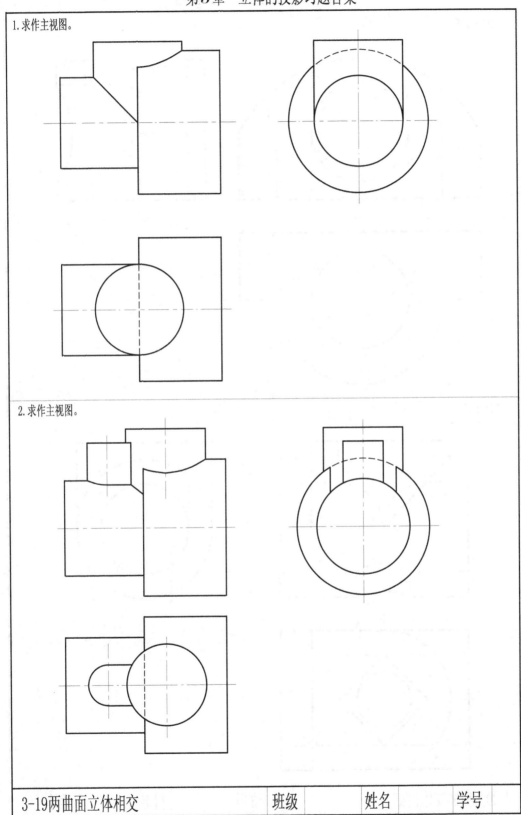

1.求作主视图。

2.求作主视图。

| 3-19两曲面立体相交 | 班级 | 姓名 | 学号 |

第3章 立体的投影习题答案

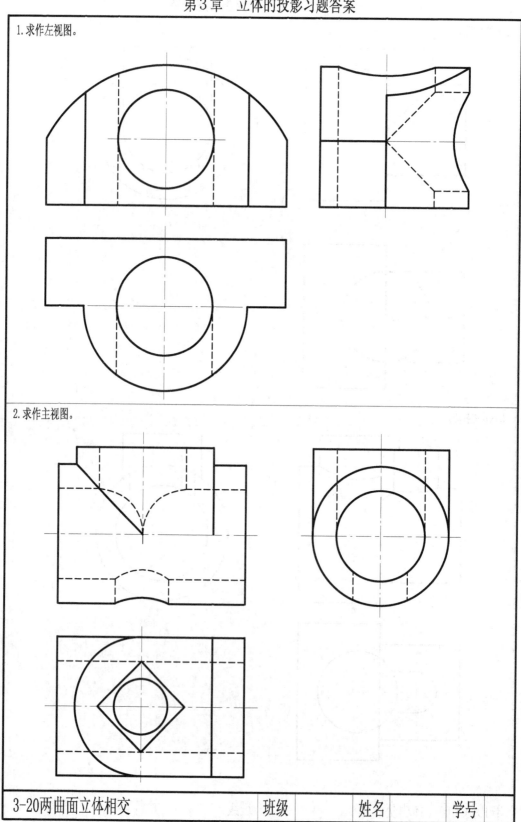

1.求作左视图。

2.求作主视图。

3-20两曲面立体相交		班级		姓名		学号	

第4章 组合体的视图习题答案

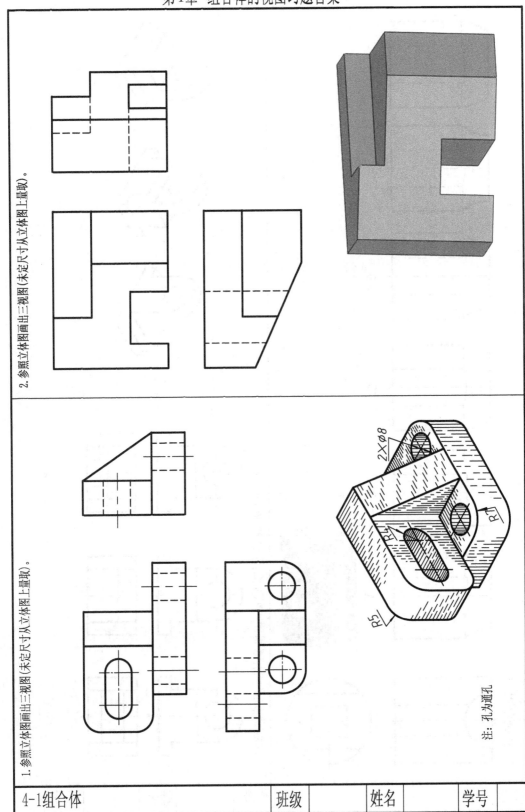

2. 参照立体图画出三视图(未定尺寸从立体图上量取)。

1. 参照立体图画出三视图(未定尺寸从立体图上量取)。

注: 孔为通孔

4-1组合体	班级	姓名	学号

第4章 组合体的视图习题答案

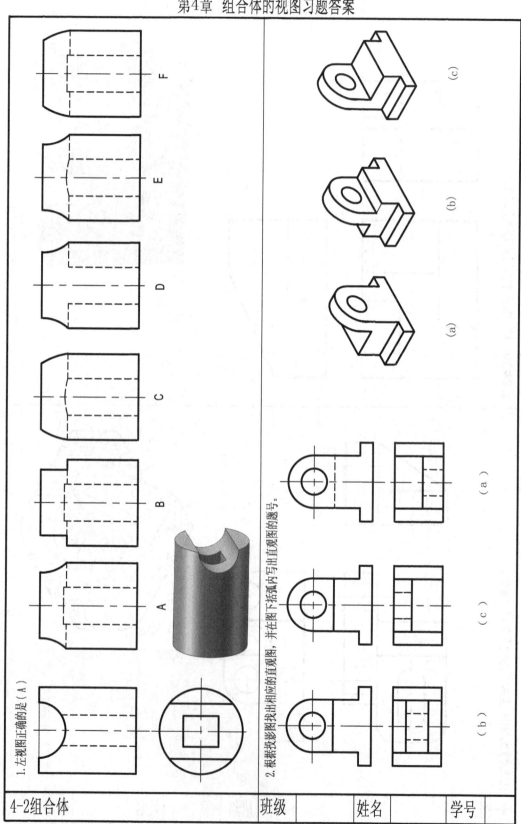

1. 左视图正确的是（ A ）

2. 根据投影图找出相应的直观图，并在图下括弧内写出直观图的题号。

第4章 组合体习题答案

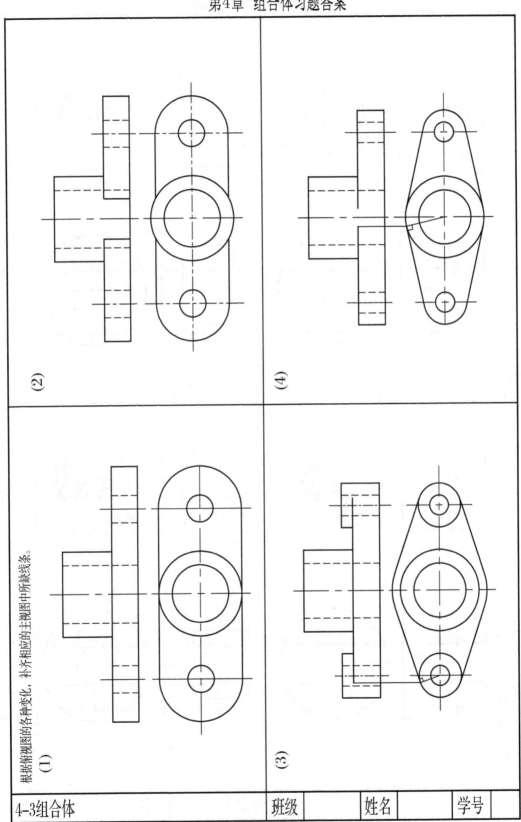

根据俯视图的各种变化，补齐相应的主视图中所缺线条。

(1) (2) (3) (4)

| 4-3组合体 | 班级 | 姓名 | 学号 |

第4章 组合体习题答案

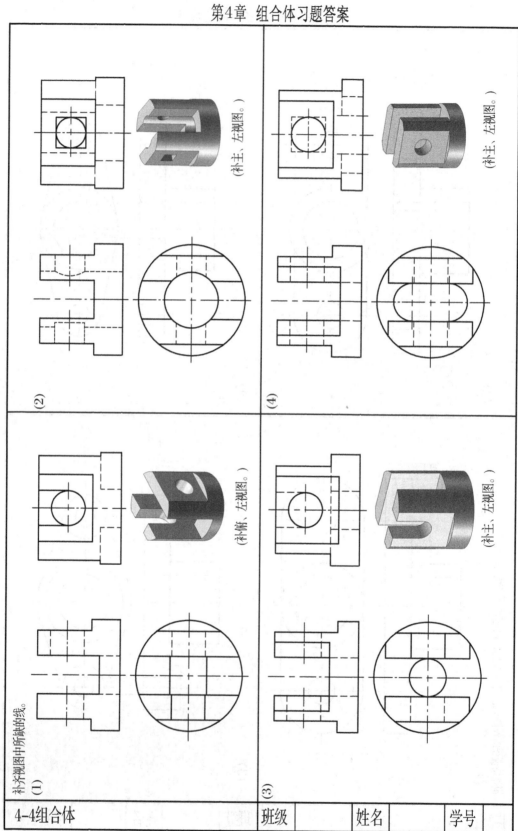

（2）

（补主、左视图。）

（4）

（补主、左视图。）

补齐视图中所缺的线。

（1）

（补俯、左视图。）

（3）

（补主、左视图。）

| 4-4组合体 | 班级 | 姓名 | 学号 |

第4章 组合体的视图习题答案

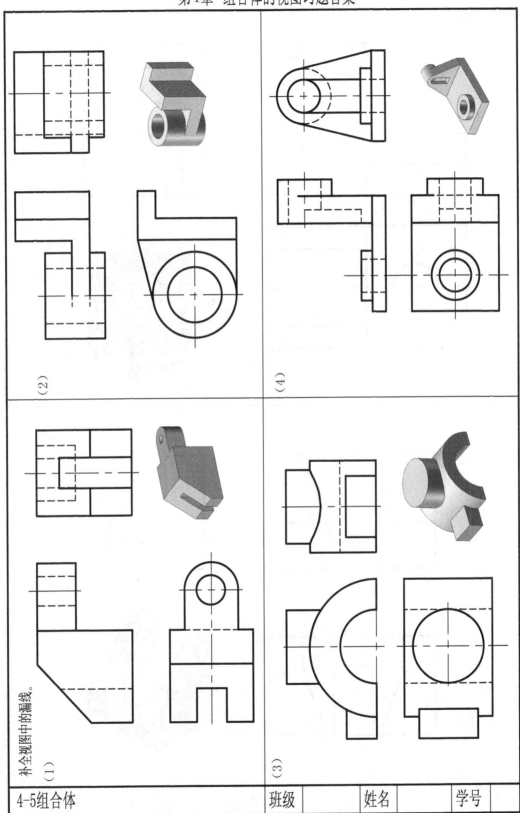

（2）

（4）

补全视图中的漏线。

（1）

（3）

4-5组合体	班级	姓名	学号

第4章 组合体的视图习题答案

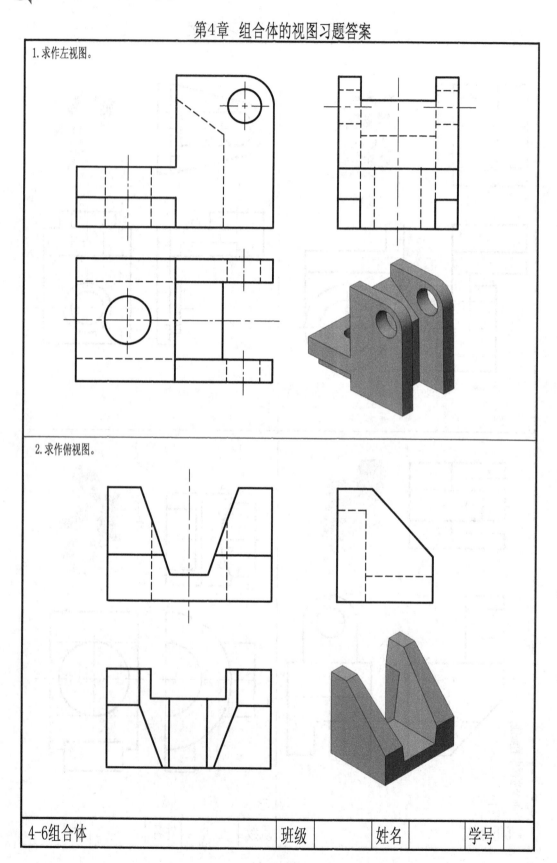

1. 求作左视图。

2. 求作俯视图。

| 4-6组合体 | 班级 | 姓名 | 学号 |

第4章　组合体的视图习题答案

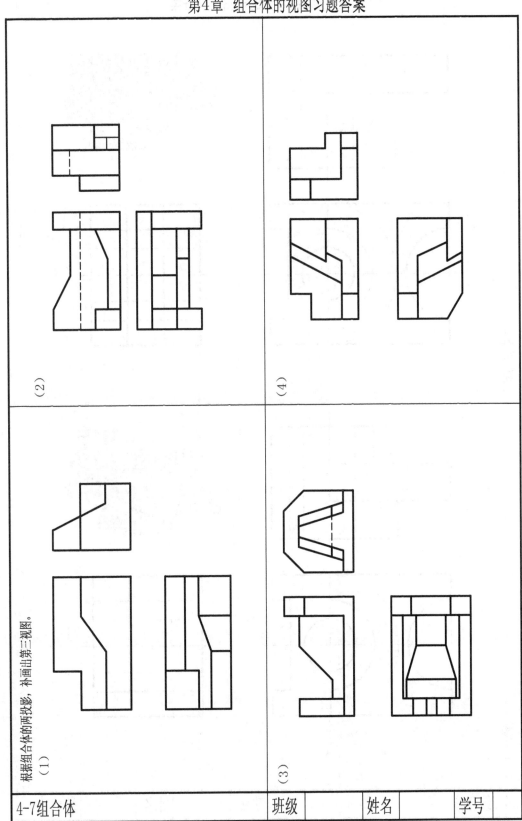

（2）

（4）

根据组合体的两投影，补画出第三视图。

（1）

（3）

4-7组合体	班级	姓名	学号

第4章 组合体的视图习题答案

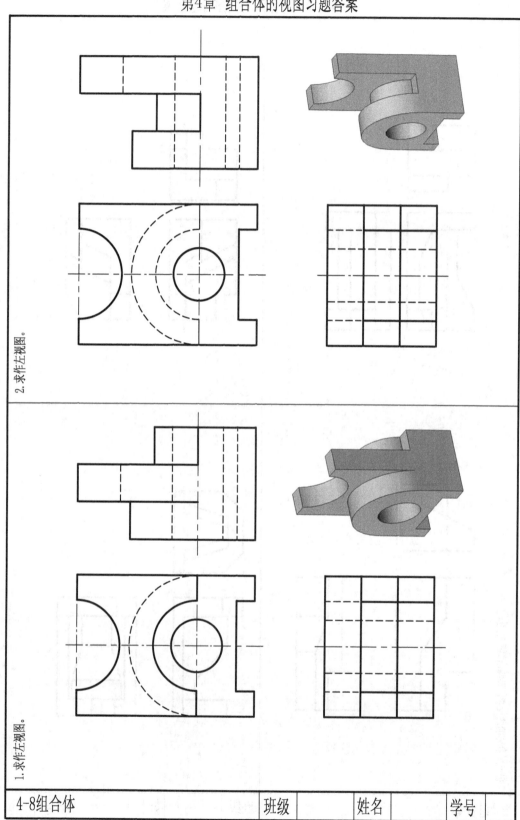

2. 求作左视图。

1. 求作左视图。

| 4-8组合体 | 班级 | 姓名 | 学号 |

第4章　组合体习题答案

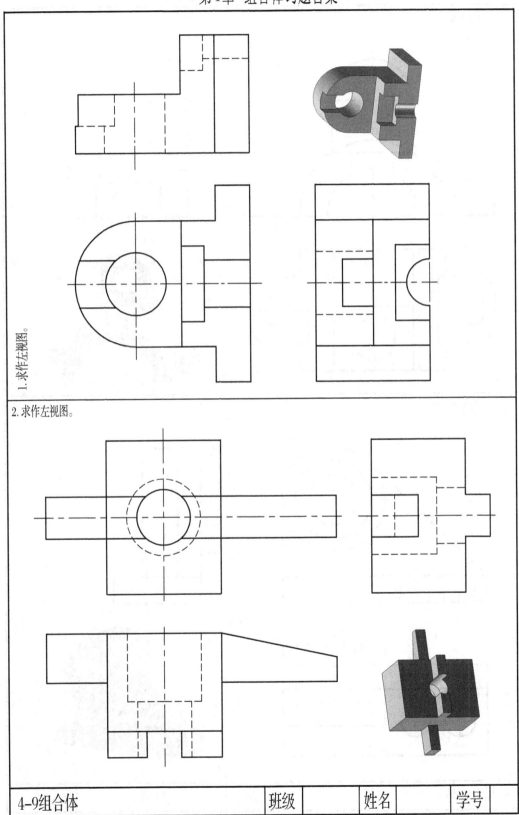

1. 求作左视图。

2. 求作左视图。

| 4-9组合体 | 班级 | 姓名 | 学号 |

第4章 组合体的视图习题答案

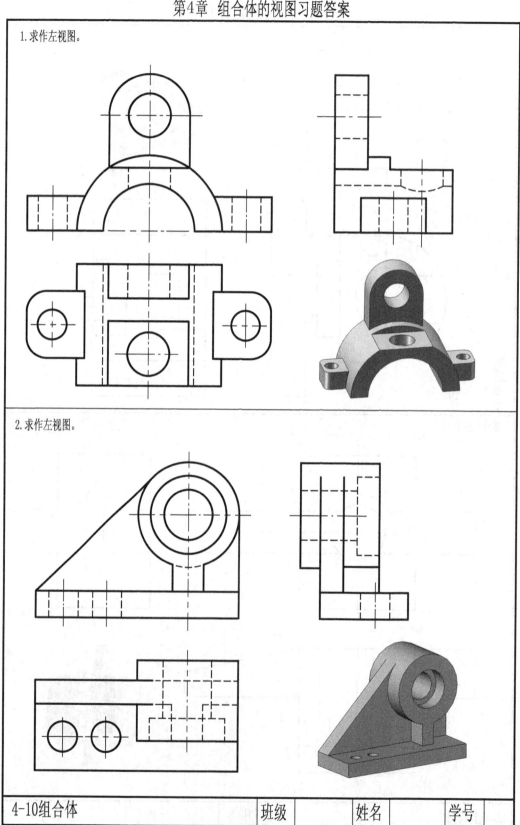

1.求作左视图。

2.求作左视图。

| 4-10组合体 | 班级 | 姓名 | 学号 |

第4章 组合体习题答案

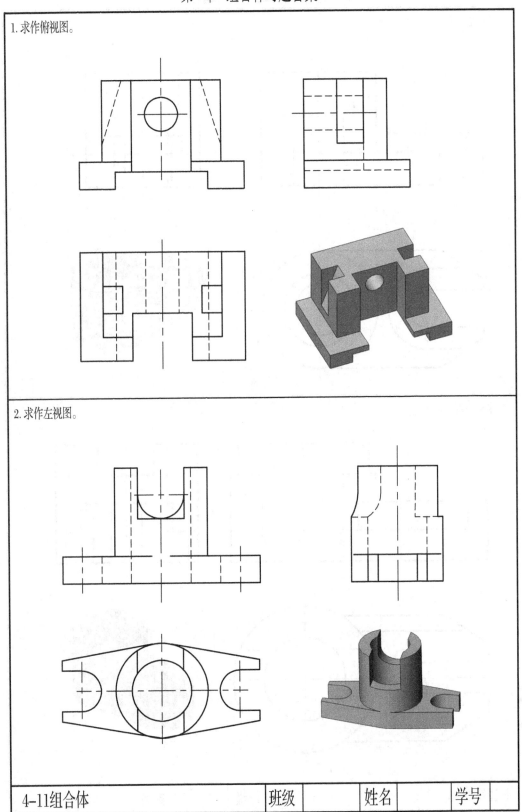

1.求作俯视图。

2.求作左视图。

| 4-11组合体 | 班级 | 姓名 | 学号 |

第4章 组合体的视图习题答案

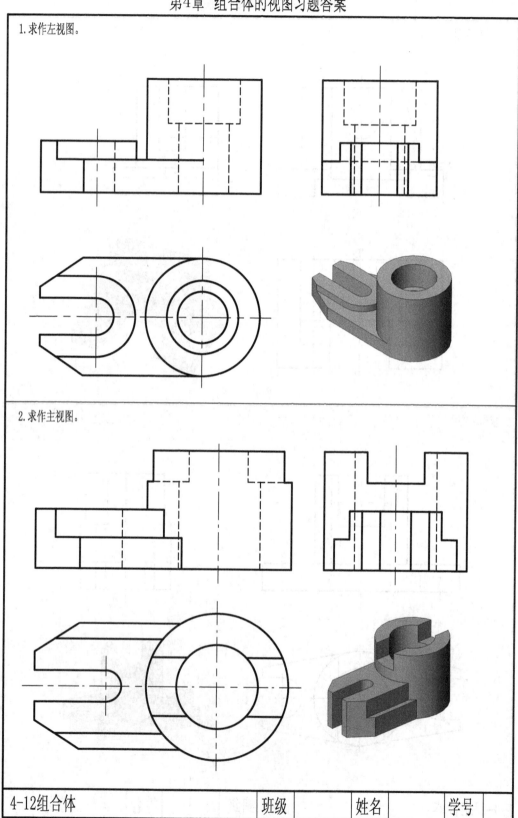

1.求作左视图。

2.求作主视图。

4-12组合体		班级		姓名		学号	

第4章　组合体习题答案

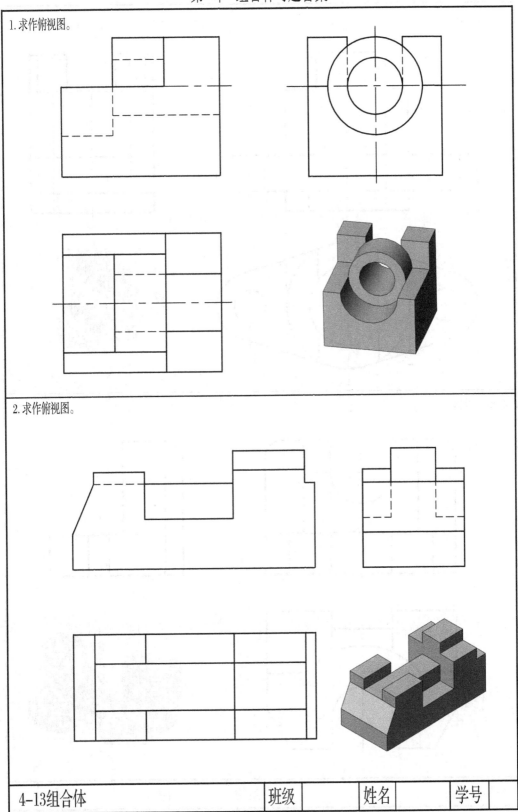

1.求作俯视图。

2.求作俯视图。

4-13组合体	班级	姓名	学号

第4章 组合体的视图习题答案

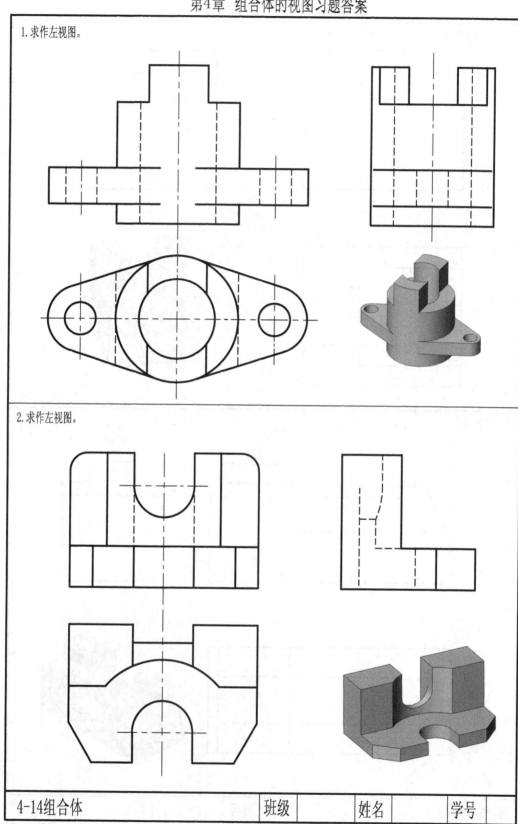

1.求作左视图。

2.求作左视图。

| 4-14组合体 | 班级 | 姓名 | 学号 |

第4章　组合体习题答案

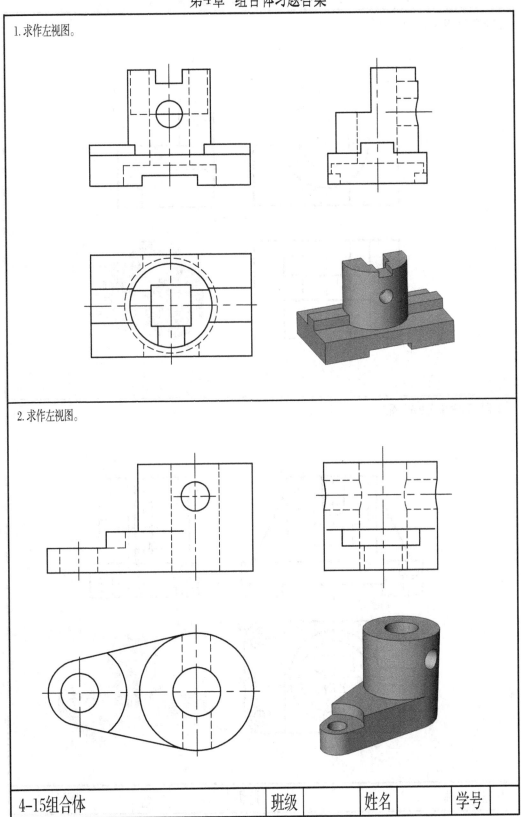

1.求作左视图。

2.求作左视图。

| 4-15组合体 | 班级 | 姓名 | 学号 |

第4章 组合体的视图习题答案

1.看懂所给视图,补画左视图。

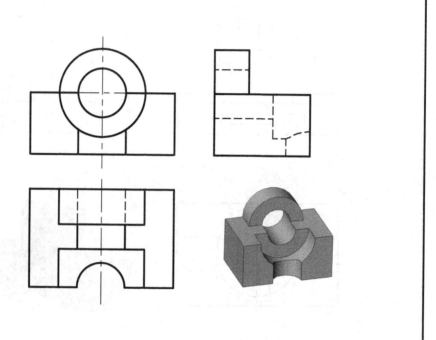

2.看懂所给视图,补画左视图。

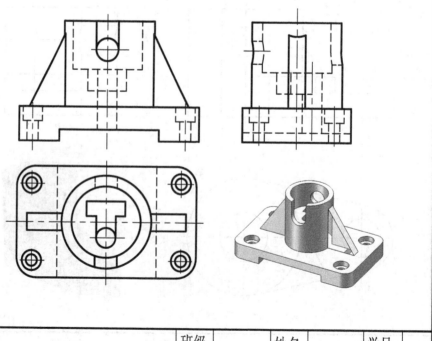

| 4-16组合体 | 班级 | 姓名 | 学号 |

第4章　组合体习题答案

1.求作主视图。

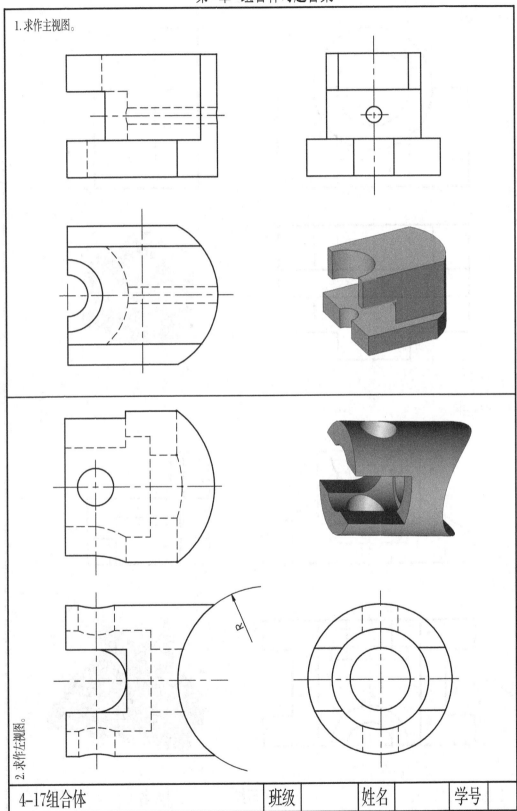

4-17组合体	班级	姓名	学号

第4章 组合体的视图习题答案

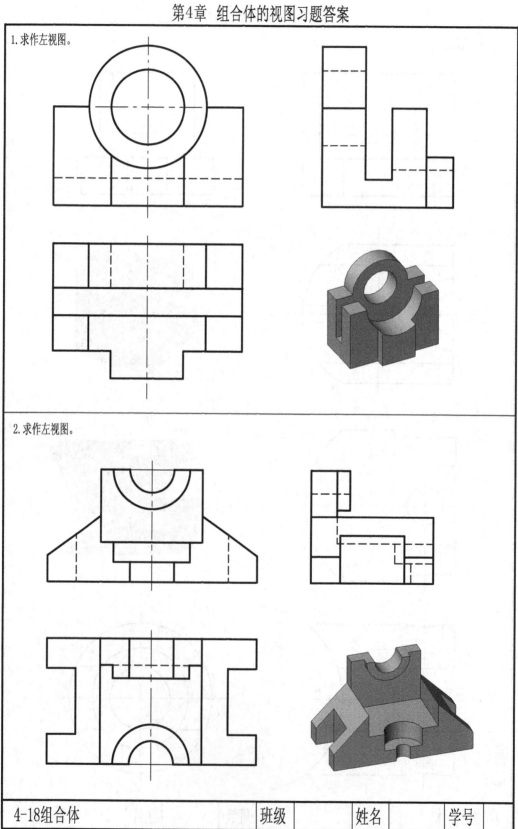

1.求作左视图。

2.求作左视图。

4-18组合体		班级	姓名	学号

第4章　组合体的视图习题答案

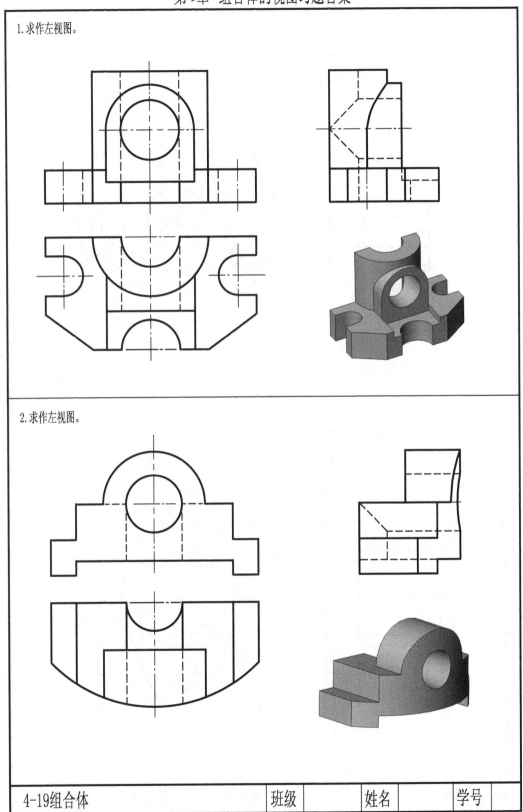

1.求作左视图。

2.求作左视图。

| 4-19组合体 | 班级 | 姓名 | 学号 |

第4章 组合体习题答案

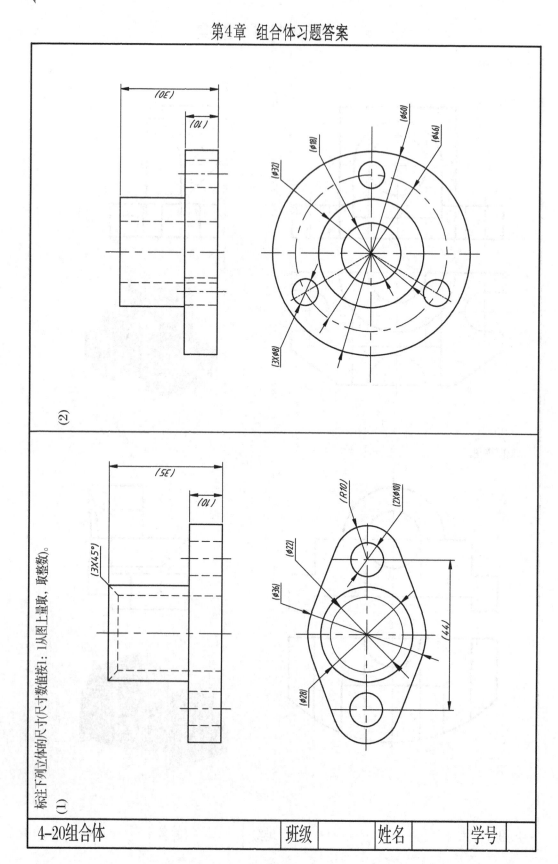

标注下列立体的尺寸(尺寸数值按1：1从图上量取，取整数)。

4-20组合体 | 班级 | 姓名 | 学号

第4章 组合体习题答案

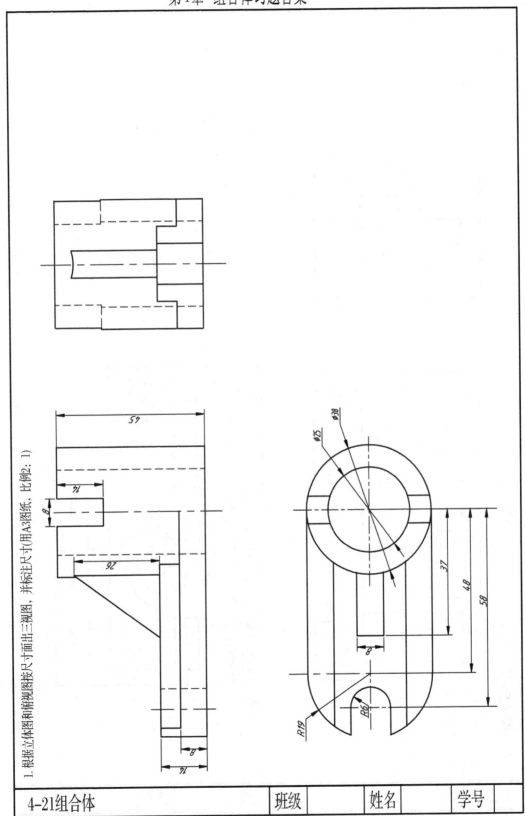

1. 根据立体图和俯视图按尺寸画出三视图，并标注尺寸（用A3图纸，比例2：1）

4-21组合体	班级	姓名	学号

現代工程制图学（上册）

第4章　组合体习题答案

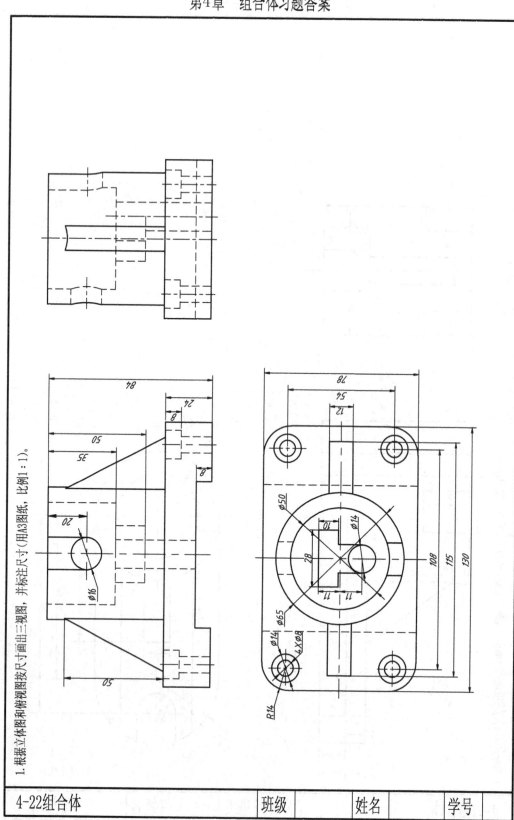

1.根据立体图和附视图按尺寸画出三视图，并标注尺寸（用A3图纸，比例1∶1）。

4-22组合体	班级	姓名	学号

第5章 轴测投影习题答案

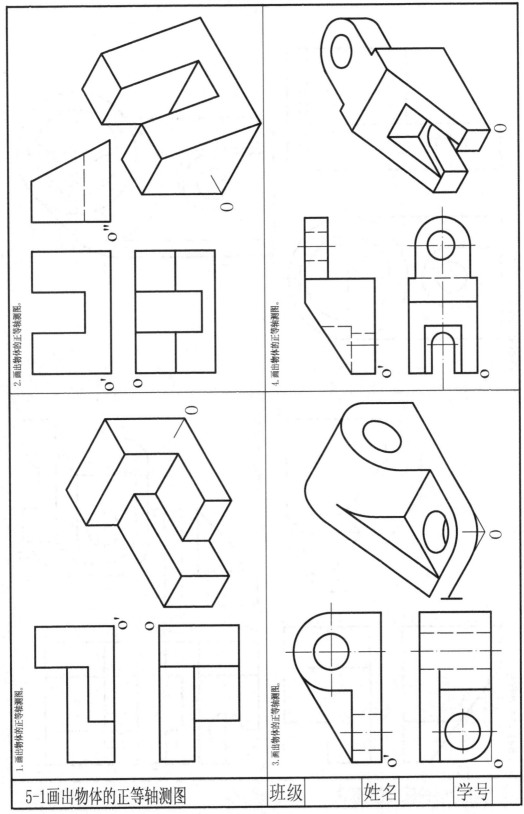

5-1画出物体的正等轴测图	班级	姓名	学号

第5章 轴测投影习题答案

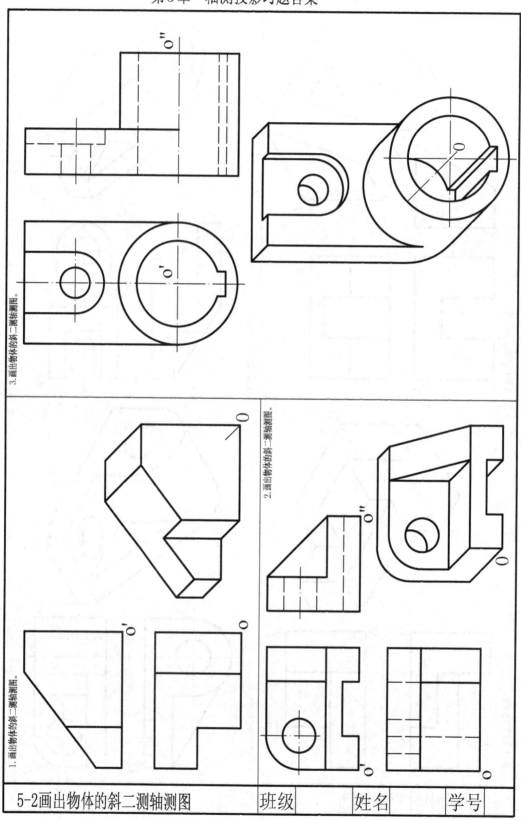

3.画出物体的斜二测轴测图。

1.画出物体的斜二测轴测图。

2.画出物体的斜二测轴测图。

5-2画出物体的斜二测轴测图	班级	姓名	学号